第1部 生物とは何か

生物とは何だろう？ 生物であるための条件を考えてみよう．

クリオネ

コウジ菌

セイヨウタンポポ

生物かどうかはわかるが，「生物って何？」という質問に答えるのは意外に難しいのでは？

図1.11 タマネギの鱗茎表皮 染色前（左）と染色後（右）

ギムザ染色したヒト口腔上皮細胞

植物の細胞と動物の細胞，どう違うのだろう？

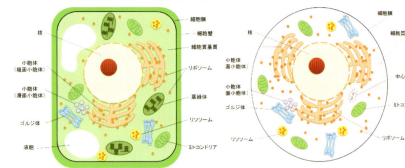
図1.9 植物細胞（左）・動物細胞（右）の模式図

細胞小器官や外側の構造など，植物と動物の細胞では異なるものもある．

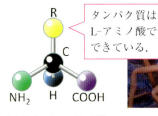
図2.4 L-アミノ酸

タンパク質はL-アミノ酸でできている．

図2.8 ズワイガニとカブトムシ

カニの甲羅も，カブトムシの外骨格も，糖質でできている．

第2部 代謝

生物は，エネルギー（ATP）をどのようにつくって，何に使っているのか？

光合成を行い，昆虫からも栄養を得る植物もある．

ハエトリグサ

図4.9 ゲンジボタルの発光器と発光

緑色の淡い光を放つゲンジボタル．そのエネルギーもATPである．

第3部 遺伝子と遺伝

ネコの夫婦の子が行方不明に…. 遺伝の法則を使って子猫を探そう.

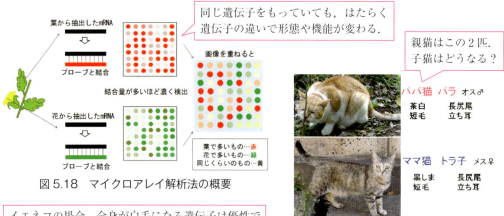

図 5.18 マイクロアレイ解析法の概要

図 7.1 父猫と母猫の形質

図 7.11 猫の毛の真っ白遺伝子

図 7.34 猫の毛色の遺伝（黒と茶）

図 7.9 アルビノ

図 7.10 白変種

図 7.13 不完全優性

第4部　恒常性の維持と免疫

生物には，外部の環境が変化しても体内の環境を維持する機能がある．ヒトでのそのしくみは？

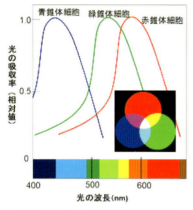

図8.4　光の3原色と錐体細胞

哺乳類には色を見分けられないものも多い．ヒトが色を見分けるメカニズムは？

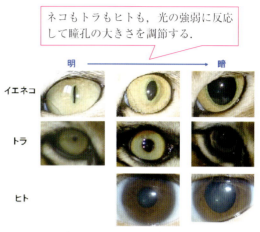

ネコもトラもヒトも，光の強弱に反応して瞳孔の大きさを調節する．

図8.6　ネコ，トラ，ヒト（下）の瞳孔変化

ABO式血液型とRh式血液型はどう違うのか？

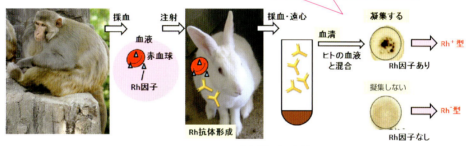

図9.15　Rh式血液型の判定

第5部　生物の機能と生物多様性

生物はそれぞれの環境に適応し進化してきた．
生物の特異的な機能にはどんなものがあるのか？

寿命が長く，癌にもならないというハダカデバネズミとは？

絶滅の理由は？

図10.6　ハダカデバネズミ　　図11.3　ニホンオオカミ　　図11.14　フクロオオカミ

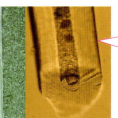

ホッキョクグマには寒い環境に耐えられるどんな機能があるのか？

図12.12 ホッキョクグマの足の裏（左），イエネコ（中左）とホッキョクグマ（中右）の被毛比較，被毛の断面（右）

図12.19 ハナカマキリ

なぜ，猛毒をもつヤドクガエルにはカラフルなものが多いのか．

キオビヤドクガエル　コバルトヤドクガエル
マダラヤドクガエル　アイゾメヤドクガエル

図12.24 ヤドクガエル

美しい花に似た形態をとる利点は何か？

雨上がりのバラの花弁には水滴が….これがバラの特殊機能？

図12.29 水滴が残るバラ

図12.32 青い翅が美しいモルフォチョウの標本

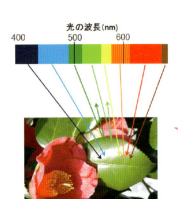

色とは何なのだろうか？チョウの青色は見る角度によってより鮮やかに輝く．

図12.31 葉での光の反射

音を立てずに羽ばたくフクロウの羽の秘密は？

図12.36 カラスの羽根（左）とフクロウの羽根（右）

大学生のための 考えて学ぶ
基礎生物学

堂本光子 著

共立出版

はじめに　生物学とテクノロジー

　地球上には色・形・機能が異なる微生物・植物・動物などのさまざまな生物が生息している．私たちの身の回りだけでもネズミを狩る野良猫，ソメイヨシノの花の蜜を吸うスズメ，葉の上で休むアマガエル，ヨツバヒヨドリの蜜を吸うアサギマダラ，酒造りに使われるコウジ菌など多くの生物が見られ，関係している（図1）．これら地球上の生物は，環境に適応するための合理的なシステムを獲得し，生態系を構成する一員となっており，ヒトも例外ではない．

　生物学は，生物に共通な構造や働き（共通性・単一性）と，個々の生物に特徴的な生命活動（多様性）を解明していくことを目的とした学問であり，分野が詳細に分かれているように見えるが，すべてがつながりをもっている．生物学の基礎を学ぶことで生態系の中で生物がどのように生き，他の生物と関わり合っているのかを理解してもらいたい．

コウジ菌・アマガエル　花の蜜を吸うスズメとチョウ　ネズミを狩る野良猫
図1　さまざまな生物

　また，近年，生物の機能を利用して作製されたエネルギーや食品，生物の動きや構造を模した機械や新素材も誕生し，食生活や医療・工学分野においても生物への関心が高まっている．このような製品を開発するには生物学の基礎知識が重要となる．生物に共通した物質や機能について学ぶことで，新たな発想ができ，それに関わる製品の開発が可能となる．そして，生物の個別な特徴を探求し多様性について学ぶことで，今までにはない画期的な製品を開発することもできる．

　それらの製品開発や個々の生活において，環境への配慮も必要である．工業の発達による地球環境の破壊は生物の生存を危うくし，我々ヒトもその影響を受けている．生物の特徴を理解

すること，環境との関係を学ぶことは，生物の機能や構造（図2）を利用するテクノロジー分野においても，また，環境問題の観点からも重要である．

図2　優れた機能をもつ生物とその応用
左上からカマイルカ（下田海中水族館），カタツムリ，
フクロウ（いしかわ動物園），カワセミ，ハス，ハコフグ

　本書では，さまざまな生物や生物の機能を利用したテクノロジーを理解するために必要な生物学の基本事項を中心に示した．「生物とは何か」では生物学の基本事項である細胞内の構造やはたらきについて学び，「代謝」・「遺伝子と遺伝」・「恒常性の維持と免疫」では生体を維持するための機構について学ぶ．また「生物の機能と生物多様性」では"ものづくり"に応用される生物の機能を知るために，生物のもつ形態や行動などを学ぶとともに，生物の相互関係から生物多様性について考えることを目的とした．

　単なる知識の習得ではなく，ヒトの生活との関連や生物多様性の重要性などを含め，総合的な基礎知識を身につけ，いろいろな角度から新しい発見ができるような基礎力を身につけよう．

● 目　次

第1部　生物とは何か

1　生物の定義と細胞の構造　　2
　　　…生きているってどういうこと？
　1.1　生物とは　*2*
　1.2　生物の分類　*3*
　1.3　学名　*6*
　1.4　生物の進化　*6*
　1.5　原核細胞と真核細胞　*8*
　1.6　細胞膜　*10*
　1.7　細胞内（小）器官　*11*
　Check 1　*16*　／　演習問題 1　*17*

2　生物を構成する物質　　18
　　　…生物がつくる物質を利用するために知っておきたいこと
　2.1　生体を構成する元素　*18*
　2.2　生体を構成する化合物　*20*
　2.3　水　*22*
　2.4　タンパク質　*23*
　2.5　糖質　*28*
　2.6　脂質　*33*
　Check 2　*35*　／　演習問題 2　*36*

第2部　代謝

3　炭酸同化と窒素同化　　38
　　　…生物は光エネルギーをどう利用しているのか？
　3.1　酵素　*38*
　3.2　酵素反応速度　*41*
　3.3　酵素反応の調節機構　*42*
　3.4　生体の化学エネルギー　*44*

3.5 炭酸同化　*45*
3.6 窒素固定と窒素同化　*50*
Check 3　*51*　／　演習問題 3　*52*

4　消化・異化　53
・・・生物はどのように物質を分解しているのか？

4.1 栄養素　*53*
4.2 消化　*56*
4.3 嫌気呼吸　*57*
4.4 好気呼吸　*58*
4.5 生体内での ATP の利用　*60*
4.6 生体膜のはたらきと能動輸送　*62*
Check 4　*67*　／　演習問題 4　*68*

第 3 部　遺伝子と遺伝

5　遺伝子の構造と発現　70
・・・生物の設計図はどのようにはたらくのか？

5.1 遺伝情報　*70*
5.2 核酸　*72*
5.3 DNA の二重らせん構造　*73*
5.4 DNA の複製　*74*
5.5 セントラルドグマ　*75*
5.6 転写（DNA→mRNA）　*77*
5.7 翻訳（mRNA→タンパク質）　*78*
5.8 遺伝子発現の調節　*81*
5.9 変異　*83*
Check 5　*86*　／　演習問題 5　*87*

6　細胞分裂と生殖　88
・・・生物の成長や増殖はどのように行われるのか？

6.1 細胞分裂の種類　*88*
6.2 体細胞分裂　*89*
6.3 減数分裂　*93*
6.4 ヒトの配偶子形成と染色体の分配　*96*
6.5 種子植物の生殖　*98*
6.6 生殖方法　*100*

Check 6　　*104*　　／　演習問題 6　　*105*

7　遺伝　106
・・・親に似ない子も産まれるのはなぜ？
7.1　この子誰の子？　*106*
7.2　1つの形質に着目したメンデルの法則　*108*
7.3　メンデルの法則の例外　*111*
7.4　2つ以上の形質に着目したメンデルの法則　*114*
7.5　常染色体と性染色体　*117*
7.6　限性遺伝　*117*
7.7　伴性遺伝　*118*
Check 7　　*122*　　／　演習問題 7　　*123*

第4部　恒常性の維持と免疫

8　神経とホルモンによる恒常性の維持　126
・・・体の中での情報伝達はどのように行われるのか？
8.1　脊椎動物の受容器　*126*
8.2　目の構造とはたらき　*126*
8.3　他の受容器のはたらき　*129*
8.4　脊椎動物の神経のはたらき　*130*
8.5　神経細胞の構造と情報伝達　*131*
8.6　筋収縮のしくみ　*133*
8.7　ホルモン　*134*
8.8　血糖量の調節　*137*
8.9　体温の調節　*140*
Check 8　　*142*　　／　演習問題 8　　*143*

9　細胞性免疫と体液性免疫　144
・・・侵入者から身を守る巧妙なメカニズムとは？
9.1　免疫とは　*144*
9.2　自然免疫　*145*
9.3　細胞性免疫　*146*
9.4　体液性免疫　*147*
9.5　免疫と病気　*150*
9.6　移植と拒否反応　*153*
9.7　血液に関する免疫　*154*

9.8　後天性免疫不全症候群（エイズ）　*156*
Check 9　*158*　／　演習問題 9　*159*

第 5 部　生物の機能と生物多様性

10　生態系　162
・・・他の生物とつながりをもたない生物っているの？
10.1　生物群集の構成　*162*
10.2　種内関係　*163*
10.3　種間関係　*166*
10.4　物質の循環とエネルギーの流れ　*169*
10.5　ヒトの生活と生物　*172*
Check 10　*177*　／　演習問題 10　*178*

11　生物の多様性と環境問題　179
・・・環境を破壊しないために知っておきたいことは？
11.1　生物多様性とは　*179*
11.2　生態系の多様性　*179*
11.3　種の多様性　*181*
11.4　遺伝子の多様性　*188*
11.5　自然環境の汚染　*188*
11.6　自然環境の保全　*193*
Check 11　*194*　／　演習問題 11　*195*

12　生物機能の工学的応用　196
・・・専門分野に応用できる（関連した）生物の機能とは？
12.1　環境に適応した生物　*196*
12.2　生きるためのさまざまな能力　*202*
12.3　生物の構造や機能の産業への応用　*205*
Check 12　*212*　／　演習問題 12　*213*

解　答　例　*214*
参考文献　*221*
索　　引　*222*

第 1 部　生物とは何か

生物と非生物の区別は簡単にできますか？
写真のものについて，生物と非生物に分けてみましょう．

1 生物の定義と細胞の構造

講義目的

「生物とは何か」を知るために，
生物の条件と構造を理解しよう．

疑問

生物と非生物の違いは何でしょうか？
生物とは，生き物ということで，生きているものと考えられます．
では，生きているとはどういう状態なのでしょうか？
生物と，機械や物質などの非生物とは何が違うのでしょうか？
言葉にするのは難しいと思いますが，
まずは自分なりに考えてみましょう．

KEY WORD

【原核生物と真核生物の相違点】　【植物細胞と動物細胞の相違点】
【細胞膜の構造とはたらき】　　　【核の構造とはたらき】
【ミトコンドリアの構造とはたらき】【葉緑体の構造とはたらき】

1.1 生物とは

　生物は"生きているもの"である．生きているとはどういうことなのか．「口や鼻から息をする，心臓が拍動する，脈がある」など哺乳動物が生きていることに対する項目は思い浮かびやすいが，植物や細菌類などの生物にも共通した項目ではない．空や大気，太陽，石や山などの自然のもの，建築物や機械，さらには生物を模したものなどの人工のものが非生物であることは簡単にわかるが，生物に当てはまり，非生物には当てはまらない条件とは何なのだろうか．

　まず，生物と空や大気を比較しよう．生物は個体として数えられるが，空や大気には区切りがなく数えることはできない．つまり，生物に共通した必要な条件として，個体として"独立した閉鎖された状態にある（ただし，特定の物質は出入りする）"ことが挙げられる．しかし，この点だけでは，石や機械も条件を満たす．

　閉鎖された状態に当てはまるものとして，最近開発が進んでいるヒト型ロボットについて，生物ではない理由を考えてみよう．ヒト型ロボットは手足まで巧妙につくられ，動き回り，会

話し，まるで生物のようである．しかし，ロボットは生物のように同様の生物を産むことはない．したがって，生物の条件として，生物が同様の生物をつくり出す"自己増殖する"ことが重要となる．しかし，パソコンでCD（図1.1）に入ったデータをコピーし同じデータを書き込んだ別のCDをつくる

図1.1　データの増殖？

ことはできる．プログラムによって自動でコピーを行えば，非生物でも自己増殖するものもあることになる．したがって，生物と非生物を区別する条件は上記の2つだけでは足りない．

そこで，生物の構造と機能に注目してみよう．生物は基本的に"細胞で構成されている"．たった1つの細胞からなる単細胞生物も，多くの細胞が集まって個体を構成する多細胞生物も，細胞からできているといえる．非生物で細胞からできているものはない．

細胞は脂質とタンパク質からなる膜に包まれている．生物は細胞の外（外界）から物質を取り入れて必要な物質に変化させることができる．また環境の変化に対し個体内の状態を調節する．それらは"代謝を行う"能力によってなされる．そして，生物の成長も代謝を行うことによって可能となる．

以上から，生物の条件として，4点が挙げられる．

- 外界から独立していること
- 自己増殖すること
- 細胞で構成されていること
- 代謝能力をもつこと

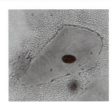

ギムザ染色したヒト口腔上皮細胞

つまり，生物とは，細胞を基本単位とした自己増殖能力と代謝能力をもつ個体であり，代謝を行えることが生きている（生物学における生命活動＝代謝）ということである．

生物と非生物を比較すると，表1.1のようになる．

表1.1　生物と非生物の比較

	生物	非生物
基本単位	細胞から構成され，外界から独立	簡単な化学物質が無秩序に混合
自己増殖	遺伝子を複製して子孫を残す能力をもつ．	自己複製能力がなく，遺伝能力がない．
代謝	外界のエネルギーを取り込み，代謝により，簡単な素材から秩序だった構造・組織などをつくり，活動エネルギーも得る．	外界のエネルギーを吸収すると，一般的に，より無秩序な状態に崩壊される．

1.2　生物の分類

ヒト（*Homo sapiens*）は，現在，地球上に生存している生物の1種である．"種"とは，進化により分化した生物を分類する単位であるが，それぞれの種の分化過程が異なっているため，近縁種との分類の方法は種によって異なる．分類の定義は困難であり例外もあるが，基本的に

自然繁殖可能な範囲で分けたものを"種"と考えるとイメージしやすい．

現存する生物の種類は，既知のもので約175万種，未知のものを予想し，500万～3000万種であると考えられ，数億種類とする研究者もいる．それら生物の祖先は共通であるとされており，すべての種はどこかの時点で交わることになる．この交わりを元に生物を分類したまとまりを分類群といい，大きい順に「界・門・綱・目・科・属・種」の7段階とし，より大きい方を上位，"種"は下位となる．さらに各間にも段階があり，"種"をより細分化した亜種・変種・品種もある．また，近年では界より上位に「ドメイン」が設けられている．

生物の分類段階

界・門・綱・目・科・属・種 （亜種・変種・品種）

例1）動物界・脊索動物門・哺乳綱・霊長目・ヒト科・ヒト属・ヒト
例2）動物界・軟体動物門・腹足綱・後鰓目・ハダカカメガイ科・
　　　ハダカカメガイ属・ハダカカメガイ
例3）植物界・被子植物門・双子葉植物綱・バラ目・
　　　バラ科・リンゴ属・セイヨウリンゴ
例4）菌界・子嚢菌門・ユーロチウム菌綱・ユーロチウム目・
　　　マユハキタケ科・コウジカビ属・ニホンコウジカビ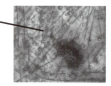

界の分け方は複数提唱されている．リンネは『自然の体系』(1758年)で動物界と植物界の2つに大別する2界説を提唱した．この2界説により分けられた"門"の分類群を図1.2に示した（各種数は一説である）．なお，このように生物の分岐を示したものを系統樹という．

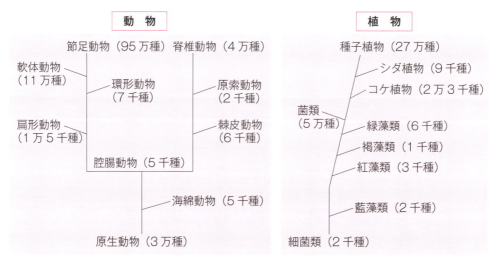

図1.2　2界説の分類と模式的な系統樹

図1.3にリンネが提唱した2界説や他の説について簡単に示し，まとめた．

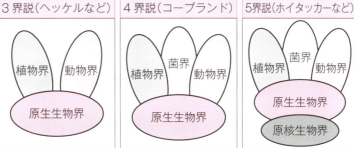

2界説は，細胞壁のない生物を動物界，ある生物を植物界に分類
3界説は，動物界と植物界とは別に単細胞生物を原生生物として分類
4界説は，3界説の植物界をさらに光合成能力の有無で植物界と菌界に分類
5界説は，4界説の原生生物界を核膜の有無で原生生物界と原核生物界に分類

図1.3　2～5界説

　ホイタッカーやマーギュリスが提唱した5界説を支持する研究者が多くなっていたが，細胞や分子レベルの研究が進み，原核生物界を真正細菌ドメイン（大腸菌・枯草菌・ラン藻類など）と古細菌ドメイン（メタン生成菌・超好熱菌など）に分け，その他を真核生物ドメインとした説がウーズにより提唱されている．真核生物ドメインの4界の分類群をまとめた．

動物界――――海綿・腔腸・扁形・袋形・環形・軟体・節足・棘皮・原索・脊椎動物
植物界――――藻類・コケ植物・シダ植物・種子植物
菌界――――――菌類・地衣類
原生生物界――原生動物・渦ベン毛藻類・ケイ藻類・ミドリムシ類

〈整理〉　① 単細胞生物はどれか，② 細胞壁をもつものはどれか，③ 真核生物はどれか，
　　　　 ④ 光合成を行うものはどれか，界やドメインのレベルで分けてみよう．

教養として知っておこう！！

脊椎動物・・・魚類・両生類・爬虫類・鳥類・哺乳類

節足動物・・・甲殻類・クモ類・ヤスデ類・
　　　　　　　ムカデ類・昆虫類

種子植物・・・裸子植物・被子植物

＊1　コフラミンゴ（豊橋総合動物公園（のんほいパーク））
＊2　ホンドギツネ（長野市茶臼山動物園）

1.3 学名

1758年，分類学の父と呼ばれるスウェーデンのリンネは，生物の学名の表記方法として二名法を考えた．二名法では属名と種小名をラテン語（もしくはラテン語化したギリシャ語）で表記する．属名は名詞形で，種小名は形容詞または副詞形で示す．

> 属名【名詞形】 ・ 種小名（種名）【形容詞形】
>
> 生物を使用した際の報告書や論文などでは，学名を二名法で明記し，イタリックで表示するか，斜体，または下線とする

学名の例をいくつか見てみよう．

Homo sapiens　　　　（ヒト属　かしこい）　　・・・ヒト
Macacu fuscata　　　（マカク属　褐色になった）・・・ニホンザル
Oryza sativa　　　　（イネ属　栽培されている）・・・イネ
Taraxacum officinale（タンポポ属　薬効のある）・・・セイヨウタンポポ

1.4 生物の進化

約46億年前に地球が誕生した頃の大気は二酸化炭素・窒素・水素・水などからなっていた．それらに放電や紫外線などのエネルギーが加わり，アミノ酸や核酸などの有機物がつくられたとされる．これらが集まり，代謝能力や自己複製能力を獲得して約40億年前に最初の生物が誕生したといわれている．

生命誕生までの流れ

原始大気：水蒸気（H_2O）・二酸化炭素（CO_2）・一酸化炭素（CO）・窒素（N_2）・水素（H_2）

　　↓　熱と放電・紫外線によって化学反応が進行

低分子有機物：アミノ酸・核酸・糖・脂肪酸など

　　↓　地熱などにより重合

高分子有機物：タンパク質・DNA・RNA・炭水化物・脂質など

　　↓　細胞形態の獲得（外界との区別）

高分子有機化合物の集合：コアセルベート*など

　　↓　代謝・自己複製能力の獲得

原始生命体の誕生　　　　* 高分子化合物と水分子が集まった小粒

地球誕生からの生物進化の段階を図1.4と表1.2に示した．約40億年前，最初に誕生した生物は，自分で栄養をつくり出すことができない従属栄養の原核細菌であり，海の有機物スープから栄養を得ていたと考えられる．しかし，有機物スープが使い果たされると，独立栄養の原核光合成細菌が誕生し，有機物をつくるようになった．これらのうち水（H_2O）を分解し有機物をつくる細菌（藍藻類）は分解の際に酸素（O_2）を発生させた．酸素は生物にとって有害であったが，これを利用する好気性の原核細菌が誕生した．その後，約21億年前に好気性の真核生物が誕生した．さらに多細胞生物が出現し，酸素を利用し有機物から飛躍的な量のエネルギーを得られるようになったため，大型化していった．

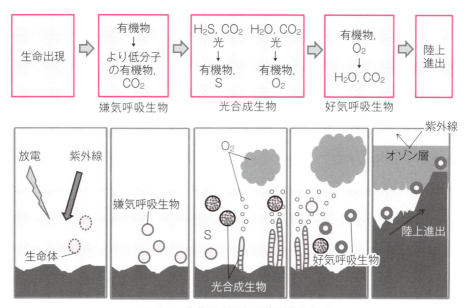

図1.4 生物の出現から陸上進出まで

表1.2 生物の出現と進化の年代

地質時代	年代	出来事
先カンブリア代	46億年 40〜38億年 27億年 25億年 21億年	地球の誕生 従属栄養の嫌気性原核細菌の出現 独立栄養の光合成細菌（藍藻類）の出現 好気性細菌の出現 真核細胞の出現
古生代	10億年 5億年 5億年	多細胞生物の出現 大型生物の出現 オゾン層の形成

紫外線は生物のDNAを破壊する有害なものであり，生物は海中で生活することによって紫外線から守られていた．一方で，紫外線は増加した酸素をオゾンへと変化させ，オゾン層が形成された．そのオゾン層によって紫外線が遮断され，生物が紫外線の害から保護されるようになったため，生物は陸上に進出できるようになった．

酸素登場のメリット！

・有機物から飛躍的な量のエネルギーを得られるようになった．
・オゾン層ができることによって，生物が紫外線の害から保護されるようになった．

1.5 原核細胞と真核細胞

　高等動物および高等植物は，核が明確に存在する<u>真核細胞</u>からなり，真核生物と呼ばれる．一方，明瞭な核が存在しない細胞を原核細胞といい，<u>原核細胞</u>からなる生物を原核生物という．原核生物と真核生物の違いは，原核細胞からなるか真核細胞からなるかであり，生物はこの2つに大きく分けられる．ただし，ウイルスはこれに含まれない．ウイルスは生命体と物質の中間的なものであり，遺伝物質であるDNAまたはRNAがタンパク質の殻に包まれている（図1.5）．

図1.5　ウイルスの形状（バクテリオファージと新型インフルエンザウイルス）

　地球上に最初に誕生した生物は原核生物であり，後に真核生物へと進化したと考えられる．その進化を再現することは困難であるが，いくつかの説が提唱されている．

　<u>膜進化説</u>（図1.6）は，原核生物の細胞膜が細胞内に陥入し，細胞内の物質を包み込んで細胞小器官ができたという説である．<u>細胞共生進化説</u>（図1.7）は，1970年マーギュリスによる，原核生物が細胞内に共生することによって，真核生物の細胞小器官ができたとする説である．好気性原核細菌が共生してミトコンドリアとなり，原核生物のラン藻が共生して葉緑体となったため，両者にはDNAが存在するとされる．また，糸状の細菌類であるスピロヘータが共生

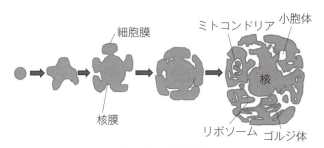

図1.6　膜進化説

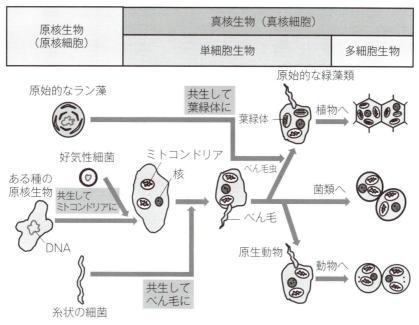

図 1.7 細胞共生進化説

した後，タンパク質繊維部分が残り鞭毛を形成したとされる．

細菌類（図 1.8）などの原核細胞の最も大きな特徴は，核膜をもたないことであり，そのため細胞質と核の明確な区別がなく，DNA は細胞質に存在している．DNA は環状であり，1 細胞に 1 組のみ存在している．染色体の DNA の他にプラスミドという小さな環状 DNA が共存していることがあり，薬剤耐性などをもたらす．生体膜に包まれた細胞小器官をもたず，好気呼吸や光合成に関わる物質は粒子として存在する．

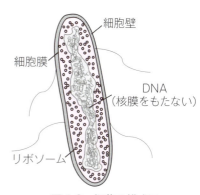

図 1.8 細菌の模式図

〈チェック〉 遺伝子工学では，プラスミドを頻繁に利用するので，覚えておこう！

真核細胞の大きな特徴は，核膜に包まれた明確な核をもつことであり，細胞質と核質とがはっきりと分かれて，核膜孔を通して互いに連絡しあっている．DNA は線状であり，ヒストンタンパク質と結合して存在し，1 細胞に 2 組もっていることも多い．染色体の DNA の他にミトコンドリアや葉緑体にも DNA が存在し，核の助けを借りて独自に複製を行う．細胞質には生体膜に包まれた細胞小器官を多くもち，好気呼吸や光合成に関わる物質はそれぞれ別々の小器官内に存在する．

原核細胞と真核細胞に存在する細胞小器官の構造物質と機能を表 1.3 にまとめた．

表1.3　真核細胞と原核細胞の細胞小器官などと主な構成成分・機能

オルガネラ	機能	真核細胞 構造・物質	原核細胞 構造・物質
核（核様体）	遺伝情報の伝達	DNA・タンパク質	DNA・タンパク質
ミトコンドリア	呼吸	DNA・脂質・タンパク質	―
リソソーム	消化・分解	脂質・タンパク質	―
小胞体	代謝・輸送	脂質・タンパク質	―
ゴルジ体	代謝・分泌	脂質・タンパク質	―
リボソーム	タンパク質合成	RNA・タンパク質	RNA・タンパク質
細胞膜	物質・情報の輸送	脂質・タンパク質	脂質・タンパク質
葉緑体	光合成	DNA・脂質・タンパク質	―
細胞壁	細胞の保護	セルロースなど	ペプチドグリカンなど
べん毛	運動	タンパク質	タンパク質

色文字はDNAをもつものである

　一般的な植物細胞と動物細胞を図1.9に示した．細胞（セル）は，細胞膜に包まれており，植物細胞ではさらにその外側を細胞壁が覆っている．細胞内には核が通常1つ存在し，その周りに小胞体が取り巻いている．また，ミトコンドリア，ゴルジ体，リソソームなどの膜に包まれた構造体があり，植物細胞では葉緑体（表皮細胞などの一部の細胞にはない）と大きな液胞が存在する．

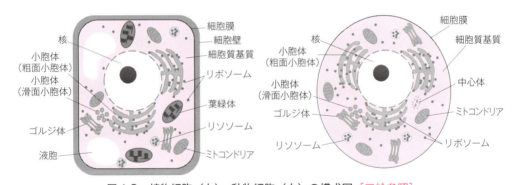

図1.9　植物細胞（左）・動物細胞（右）の模式図　[口絵参照]

　膜に包まれた構造体以外に，リボソームが小胞体表面に付着，または遊離している．動物細胞においては中心体（植物でもコケ・シダ・一部の裸子植物にはある）が見られる．これらの構造体は細胞（内）小器官（オルガネラ）と呼ばれる．

1.6　細胞膜

　細胞は細胞膜によって外部環境と区切られており，内部の環境を維持し，外部環境の変化に対応している．したがって，基本的に細胞膜をもたない生物は存在しない．
　細胞膜はリン脂質の二重層にタンパク質分子が流動性をもって存在している（図1.10；流動モザイクモデル）．このタンパク質分子は，膜によって種類・機能・量などが異なり，膜を貫通

しているもの・中に埋没しているもの・内外のどちらかに露出しているものなど，存在の仕方もさまざまある．膜の内外に出ている部分はタンパク質を構成する親水性のアミノ酸部分で，埋没している部分は疎水性のアミノ酸部分である．

リン脂質は，水と親和性をもつ親水性領域と親和性をもたない疎水性領域とがある両親媒性の分子である．細胞膜では，リン脂質の2つの分子が疎水性領域で向かい合って，脂質二重層を形成している．親水性のリン酸基やアミノ基

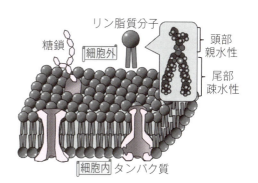

図 1.10 細胞膜の構造

などの側鎖はグリセリンと共に外側を向いて整列し，疎水性の脂肪酸が内側を向いている．

細胞内膜系・・・細胞膜と同様の脂質二重層（単位膜）をもつ構造は細胞内の小器官にもあり，それぞれに膜タンパク質を統合している．これを生体膜といい，ゴルジ体・小胞体・リソソーム・液胞などは一枚，ミトコンドリア・葉緑体・核膜は二枚（二重）になっている．膜をもつ細胞小器官は，互いにネットワークをもって関連している．

非膜系・・・細胞内には膜構造をもたない構造物も存在する．リボソームは生体膜をもたず，RNAとタンパク質からなる粒子であり，中心体はタンパク質繊維の集まりである．その他にタンパク質繊維であるアクチンフィラメントや微小管，多くの物質を含み明確な形のないゲルで酵素反応の場として重要な細胞質基質などがある．

> 重要 ★★★

1.7 細胞（内）小器官

　主な細胞小器官の模式図と共にそれぞれの特徴やはたらきを表1.4に示した．模式図は，ある断面を見た状態なので平面状であるが，実際には立体であることを理解しておく必要がある．

　また，細胞小器官をあるまとまりで示すことがある．核と細胞質（細胞質基質と細胞小器官）からできている生命活動を行う部分を原形質といい，原形質によってつくり出される（細胞壁・液胞）部分を後形質という．表1.4には後形質もあわせて示した．

表 1.4　細胞小器官（オルガネラ）などのはたらき

名称	構造・特徴	はたらき
核（染色体，核小体，核膜，核膜孔の図）	1〜数個あり，核膜（二重膜）で囲まれ，核膜孔で細胞質とつながっている．核の中は核液で満たされ，DNAとヒストンタンパク質からなる染色体（染色質）と，1〜数個の核小体がある．	核酸代謝（DNA複製とRNA合成）の場．

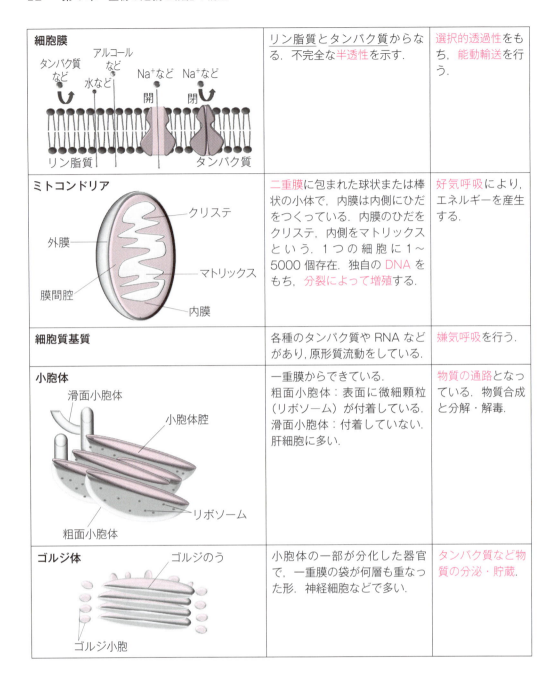

細胞膜		リン脂質とタンパク質からなる．不完全な半透性を示す．	選択的透過性をもち，能動輸送を行う．
ミトコンドリア		二重膜に包まれた球状または棒状の小体で，内膜は内側にひだをつくっている．内膜のひだをクリステ，内側をマトリックスという．1つの細胞に1〜5000個存在．独自のDNAをもち，分裂によって増殖する．	好気呼吸により，エネルギーを産生する．
細胞質基質		各種のタンパク質やRNAなどがあり，原形質流動をしている．	嫌気呼吸を行う．
小胞体		一重膜からできている． 粗面小胞体：表面に微細顆粒（リボソーム）が付着している． 滑面小胞体：付着していない．肝細胞に多い．	物質の通路となっている．物質合成と分解・解毒．
ゴルジ体		小胞体の一部が分化した器官で，一重膜の袋が何層も重なった形．神経細胞などで多い．	タンパク質など物質の分泌・貯蔵．

リソーム	(図：リボソーム―小胞体、リソーム―加水分解酵素、食胞、食物、消化老廃物)	タンパク質，核酸，脂質分解酵素を含む顆粒．一重膜の小胞で加水分解酵素を含む．	細胞内消化を行う．
リボソーム	(図：大サブユニット，小サブユニット)	rRNAとタンパク質からなるダルマ形の粒子．	タンパク質合成の場となる．
中心体	(図)	3本9組の円筒形の繊維を組とした2組の中心粒（通常は直角に位置する）からなる．	細胞分裂時：紡錘糸形成，精子形成時：鞭毛形成．
葉緑体	(図：内膜，外膜，チラコイド，グラナ，ストロマ，DNA)	二重膜をもつ小体で，独自のDNAをもち，分裂によって増殖する．	光合成を行う．
細胞壁		セルロース（多糖類）を主成分とし，隣接する細胞壁とはペクチン（多糖類）により接着している．	全透性．細胞の保護と形態維持．
液胞	(図：細胞液，液胞膜)	一重膜の袋状．アントシアン，タンニン，メラニン，アルカロイドなどを含む．（動物細胞では小さく，植物細胞では発達する）	浸透圧の調節に関与．

〈チェック〉 特徴を捉えて，模式的に図示できるようにしよう！

ミトコンドリアと葉緑体のさらに詳しい情報

> ミトコンドリア・・・球あるいは回転楕円体状の形をとることが多いが，網目状となっているものもある．哺乳類の肝臓の細胞には 1500 個 ものミトコンドリアがあるが，赤血球にはない．哺乳類の肝臓細胞などエネルギーを必要とする部分には特に多い．ミトコンドリアは母系遺伝する．最近，細胞のプログラム死（アポトーシス）にも関わっていることがわかってきた．
>
> 葉緑体・・・高等植物では細胞中に 20〜40 個存在する．棒状から球に近いものまである．核様体があり，必要なタンパク質の一部を合成（約 10% で，残りは細胞核で合成）するための RNA や多コピーの DNA が存在する．チラコイドの膜は特殊な脂質でつくられている．構成脂肪酸は極めて不飽和度が高く，膜は流動性に富む．

生体を構成する細胞は無色のものが多く，さらに表 1.4 に示したような細胞内部の構造物の屈折率は類似しているので，顕微鏡での観察が困難である（図 1.11 左）．そこで，酢酸カーミンなどの色素液で染色して見やすくする（図 1.11 右）．

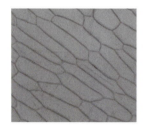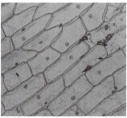

図 1.11　タマネギの鱗茎表皮染色前（左）と染色後（右）[口絵参照]

細胞小器官を染め分けるための染色液に用いられる色素には，水に溶けたときに水素イオン（H^+）を放出してマイナスの電荷となるものと，水酸化物イオン（OH^-）を放出してプラスの電荷となるものがあり，前者を酸性色素，後者を塩基性色素という．酢酸カーミンは酢酸とカーミンという色素を混合するので酸性色素と勘違いしやすいが，カーミンそのものは塩基性色素である．プラスやマイナスの極性基をもつ色素は，反対のイオンと結合する．したがって，細胞小器官を構成する物質の電気的な性質によって，色素が結合する（染色される）かどうかが決定する．染色色素の例を以下に示した．染色される細胞小器官は代表的な部分であり，他にも染色される物質や構造もある．

〈プラスの極性基をもつ色素（塩基性色素）〉・・・AOH → A^+ + OH^-
　染色されるもの：負の電荷基をもち，好塩基性と呼ばれるもの．核など．
　　・カーミン　　　　　；核（染色質）・染色体　　　　　　　　　　→ 赤
　　・メチルグリーン　　；液胞 ⇌ 中性付近で黄，弱酸性で赤，強酸性で青色
　　・ヤヌスグリーン B　；ミトコンドリア　　　　　　　　　　　　　→ 青緑

〈マイナスの極性基をもつ色素（酸性色素）〉・・・AH → A^- + H^+
　染色されるもの：正の電荷基をもち，好酸性と呼ばれる．細胞質など．
　　・コンゴーレッド　　；植物の粘膜やセルロース　　　　　　　　　→ 赤
　　・ファーストグリーン；細胞質　　　　　　　　　　　　　　　　　→ 緑

〈細胞小器官の分離（細胞分画法）〉

　細胞小器官を分離する（図1.12）には，大きさや密度を利用すると良い．ただし，細胞小器官は生物細胞内にあり，生体膜をもつものが多いため，その扱いには細心の注意が必要となる．細胞を扱う条件として重要な3点を示す．

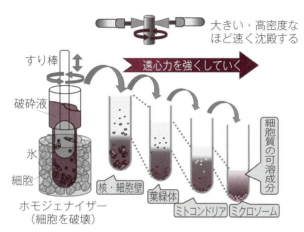

図1.12　細胞分画法

① 低温条件下で扱う．
　　細胞内外には細胞小器官を構成する物質や細胞小器官のはたらきを支える物質を分解する酵素も多く含まれている．ほとんどの酵素は低温下でははたらきが低下する．また，高温ではタンパク質の高次構造が変化し（変性），本来の形や機能を示さなくなる．
② 急激なpH変化を抑えるために緩衝液中で扱う．
　　細胞や細胞小器官を構成するタンパク質はpHの変化によっても高次構造を変化させることが多い．これを防ぐために，pH変化を受けにくい組成の液体を使用する．
③ 等張液中で扱う．
　　細胞膜や単位膜は水などの低分子のものを通しやすく高分子のものを通しにくい．水分の多い液体中（低張液）では膜が破裂する．

取り扱うための条件　・低温……酵素による分解を抑える．
　　　　　　　　　　・緩衝液…pHを一定に保ち，タンパク質の変性を抑える．
　　　　　　　　　　・等張液…単位膜の収縮や破裂を抑える．

Check 1

Q1 生物の条件として**当てはまらないもの**はどれか？
　① 自己複製能力　② 代謝能力　③ 独立栄養　④ 外界との区切り

Q2 生物の分岐を線の長さなどで示したものを何というか？
　① 樹形図　② 羅針盤　③ 系統樹　④ 進化系

Q3, 4 に当てはまるものを次の①〜⑥から選べ．
　① 哺乳界　② 哺乳門　③ 哺乳綱　④ 霊長目　⑤ 霊長科　⑥ 霊長属
　Q3 哺乳類を分類学上の呼び方に直したものはどれか？
　Q4 霊長類を分類学上の呼び方に直したものはどれか？

Q5 二名法を提唱したのは誰か？
　① ホイッタカー　② フック　③ ダーウィン　④ リンネ

Q6 学名（二名法）は何語で示されるか？
　① 英語　② イタリア語　③ フランス語　④ ラテン語　⑤ ドイツ語

Q7 ヒトの学名は何か．記述せよ．

Q8, 9 に当てはまるものを次の①, ②から選べ．
　① 原核細胞　② 真核細胞
　Q8 核質と細胞質の区別が明確であるのはどちらか？
　Q9 生体膜（単位膜）に包まれた細胞小器官があるのはどちらか？

Q10 生体膜（単位膜）の構造はどれか？
　① タンパク質による二重層　② 脂質による二重層　③ 炭水化物による二重層

Q11 次の細胞小器官のうち，生体膜（単位膜）を二重にもつものはどれか？
　① ゴルジ体　② 葉緑体　③ 小胞体　④ 液胞

Q12 次の細胞小器官のうち，生体膜（単位膜）を一重にもつものはどれか？
　① リソソーム　② リボソーム　③ 中心体　④ 細胞壁

Q13 次の細胞小器官のうち，**DNAをもたないもの**はどれか？
　① 中心体　② 葉緑体　③ ミトコンドリア　④ 核

Q14〜17 に当てはまるものを次の①〜⑤から選べ．
　① リソソーム　② 中心体　③ リボソーム　④ 滑面小胞体　⑤ 粗面小胞体
　Q14 RNAとタンパク質からなり，タンパク質の合成を行うのはどれか？
　Q15 加水分解系酵素を多く含み，細胞内消化を行うのはどれか？
　Q16 タンパク質の繊維からなり，単位膜を**もたないもの**はどれか？
　Q17 生体一重膜からなり，表面に粒子を付着し，物質の通路となるものはどれか？

Q18〜20 に当てはまるものを次の①〜⑤から選べ．
　① ゴルジ体　② ミトコンドリア　③ 葉緑体　④ 液胞　⑤ 細胞質基質
　Q18 タンパク質など物質の分泌と貯蔵を行うのはどれか？
　Q19 酸素を用いた呼吸により，エネルギーを産生するのはどれか？
　Q20 内部にアントシアンなどをもち，浸透圧の調整にはたらくのはどれか？

Q21 一般的に植物細胞にはあって**動物細胞にはないもの**はどれか？
　① リソソーム　② ゴルジ体　③ ミトコンドリア　④ 細胞壁

演習問題 1

1 右の植物細胞の模式図の①～⑫に当てはまる名称を答えよ．

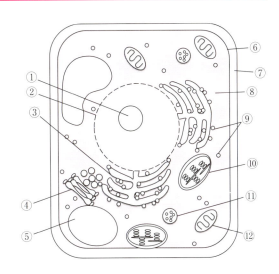

2 細胞は内部の構造が核膜により明確な核と細胞質に区別されるかどうかによって，大きく2つに分けられる．この区別がないものを ア と呼び， イ やラン藻類の細胞がある．核の区別が明確なものを ウ と呼び，前述以外のほとんどの生物の細胞が当てはまる．両者の違いは，核の明確さ以外に，染色体の形状が前者では エ に対して後者では オ であることや，生体膜に包まれた細胞小器官が前者ではないのに対して，後者では存在するなどである．

(1) 文中の ア ～ オ に入る語は何か．最も適当なものを答えよ．
(2) 次の構造やはたらきをもつ細胞小器官は何か．下の①～⑨の中から一つずつ選べ．
  カ ：表面に粒子を付着し，物質の通路となる．
  キ ：タンパク質の繊維からなり，分裂時の紡錘体の形成や精子のべん毛形成にはたらく．
  ク ：RNAとタンパク質からなり，タンパク質の合成を行う．
  ケ ：タンパク質など物質の分泌と貯蔵を行う．
  コ ：クリステやマトリックスがあり，好気呼吸によりエネルギーを産生する．
  ①細胞膜　②核　③ミトコンドリア　④葉緑体　⑤小胞体
  ⑥ゴルジ体　⑦リソソーム　⑧中心体　⑨リボソーム
(3) 文中の下線部において，次の構造をもつものは何か．(2)の選択肢の①～⑨からすべて選べ．
  サ ：生体一重膜からなる．　　シ ：生体二重膜からなる．

3 電子顕微鏡で①チューリップの葉の細胞・②ネズミの小腸の細胞・③大腸菌・④コウジ菌を観察した際，表中のものの有無を○×で示した．これについて以下の問いに答えよ．

観察対象	核	ミトコンドリア	葉緑体	ゴルジ体	中心体	リボソーム	細胞壁
A	○	a	×	○	×	○	○
B	○	○	×	○	○	○	×
C	○	○	○	○	×	○	○
D	×	×	×	b	×	c	d

(1) ①～④は表中のA～Dのいずれにあたるかを答えよ．
(2) 表中のa～dの有無を○×で答えよ．

2 生物を構成する物質

講義目的
生物をつくっている物質には
どのような性質のものがあるのか理解しよう．

疑問

生物はどんな元素や分子でできているのでしょうか？
生物と非生物では，構成している元素が違うのでしょうか？
それとも分子のレベルで違うのでしょうか？
バイオテクノロジーにおいては勿論，生物を扱う機械の設計においても，
生物がどのようなものでできているのかを理解し，
性質に合った方法を取らなければなりません．
まずは生物を構成すると考えられる元素と分子を挙げてみましょう．

KEY WORD

【細菌類・植物・動物の構成成分】　【タンパク質】
【アミノ酸】　　　　　　　　　　　【高次構造】
【糖質】　　　　　　　　　　　　　【脂質】

2.1 生体を構成する元素

　地球が誕生した後，有機物を含んだ液体の中で生物が生まれたと考えられている．地球の地殻を構成する元素と生物の構成元素を比較してみると，図2.1のように，地球の地殻は主に，酸素（O），ケイ素（Si），アルミニウム（Al）などで，生物を構成する主な元素は，水素（H），炭素（C），窒素（N），酸素（O）である．これらを生物を構成する主要な4大元素といい，水分を除いた乾燥重量の約99％を占め，有機化合物を構成している．生物と地殻に共通な主要元素は酸素のみで，生物は酸素より軽い元素を主要元素とし，地殻を構成する元素では酸素より重いものが主要元素となっている．

　4大元素以外にも生物は，重要元素を多く含み，これらの組成は地殻よりも海水を構成する元素の組成とよく似ている．ナトリウム（Na），マグネシウム（Mg），イオウ（S），リン（P），塩素（Cl），カリウム（K），カルシウム（Ca）などは，生物が正常な機能を維持するのに必要

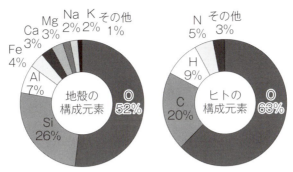

図2.1 構成元素

な元素であり，欠乏するといろいろな病気になる．さらに量が少ないが，酵素の補助因子などとして特定の生物や組織にとって重要な，鉄（Fe），銅（Cu），マンガン（Mn），亜鉛（Zn），ホウ素（B），ケイ素（Si），バナジウム（V），コバルト（Co），モリブデン（Mo），ヨウ素（I）などがあり，微量元素と呼ばれる．4大元素を含め，このような生物に必要な元素を生元素という．

〈チェック！〉 生元素

C, H, O, N, Mg, Ca, K, S, P, Na, Cl
微量元素―――Mo, Fe, Co, Cu, Zn, Mn, Si, I, B など

重要な生元素のはたらき

ナトリウム（Na）・・・浸透圧の調節や神経の伝達に関与 → 欠乏：痙攣・下痢など

カリウム（K）・・・・浸透圧の調節や神経の伝達に関与 → 欠乏：頻脈・心血管拡張

マグネシウム（Mg）・・酵素の活性調節，植物葉緑体中の色素成分
　　　　　　　　　　→ 欠乏：血管拡張・痙攣など

リン（P）・・・・・・・核酸の構成元素・生体膜および生体内エネルギーであるATPの成分
　　　　　　　　　　→ 欠乏：腸管吸収傷害

イオウ（S）・・・・・・メチオニン・システインなどのアミノ酸構成元素
　　　　　　　　　　→ 欠乏：S含有アミノ酸合成阻害

カルシウム（Ca）・・・酵素活性の調節・筋肉の収縮調節・骨の形成・血液凝固
　　　　　　　　　　→ 欠乏：くる病（乳幼児の脊椎や四肢骨の湾曲・変形）・骨の軟化

酵素の補助因子としてはたらく微量元素の主な存在場所

マンガン（Mn）・・・・肝臓・腎臓　　　　　　→　欠乏：成長不全
鉄（Fe）・・・・・・・赤血球（ヘモグロビン）　→　欠乏：貧血
銅（Cu）・・・・・・・肝臓・脳・心臓　　　　　→　欠乏：貧血・骨の異常
亜鉛（Zn）・・・・・・精子・毛髪　　　　　　　→　欠乏：皮膚病・生殖能低下
モリブデン（Mo）・・・体液　　　　　　　　　　→　欠乏：成長不全

2.2 生体を構成する化合物

生物を構成している化学物質を生体物質という．植物・動物・原核生物（大腸菌）の生体物質とその量を見てみよう（図2.2）．3者とも，最も多い物質は水であり，約70%を占める．その他にタンパク質，脂質，糖質（炭水化物），核酸が多く存在する．これらは生体内でさらに集まって，分子量の大きな物質として存在することから生体高分子とも呼ばれる．生体高分子は炭素・水素・酸素・窒素の生物を構成する主要な4大元素を中心にできており，それぞれ多くの重要な役割を担っている．また，生物を構成する生体物質として，その他に低分子量のビタミン，無機イオン，有機化合物，無機化合物も存在する．

水以外の化合物の割合は3者で異なり，動物細胞ではタンパク質と脂質が多く，炭水化物，無機物はそれよりも少なく，核酸は1%に満たない．植物細胞では炭水化物が多いのが特徴的である．大腸菌などの原核生物では総量が少ないため，相対的に核酸が多くの割合を占めるようになる．核酸は動物細胞や植物細胞では割合として少ないが，遺伝など生命現象の中心的役割を果たしている物質であり，非常に重要である．ただし，個体内でも，それぞれの組織・器官を構成している細胞がつくり出した産物（後形質）の含有量の違いなどにもよって，物質の組成は異なる．

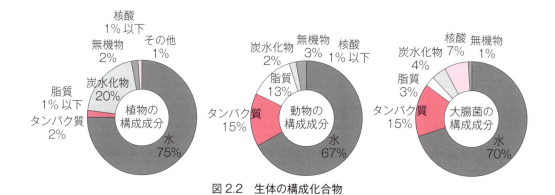

図2.2　生体の構成化合物

生体高分子の構成元素・構造・主な役割

> タンパク質…C, H, O, N, S…約20種類のアミノ酸が線形重合体としてつながる.
> 　　　　　　　　　　触媒作用（酵素）・運搬作用・細胞の支持など.
> 脂質…C, H, O, N,（P）…脂肪など水に溶けず，有機溶媒に溶ける物質
> 　　　　　　　　　　生体膜の主成分・エネルギー貯蔵・ホルモンなど.
> 核酸…C, H, O, N, P…塩基・五炭糖・リン酸からなるヌクレオチドがつながる.
> 　　　　　　　　　　遺伝情報の貯蔵・タンパク質への変換など.
> 炭水化物…C, H, O…炭素と水の化合物.
> 　　　　　　　　　　エネルギーの貯蔵・細胞壁の成分など.

＊タンパク質をつくるアミノ酸以外に GABA・タウリンなど生体内ではたらくアミノ酸が多数ある.

生物は共通な元素や化合物から構成され，共通性（単一性）が多くみられる．それらについて以下に簡単にまとめた．

● 生物を構成する元素

　生物を構成する元素には，以下のような共通性がある．
　・水素―H，炭素―C，窒素―N，酸素―O などの軽い元素からなる．
　・生物は「炭素を骨格とした炭素化合物」から構成されている．

● 生物を構成する化合物
　・細菌などの下等生物からヒトやキクなどの高等動植物まですべての生物は，タンパク質と核酸という生体高分子から構成されている．
　　　　―― タンパク質と核酸のどちらかを欠いた生物は存在しない ――

● 生物共通の2大特質
　・食欲 ―― 生きていくために必要なエネルギーを獲得することに通じる
　　　　　（タンパク質は生体内での化学反応の触媒である酵素の本体）
　・性欲 ―― 子孫を残すことに通じる
　　　　　（核酸は遺伝情報を担う物質であり，核酸なくしては子孫をつくれない）

しかし，タンパク質や核酸が単独に存在しても生命体は生まれない．細胞という基本単位になってはじめて生物らしい特徴が出てくる．生物の基本的単位は「細胞」である．

22 第 2 章 生物を構成する物質

教養として知っておこう！！

動物の 3 大欲・・・　食欲　・　性欲　・　睡眠欲
　　（ヒトを含む動物の本能とされているもので，脳辺縁系が司っているもの）
ヒトの細胞数・・・　約 60 兆個

＊ヒトの場合は 3 大欲以外に「独占欲」や「嫉妬心」，「挑戦したい本能」など，欲または類似する事柄が多く挙げられる．ただし，それらは本能行動と結びつくという裏付けが明確ではないため，定義が難しい．

2.3　水

　地球表面の 70％以上が水（H_2O）に覆われている．水は生物の体重の約 70％も含まれ，生物体内での水は液体でなくてはならず，すべての生物は水なしには生きていけない．現在，水の存在する可能性のある惑星はいくつかあるが，生物は地球以外からは見つかっていない．

　水はいろいろな生体物質を溶解し，懸濁する重要なものであり，水の存在によって各物質は安定な構造をとり，機能を発揮している．細胞内の水分子の重要な役割を以下にまとめた．このような役割をもつ水は，生物が生体を維持するために消費され，新たに補給されなければならない．1 日当たりの水の消費・補給を表 2.1 にまとめた．

細胞内の水分子の役割

① 生体反応にかかわる物質を溶かすための溶媒の役割
　　生体における化学反応は水がないと進行しない．
　　物質の輸送のための媒体となる．
② 生体高分子の立体構造を維持する役割
　　DNA の二重らせん構造も水分子が存在してはじめて可能となる．
③ 一定の体温を維持する役割
　　水分子は大きな熱容量をもち，環境の温度変化から生物を守っている．
④ 潤滑剤としての役割
　　骨，皮膚，筋肉などの動きをスムーズにする．

表 2.1　1 日当たりの水の消費・補給

補給される水（mL）		消費される水（mL）	
飲料水として	1200	尿	1400
食物から	1000	大便	200
代謝で生じる水	300	汗・息など	900

　水分子（図 2.3）は，H（水素原子）と O（酸素原子）の間の 2 個の電子によって「H-O-H」となっている．2 個の電子は H と O の周りに広がっているが，酸素原子の方が水素原子より電

子を引きつける力が強く，実際には酸素原子側に偏っている．このため，H-O の結合では O のまわりがマイナスに，H のまわりがプラスになり，極性がある．この極性により水分子同士や他の分子との間でくっつきあう力が生じ（水素結合），食塩（Na^+Cl^-）などの電荷をもつイオン分子を取り囲み（水和），溶かす要因となっている．また，生体高分子（タンパク質，核酸，糖質など）もヒドロキシル基（-OH），アミノ基（$-NH_2$），カルボキシル基（-COOH）などの極性基をもち，水分子と水素結合をつくりやすく水に溶けやすい．

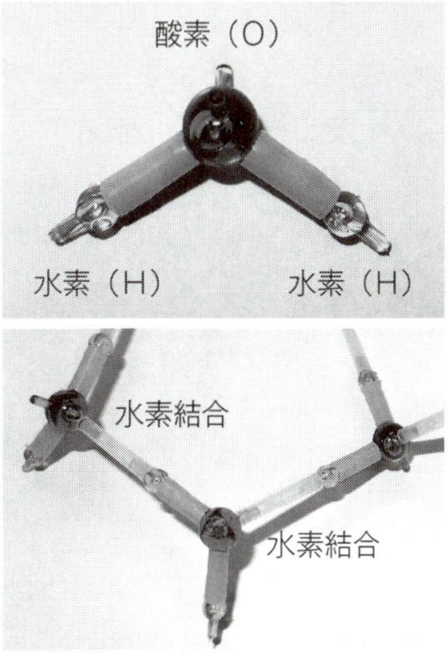

生体物質には，生体膜を構成する脂肪酸などのように極性部分と極性のない部分の両方をもった化合物（両親媒性物質）も存在する．このような物質は，水溶液中では極性部分は水分子によって水和され，非極性部分は水分子から遠ざかろうとする．この構造が生体膜の基本構造である．

図 2.3　水分子

> 水分子には極性があり，同じように極性をもつ生体高分子と結合しやすい

2.4　タンパク質

〈アミノ酸〉

タンパク質（protein）は"生物の生命維持に関係の深い物質"であり，核酸（DNA）の設計図によってつくられ，実際に生体内ではたらく．したがって，細胞中のタンパク質の種類は非常に多く，ヒトでは，生命維持に必要なタンパク質は 10 万種類ともいわれる．実際には発生段階により異なるタンパク質がはたらいていることから，その何倍もの種類となる．それらのタンパク質は，酵素として代謝反応を促進，抗体（免疫）やホルモンとして生体の恒常性を維持，構造タンパク質として体内成分となるなど，さまざまな機能を担っている．

塩酸を用いてタンパク質を加水分解すると，タンパク質は 20 種類のアミノ酸という物質から構成されていることがわかる．アミノ酸の数はタンパク質の種類によって異なるが，アミノ酸の種類はタンパク質が異なってもほとんど変わらない．

タンパク質

> 20 種類のアミノ酸の組合せからできている．
> 　アミノ酸の種類と順序，つながっている数でタンパク質の機能が決まる．
> 抗体（グロブリン）・酵素・ホルモンなどの主成分．

α-アミノ酸は，α 炭素という中心の炭素と結合するアミノ基（$-NH_2$）・カルボキシル基（-COOH）・水素原子（-H）・特定の R 基（側鎖）から構成される化合物（図 2.4）の総称であ

る．これらの原子または原子団は，四面体構造をとるため，α-アミノ酸は光学活性を示すキラル（不斉）分子となる．2つの鏡像（光学）異性体は，L異性体・D異性体と呼ばれるが，タンパク質の構成成分であるアミノ酸はL-アミノ酸（図2.4）のみである．

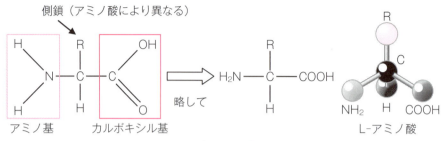

図2.4　アミノ酸の構造　[右：口絵参照]

教養として知っておこう！！

キラル（不斉）とは，右手と左手のように，鏡に映した時自身の鏡像をどう回転しても自身と重ね合わせることができないこと．この性質をキラリティと呼ぶ．キラリティをもつ化合物をキラル（不斉）分子と呼ぶ．大抵の不斉分子は透過する光の振動面を回転させる性質があり，この旋光性は分子が"右手型"か"左手型"かで反転し，それぞれの分子同士は光学異性体となる．

不斉分子には，一方は有用であるが，もう一方は性質が異なり有害となるものもある．生物は，一方の有用な光学異性体のみを選択的につくる．

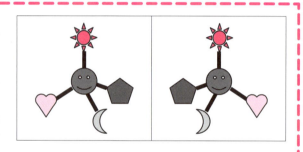

〈アミノ酸の種類〉

20種類のアミノ酸は，側鎖の構造の違いによって区別される．側鎖には，脂肪族アルキル基，ヒドロキシル基（-OH），アミノ基（-NH$_2$），アミド基（-CO-NH$_2$），チオール基（-SH），フェニル基（-C$_6$H$_5$）などの官能基が結合している．側鎖の種類によってアミノ酸は，親水性，疎水性，中性，酸性，塩基性などの性質を示し，アミノ酸が多数結合したタンパク質の性質に大きな影響を与えることになる．ただし，プロリンだけは基本構造が異なり，アミノ基（-NH$_2$）の代わりにイミノ基（=NH）をもつことから正確にはアミノ酸ではなくてイミノ酸と呼ばれる．この特殊な構造により，プロリンはタンパク質の立体構造に大きな変化を与える．

表2.2にアミノ酸を4つの性質で分けて示した．なお，20種類のアミノ酸は3文字または1文字で表記されることが多いのでそれらを明記した．

性質によるアミノ酸の分類

- **非極性（疎水性）**のR基をもつアミノ酸
  水分子との親和性が非常に低い側鎖をもつアミノ酸．水中では，水を避け互いに集まろうとする．
- **極性（親水性）**だが電荷のないアミノ酸
  親水性の高い（極性をもちやすい）側鎖をもつアミノ酸で中性のもの．
- pH7.0で**正電荷**をもつR基をもつアミノ酸
  親水性の高い（極性をもちやすい）側鎖をもつアミノ酸で塩基性のもの．
- pH7.0で**負電荷**をもつR基をもつアミノ酸
  親水性の高い（極性をもちやすい）側鎖をもつアミノ酸で酸性のもの．

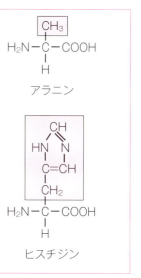

表2.2 アミノ酸の表記

	アミノ酸名	3文字	1文字		アミノ酸名	3文字	1文字
非極性（疎水性）のR基	アラニン	Ala	A	極性（親水性）だが電荷なし	グリシン	Gly	G
	バリン	Val	V		セリン	Ser	S
	ロイシン	Leu	L		トレオニン	Thr	T
	イソロイシン	Ile	I		システイン	Cys	C
	プロリン	Pro	P		グルタミン	Gln	Q#
	フェニルアラニン	Phe	F#		アスパラギン	Asn	N***
	トリプトファン	Trp	W#		チロシン	Tyr	Y**
	メチオニン	Met	M	pH7.0で正電荷のR基	リシン	Lys	K#
pH7.0で負電荷のR基	アスパラギン酸	Asp	D#		アルギニン	Arg	R**
	グルタミン酸	Glu	E#		ヒスチジン	His	H

1文字目表記以外は，＊＊：2文字目，＊＊＊：3文字目，＃：関係のない文字

　ヒトでは20種類のアミノ酸すべてを体内で合成できるわけではない．合成することができないアミノ酸は体外から取り込まなければならない．このようなアミノ酸を必須アミノ酸と呼ぶ．8種類のアミノ酸に加え，ヒスチジンは幼児期のみに必須とされていたが，近年成人でも必須とされるようになった．必須アミノ酸が不足すると正常なタンパク質が合成されない．

> **必須アミノ酸──**
> ヒトが体内で合成せず，食品から摂取しなければならない 9 種類のアミノ酸.
> フェニルアラニン ・ トレオニン ・ リシン ・ メチオニン ・
> バリン ・ イソロイシン ・ ロイシン ・ トリプトファン ・ ヒスチジン
> （"太りめバイロット飛"とすると覚えやすい.）

★★★ 重要

〈タンパク質の一次構造〉

　タンパク質はアミノ酸が直鎖状に重合して合成される．これは，酵素ペプチジルトランスフェラーゼが，隣り合ったアミノ酸のアミノ基とカルボキシル基を反応させ，1 分子の水分子がはずれる脱水結合（縮合）を起こすことによる（図 2.5）．アミノ酸とアミノ酸の結合は特別にペプチド結合（-CO-NH-）と呼ばれる．ペプチド結合を介して次々とアミノ酸が結合することでアミノ酸の重合した化合物ができる．

　アミノ酸が数個〜10 個程度つながったものをペプチドと呼び，そのうち，2 個のアミノ酸がつながったものをジペプチド，3 個のアミノ酸がつながったものをトリペプチド，4〜9 個のアミノ酸がつながったものをオリゴペプチドという．それ以上つながったものをポリペプチド，さらに多数つながってペプトン，50 個以上つながったものをタンパク質と呼ぶこともある．

　細胞内でタンパク質が DNA の設計図に基づいて生合成されるときにはアミノ基末端からカ

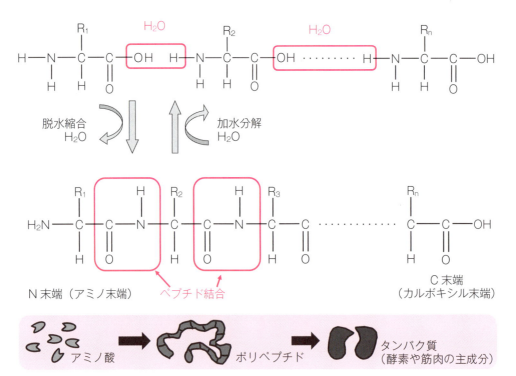

図 2.5　アミノ酸からタンパク質へ

ルボキシル基末端に向かってペプチド鎖が合成されていく．したがってタンパク質の両端には遊離型のアミノ基とカルボキシル基が残ることになる．それぞれの末端を N 末端（アミノ末端）と C 末端（カルボキシル末端）という（図 2.5）．通常，タンパク質のアミノ酸配列は N 末端を左側に，C 末端を右側に示す．

〈整理〉 アミノ酸についてまとめよう！

> アミノ酸：R-CH（NH$_2$）-COOH
> 構成元素：C，H，O，N，S
> 構造：塩基性のアミノ基（NH$_2$）・酸性のカルボキシル基（COOH）をもつ．
> R（側鎖）：タンパク質を構成しているものでは，20 種類ある．
> 結合様式：アミノ基とカルボキシル基の部分でペプチド結合
> 　　　　　（アミド結合・脱水結合）．
> ＊結合しているアミノ酸の数によって呼び方が異なる．
> 　ペプチド・ジペプチド・トリペプチド・オリゴペプチド・ポリペプチド・
> 　ペプトン・タンパク質

重要 ***

〈タンパク質の高次構造〉

どのような順序でアミノ酸が結合しているか，その配列順序はアミノ酸配列として示され，これをタンパク質の一次構造と呼んでいる．しかし，タンパク質が生体内で機能を発揮できるのはそのタンパク質分子の立体構造による．このような立体構造を高次構造と呼び，二次～四次構造に分類される．タンパク質は最終的に最も安定な高次構造をとり，はたらいている．タンパク質の高次構造の要素を以下に示す．

① らせんを巻いた構造（αヘリックス）と，シート状の構造（βシート）が認められる．これらをタンパク質の二次構造という．
② 親水性アミノ酸のような水になじみやすいアミノ酸はタンパク質の表面に，水になじみにくい疎水性アミノ酸はタンパク質の内部に位置しようとする傾向がある．
③ タンパク質のペプチド結合（-CO-NH-）を形成する水素原子と別のペプチド結合の酸素原子が，互いに水素結合することで長いペプチド鎖のペプチド結合が互いに接近して分子全体が球状のコンパクトな形態をとる．
④ システインの SH 基同士によるジスルフィド（S-S）結合，イオン結合などの結合によって立体的になり，構造が安定化する．これらの構造を三次構造と呼ぶ．
⑤ 数本のペプチド鎖が会合して活性が現れるタンパク質もある（ヘモグロビンや乳酸脱水素酵素）．個々のポリペプチド鎖をサブユニット，この立体的な関係を四次構造と呼ぶ．

〈整理〉 タンパク質の構造

- 一次構造：ポリペプチド鎖におけるアミノ酸の配列順序
- 二次構造：ポリペプチド鎖中の共通の規則構造（αヘリックスとβシート構造）
- 三次構造：タンパク質全体の三次元的な立体構造（S-S結合やイオン結合などによる）
- 四次構造：複数のポリペプチド鎖（サブユニット）からなるタンパク質の構成と立体的な配置

高次構造をもっと詳しく！

- αヘリックス
  - 主鎖が内側，側鎖が外側の太い棒状構造
  - 主鎖のCO基と，4残基前の主鎖のNH基との水素結合による．
  - 3.6アミノ酸残基で1回転の右向きらせんとなる．
- βシート
  - βシート中のポリペプチド鎖をβ-ストランドと呼ぶ．
  - βストランドはほとんど伸びきった状態．
  - 隣接βストランド同士のNH基とCO基間の水素結合による．
  - 側鎖はシートのつくる平面の上下に突き出している．
  - 平行βシート（同方向）と逆平行βシート（逆方向）とがある．
- ジスルフィド（S-S）結合
  - 遠く離れた位置にあるシステイン同士が結合．
  - システインの周りのアミノ酸も近づくことになる．

2.5 糖質

植物体の構成成分として，約20%を占める炭水化物（糖質）であるが，ヒト（動物細胞）では体重の約0.5%と少ない．日常生活に馴染み深い糖類は砂糖で，また炭水化物というと，ご飯（米）を一番に思いつく．砂糖はスクロース（ショ糖）という化合物で，米の炭水化物成分はデンプンである．砂糖と米は，味は異なるが，両者ともエネルギー源として大切な役割を担っている．その他にも，グルコース（ブドウ糖），グリコーゲン，セルロースなどの化合物があり，総称して糖質と呼ばれ，自然界に最も多量に存在する有機物である（表2.3）．

糖質とは炭素，水素，酸素の3つの原子からなる多価アルコール（-OHが多数付いている）のカルボニル（>C=O）化合物などを示し，一般式が$C_n(H_2O)_m$で表すことができる一群の化合物である．したがって，炭水化物とも呼ばれる．このような糖質は，エネルギー貯蔵物質，代謝の中間産物，糖タンパク質，糖脂質，核酸などと複合体を形成するなど，生体内の重要な構成成分となっている．糖質は，単糖・二糖・多糖に分類される．

表2.3 自然界に存在する主な糖質

単糖	ペントース	リボース・キシロース・アラビノース
	ヘキソース	グルコース・フルクトース・マンノース・ガラクトース
単糖誘導体	アミノ糖	グルコサミン・ガラクトサミン・N-アセチルグルコサミン
	デオキシ糖	2-デオキシリボース・フコース
	ウロン酸	グルクロン酸・ガラクツロン酸
	糖アルコール	ソルビトール・マンニトール
オリゴ糖	二糖	マルトース・スクロース・ラクトース
	三糖	ラフィノース
	四糖	スタキオース
多糖	ホモ多糖	デンプン・グリコーゲン・セルロース
	ヘテロ多糖	コンニャクマンナン・ヘミセルロース・グリコサミノグルカン

〈単糖〉

単糖は炭水化物を構成する基本単位であり、オリゴ糖や多糖の加水分解でも得られる。グルコース（ブドウ糖）は、図2.6のように6個の炭素からなり、炭素原子6個のうち、C_1とC_6以外の炭素原子に、結合している4つの官能基がすべて異なっていることから、この炭素原子は不斉炭素である。したがって糖鎖には光学異性体が存在し、D型、L型異性体がある。アルデヒド基から最も遠い不斉炭素（C_5）に結合したアルコール性水酸基（-OH）が右側に位置する構造体がD型、左側に位置する構造体はL型という。生体の重要な糖鎖の多くはD型である。グルコースは、水中では環状構造をとる場合が多く、このとき1位の炭素原子（C_1）に結合している水酸基（-OH）の位置関係により2種類の立体異性体があり、一方をα型、他方をβ型という。

教養として覚えておこう！！

果物は2時間くらい冷やして食べよう！フルクトースは果物に含まれている果糖のこと。グルコースと同様に水溶液中では環状構造をとっているが、温めるとα型、冷やすとより安定なβ型となり、甘みが強くなる。さらに果物には有機酸も含まれているため、冷やすと電離度が低下し、水素イオンが減るのでさらに甘みを増す。清涼飲料水などのジュースに入っているものも果糖が多いが、果糖は糖尿病になりやすいとの報告があるのでとり過ぎには注意しよう。

〈整理〉単糖の構造のまとめ

- 炭水化物を構成する基本単位
- 光学異性体として，D型とL型異性体があり，生体ではD型が多い
- 水溶液中では環状となり，ピラノース型（六員環）とフラノース型（五員環）となる
- C_1に結合している水酸基（-OH）の位置により，α型とβ型に分かれる

単糖のはたらきと構造（図2.6）

D-リボース；RNAの構成成分である五炭糖．ATPや活性酢酸（CoA）などの構造の一部でもある．

D-キシロース；木材・稲わら・豆殻などに含まれる植物細胞壁多糖キシランを構成する．

D-グルコース；果実などの植物組織に遊離型で含まれる．血糖として約0.1％存在する．

D-フルクトース；果実や蜂蜜に多く含まれる．天然では最も甘味の強い糖である．

D-マンノース；動植物の糖タンパク質の構成成分として重要である．

D-ガラクトース；単糖として存在することは少ない．寒天やアラビアゴムなどの多糖を構成している．糖タンパク質や糖脂質にも含まれる．

六炭糖（C_6）			五炭糖（C_5）	
グルコース $C_6H_{12}O_6$	フルクトース $C_6H_{12}O_6$	ガラクトース $C_6H_{12}O_6$	リボース $C_5H_{10}O_5$	デオキシリボース $C_5H_{10}O_4$

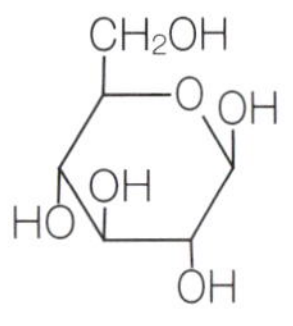

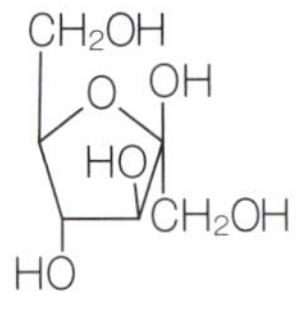

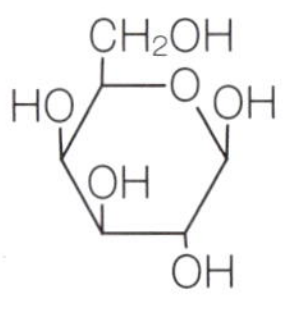

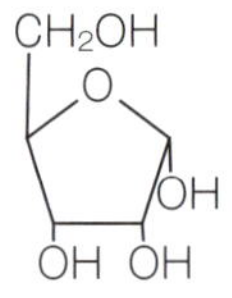

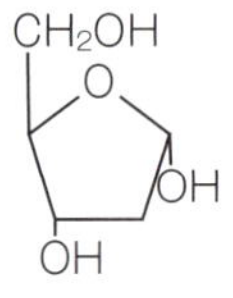

図2.6 単糖の構造

〈二糖類〉

二糖類の構造を図2.7に示す．

マルトース（麦芽糖）は，水あめに含まれる糖であり，D-グルコース2分子が脱水縮合した化合物である．グルコースのC_1炭素に結合する水酸基（ヒドロキシル基）ともう一方のグルコースのC_4炭素に結合する水酸基による結合で，グルコースα1→4グルコースと呼ばれる．この結合に使われるグルコースのC_1炭素に結合した水酸基は，グルコースのC_2，C_3，C_4，C_6位に結合した水酸基とは性質が異なり，C_1位の水酸基はアルデヒドとしての性質をもちアルデヒド性水酸基（還元性の水酸基）と呼ばれる．デンプンに麦芽やサツマイモなどのβ-アミラーゼを作用させると生成する．小腸粘膜ではマルターゼによりグルコースに分解され吸収される．

スクロース（ショ糖）は，砂糖として使用され，α-D-グルコースのC_1炭素に結合する水酸基（ヒドロキシル基）とβ-D-フルクトースのC_2炭素に結合する水酸基が脱水縮合してつながったもので，グルコースα1→2βフルクトースと呼ばれ，還元性をもたない．光合成を行う

植物中に存在し，サトウキビやテンサイから得られる．小腸粘膜ではスクラーゼによりグルコースとフルクトースに分解され吸収される．

ラクトース（乳糖）は，母乳に多量に含まれる糖である．D-ガラクトースとD-グルコースがβ-1,4結合した化合物であり，ガラクトースβ1→4グルコースと呼ばれる．小腸粘膜ではラクターゼによりガラクトースとグルコースに分解されて吸収される．

図2.7　二糖の構造

〈多糖類〉

単糖がグリコシド結合によって直鎖状や枝分かれしながら多数つながった化合物を多糖と呼ぶ．多糖類はグリカンとも呼ばれ，生体の構造を支えるセルロース（植物）やキチン（菌類など）などの構造多糖と，デンプンやグリコーゲンなどのエネルギー貯蔵物質としての貯蔵多糖に大別される．

セルロースは，水に不溶な繊維状の物質で，植物細胞壁の主成分として茎や幹など形を保つのに重要である．10000から15000個のD-グルコースが直鎖状にβ-1,4結合で連なった多糖であり，同じ単糖から構成されたホモ多糖である．セルロースの近接しているいくつかの糖鎖は，互いに水素結合で相互作用していて，直線状で安定な伸縮力の強い高分子繊維である．

キチンは，カニやエビの甲殻類の甲羅や昆虫の外骨格（図2.8），カビやきのこ類の細胞壁に含まれる多糖である．N-アセチルグルコサミンがβ-1,4結合で直鎖状に結合している．

図2.8　キチンを多くもつ生物（左から，カニ，エビ，カブトムシ）[口絵参照]

デンプンは，植物に含まれ，細胞内で大きな集合体や顆粒として存在する．デンプンには，アミロースとアミロペクチンの2種類がある．アミロースはグルコースがα-1,4結合で直鎖状につながり，分子量は数千から200万位まで存在する（図2.9のウルチ米は多くのアミロースを貯蔵する）．アミロペクチンはグルコースがα-1,4結合した直鎖部分とα-1,6結合で直鎖部分から枝分かれした部分からなり，分子量は4億位まである巨大分子である．

図 2.9　アミロースの多いウルチ米

教養として知っておこう！！

デンプンとして・・・
　　ウルチ米はアミロースが多い．（ヨウ素溶液で青紫色に）
　　もち米やトウモロコシはアミロペクチンが多い．（ヨウ素溶液で赤紫色に）

　グリコーゲンは，植物のデンプンやセルロースに相当するものとして動物に存在し，細胞内で大きな集合体や顆粒となり，肝臓や筋肉に蓄えられエネルギーの源になる．グリコーゲンは，グルコースが α-1,4 グリコシド結合でつながった直鎖部分と，α-1,6 結合で枝分かれした部分とからできている．アミロペクチンの構造と似ているが，グリコーゲンのほうがアミロペクチンに比べて α-1,6 結合での枝分かれ構造が多い．グリコーゲンは，エネルギーが必要とされる際にグリコーゲン分解酵素によってグルコースまで分解される．

　また，複数種類の単糖から構成される多糖をヘテロ多糖といい，コンニャクマンナンなどがある．コンニャクマンナンは，コンニャクの球茎（図 2.10）に含まれ，D-グルコースと D-マンノースが 1：1.6 の割合で β-1,4 結合している．

図 2.10　コンニャクの球茎

教養として知っておこう！！

同じ植物中のグルコースポリマー（多糖類）であるデンプンとセルロースの栄養価値は，ヒトにとっては全く異なる．デンプンを含むジャガイモやサツマイモを食べれば栄養となるが，セルロースを含む木の皮やワラは食べても栄養にはならない．

ヒトは α-1,4 結合を分解することのできる酵素をもつが，β-1,4 結合を分解する酵素をもたないため，セルロースをグルコースにまで分解できない．ウシやウマがワラを食べても栄養とできるのは，腸内に β-1,4 結合を分解できる細菌が共生しており，グルコースにまで分解するからである．

〈整理〉 炭水化物についてまとめよう！

生命活動のエネルギー源のほか，ATP や核酸の構成成分（五炭糖；リボース類）となる．
　（C，H，O…$C_6H_{12}O_6$ などの単糖が基本，結合は脱水結合）
単糖類（炭素を5個もつ五炭糖…キシロース，リボース，デオキシリボース）
　　　（炭素を6個もつ六炭糖…グルコース（ブドウ糖），フルクトース（果糖），ガラクトース）
二糖類（スクロース（サッカロース，ショ糖）…ブドウ糖＋果糖）
　　　（マルトース（麦芽糖）…ブドウ糖＋ブドウ糖）
　　　（ラクトース（乳糖）…ブドウ糖＋ガラクトース）
多糖類…多数のブドウ糖などがつながったもの．
　　　（グリコーゲン；動物，デンプン；植物，セルロース；細胞壁）

2.6 脂質

脂質は水よりも軽く，エーテルやアセトンなどの有機溶媒によく溶けるが，水にはほとんど溶けない有機化合物であり，主として脂肪組織に中性脂肪の形で存在し，内臓の保護・熱の発散防止・エネルギーの貯蔵のはたらきを担う．また，複合脂質や誘導脂質の形で，細胞膜の構成成分・ビタミン・ホルモンなどとして重要である．しかし，過剰に蓄積されると，肥満・高血圧・動脈硬化・糖尿病などの生活習慣病を引き起こす．

脂質は，脂質のみからなる単純脂質とタンパク質などと結合した複合脂質および誘導脂質に分類される．

　単純脂質・・・炭素，水素，酸素からなり，脂肪酸と各種のアルコールとのエステルであり，一般的に有機溶媒によく溶ける．

　複合脂質・・・単純脂質にリン酸・糖・窒素化合物などが結合し，水に溶けにくい脂肪酸部分（疎水性部分）と水に溶けやすいリン酸，糖，塩基などの部分（親水

性部分）からなる両親媒性物質であり，一般的には有機溶媒には溶けにくい．

誘導脂質・・・脂質類の加水分解で生じた化合物で，非極性溶媒に溶ける．

複合脂質のリン脂質は，生体膜の主成分として二重層を形成する．リン脂質は，両性電解質としての性質を有し，分子は相互に反発しないことから，安定な膜を形成するため，生体膜の基本構造物質となっている．動植物細胞の細胞膜・核膜・ミトコンドリア膜・ゴルジ体・小胞体・リソソームなどの生体膜の大部分はタンパク質と脂質から成り立っている．

脂質は，炭化水素にカルボキシル基が付いた脂肪酸とアルコール類のグリセリン（グリセロール）などの化合物が結合した形が基本となっている．グリセリンに3つの脂肪酸が結合したトリアシルグリセロールを図2.11に模式的に示した．

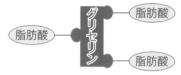

図2.11　トリアシルグリセロールの模式図

脂肪酸の形状や性質について以下に示した．

- 炭素鎖の末端にカルボキシル基をもつ化合物
- 炭化水素鎖は疎水性であり，炭素数4個以上のものは不溶性となる
- 飽和脂肪酸と不飽和脂肪酸に分けられる
- 炭素数は偶数（4〜30個）が多く，直鎖状のものが多い

〈飽和脂肪酸〉
- すべての水素原子で飽和され，二重結合がない
- 規則的な構造により堅固で，反応性が少ない
- 炭素数10個以上では室温で固体となり，炭素数が多いほど融点が高く，安定

〈不飽和脂肪酸〉
- 二重結合の数と位置で分けられる
- 室温で液状である
- 二重結合の数が増えるごとに融点は下がる
- リノール酸（動植物性油脂）・α-リノレン酸（動植物性油脂）・アラキドン酸（動物油脂のみ）・イコサペンタエン酸・ドコサヘキサエン酸（DHA；魚類に多い）は，必須脂肪酸で食事から摂取しなければならない．

Check 2

Q1 生元素のうち，主要元素に**含まれないもの**はどれか？
　　① 塩素　　② 水素　　③ 炭素　　④ 窒素　　⑤ 酸素

Q2 ヒトの構成物質として，水は約何％か？
　　① 30％　　② 50％　　③ 70％　　④ 90％

Q3〜10 に当てはまるものを次の①〜⑤から選べ．
　　① 核酸（DNA・RNA）　② ビタミン　③ タンパク質　④ 炭水化物　⑤ 脂質

　Q3 ヒトで最も多い生体高分子はどれか？

　Q4 構成元素として，必ずPを含む生体高分子はどれか？

　Q5 構成元素として，C・H・Oのみからなる生体高分子はどれか？

　Q6 構成元素として，Sを含む生体高分子はどれか？

　Q7 遺伝情報の貯蔵・タンパク質への変換の仲介を行うものはどれか？

　Q8 生体膜の主成分やホルモンであり，動物でのエネルギーの貯蔵にはたらくものはどれか？

　Q9 触媒作用（酵素）や運搬作用があり細胞の支持などにはたらくものはどれか？

　Q10 植物でのエネルギーの貯蔵にはたらき，細胞壁の成分であるものはどれか？

Q11 タンパク質を構成しているアミノ酸は通常何種類か？
　　① 10種類　　② 20種類　　③ 30種類　　④ 300種類　　⑤ 1000種類

Q12, 13 のアミノ酸構造に当てはまるものを次の①〜⑤から選べ．
　　① 水素原子　② 側鎖　③ アミノ基　④ ステロイド基　⑤ カルボキシル基

　Q12 **必ず**窒素が含まれているものはどれか？

　Q13 アミノ酸の種類によって異なるものはどれか？

Q14 アミノ酸とアミノ酸の結合様式を**特別**に何というか？
　　① 水素結合　　② 共有結合　　③ ペプチド結合　　④ イオン結合

Q15 次の2種類のデンプンのうち，枝分かれの多い結合様式なのはどちらか？
　　① アミロース　　② アミロペクチン

Q16〜19 に当てはまるものを次の①〜⑤から選べ．
　　① セルロース　② コンニャクマンナン　③ デンプン　④ グリコーゲン　⑤ キチン

　Q16 主に植物の細胞壁構成成分である構造多糖はどれか？

　Q17 主に甲殻類の甲羅や菌類の細胞壁の構成成分はどれか？

　Q18 ヒトの主な貯蔵多糖はどれか？

　Q19 植物の主な貯蔵多糖はどれか？

Q20 皮下脂肪として脂肪細胞に貯蔵されているものはどれか？
　　① コレステロール　　② 中性脂肪　　③ 胆汁酸　　④ ワックス

Q21, 22 に当てはまるものを次の①〜③から選べ．
　　① 低くなる　　② 変わらない　　③ 高くなる

　Q21 飽和脂肪酸では炭素数が多いほど融点は？

　Q22 脂肪酸において二重結合の数が増えるごとに融点は？

演習問題 2

1 次の文章を読み，文中の ア ～ オ に入る語を答えよ．

タンパク質が生体内で機能を発揮できるのはそのタンパク質分子が立体構造をとってこそである．このような立体構造は高次構造とも呼ばれ，二次構造としては，らせんを巻いた構造である ア と，シート状の構造である イ が認められる．さらに三次構造として，アミノ酸のうち ウ のSH基同士による エ 結合やイオン結合などがあり，構造が安定化する．また，タンパク質によっては，数本のペプチド鎖が会合して活性が現われる四次構造をとるものもあり，個々のポリペプチド鎖を オ と呼んでいる．

2 次の文章を読み，文中の ア ～ キ に入る語を答えよ．

炭水化物を構成する基本単位は単糖であり，グルコース（ブドウ糖）は，6個の炭素からなり六員環構造をとる．果実や蜂蜜に多く含まれ甘味の強いフルクトース（果糖）も6個の炭素からなるが，五員環構造をとる．さらに，ガラクトースやRNAの構成成分の五炭糖である ア も単糖である．

代表的な二糖であるマルトース（麦芽糖）は，水あめに含まれる糖であり，グルコースと イ が脱水縮合した化合物である．光合成を行う植物中に存在し，砂糖として日常使用しているスクロース（ショ糖）は，グルコースと ウ が結合した化合物である．母乳に多量に含まれるラクトース（乳糖）は，グルコースと エ が結合した化合物である．

多糖類のうち，植物の細胞壁の主成分であるセルロースは，グルコースが直鎖状に オ 結合で連なっている．植物に含まれ，細胞内で大きな集合体や顆粒として存在するデンプンには，グルコースが α-1,4 結合で直鎖状につながった カ と，グルコースが α-1,4 結合した直鎖部分と α-1,6 結合で直鎖部分から枝分かれした部分からなる キ の2種類がある．

3 次の文章を読み，文中の ア ～ カ に入る語を答えよ．

脂質とは，有機溶媒によく溶けるが，水にはほとんど溶けない有機化合物である．脂質は，脂質のみからなる単純脂質とタンパク質などと結合した複合脂質，および誘導脂質に分類される．誘導脂質である脂肪酸は，単純脂質であるアシルグリセロールを加水分解して得られるカルボン酸の一種で，炭素原子と水素原子からなる炭化水素にカルボキシル基が付いた化合物である．二重結合のない短結合からなる ア と，炭素原子の間に二重結合がみられる イ に分けられ，前者は炭素数10個以上では室温で ウ となり，炭素数が多いほど融点が エ なる．後者は室温で オ であり，二重結合の数が増えるごとに融点は カ なる．

第2部 代謝

光合成を行う生物はどれでしょう？

光合成を行う生物を選んでください．

3 炭酸同化と窒素同化

講義目的

生命活動のエネルギーを
どのように得ているのか理解しよう．

疑問

私たちが得ているエネルギーはどこから来たのでしょう？
私たちヒトは食事をすることでエネルギーを得ています．
それでは，その食事の中に含まれるエネルギーとは何なのでしょう？
そして，そのエネルギーはどのようにつくられているのでしょう？
生体のエネルギーが，どこからどのようにつくられるか，
各自で考えてみましょう．

KEY WORD

【酵素】　　　　　【基質】　　　　　【光合成】
【炭酸同化】　　　【窒素固定】　　　【窒素同化】

3.1 酵素

酵素は，生体触媒として生命活動に必要な物質やエネルギーをつくり出す化学反応を進行する．触媒とは反応を進行するが，自身は反応の前後で変化しない物質をいい（図3.1），生体内では，酵素による化学反応は繰り返し起こる．酵素による化学反応を以下に示す．

① 触媒となる酵素が，基質と接触する．
② 酵素-基質複合体（活性錯合体）をつくる．
③ 酵素生成物ができ，酵素は生成物から離れ，もとの高次構造に戻る．

$$E（酵素）+S（基質） \rightleftarrows ES（酵素\text{-}基質複合体） \longrightarrow E+P（生成物）$$

反応において，酵素は自身の構造変化を起こしながら基質分子の電子分和状態を変化させる．これにより，活性化エネルギーが下がる．一般に酵素触媒により反応速度は 10^7 倍以上にも増加するとされる．酵素反応によって1分間で終了する反応は，酵素がないと計算上20年近くかかることになる．

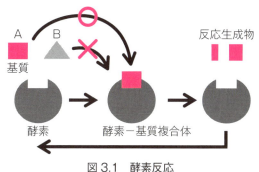

図 3.1 酵素反応

酵素にはそれぞれ基質と結合する活性部位と呼ばれる部分があり，特定の基質と結合し（基質特異性），反応生成物をつくる．生体内ではたらく酵素は，生体内の化学反応を酸化還元反応・転移反応・加水分解反応・脱離反応・異性化反応・合成反応の6つに大きく分類し，それを触媒するものとして表3.1のように分類されている．なお，同一の反応を触媒する酵素が複数種類存在する場合があり，これらの酵素をアイソザイム（isozyme）と呼ぶ．

表 3.1 酵素の分類

群	分類名	作用	反応例
1	酸化還元酵素（オキシドレダクターゼ；oxidoreductase）	ある分子の電子（水素原子）を他の分子へ移す酵素	乳酸脱水素酵素
2	転移酵素（トランスフェラーゼ；transferase）	ある分子の基（官能基）を別な分子に転移させる酵素	アミノ基転移酵素
3	加水分解酵素（ヒドロラーゼ；hydrolase）	加水分解反応を触媒する酵素で，通常は補酵素を必要としない	ジペプチダーゼ
4	脱離酵素（リアーゼ；lyase）	基質から加水分解や酸化を伴わずにある基を脱離し，二重結合を残す酵素	ピルビン酸デカルボキシラーゼ
5	異性化酵素（イソメラーゼ；isomerase）	異性体間の変換を触媒する酵素	トリオースリン酸イソメラーゼ
6	合成酵素（リガーゼ；ligase）	2つの分子を結合させる酵素で，反応の際にATPなどの分解を伴う	アシル CoA シンターゼ

酵素の本体はタンパク質であり，タンパク質のみで酵素としてのはたらきをもつものもあるが，タンパク質以外の低分子物質が補（助）因子として必要となる酵素もある．補因子には配合団・補酵素・金属の3種類がある．

補因子を必要とする酵素では，タンパク質部分をアポタンパク質（アポ酵素），補因子まで含めてホロタンパク質（ホロ酵素）と呼ぶ．ホロ酵素では，タンパク質部分は基質に対する特異性を決め，補因子は触媒部位になったり，酸化還元されたりし，調節因子としての機能をもつ．

補因子について以下に示した．

補因子

> **配合団（補欠分子族）**：酵素のタンパク質に強く結合した共役因子で，たとえば，カタラーゼ（過酸化水素を分解して水と酸素に変える酵素）に結合したヘム鉄などがある．
> **補酵素**：必要に応じてタンパク質とゆるく結合するもので，その代表例には，NAD や FAD などのビタミン類がある．
> **金属**：Zn^{2+}・Mg^{2+}・Cu^{2+}・Mn^{2+}・Ca^{2+} などの金属イオン．

図 3.2 のように，酵素による反応と無機触媒による反応を比較すると，酵素には最適温度（至適温度）があることがわかる．これは熱に対するタンパク質の高次構造の変化による．

タンパク質は，アミノ酸のペプチド結合によって構成され，両性電解質であり，水溶性であるため，アルコールやアセトンなどの有機溶媒には溶けない．このため，タンパク質溶液に有機溶媒を加えると，沈殿

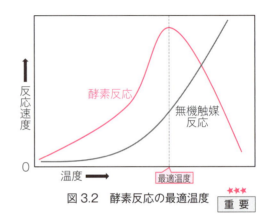

図 3.2 酵素反応の最適温度　重要

する．これは，タンパク質の高次構造を維持する水素結合や S-S 結合などが破壊され，変性（denaturation）したことによる．有機溶媒の他にもタンパク質を変性させる要因があり，熱・酸・尿素・ドデシル硫酸ナトリウム（SDS）・高塩濃度溶液などが挙げられる．変性によってタンパク質のもつ生物活性（activity）も失われ，失活する．一度変性が起きても程度が軽ければ溶液の条件によってはもとの構造に戻ることができ，これを再生と呼ぶ．タンパク質の種類によるが，尿素や2-メルカプトエタノールまたはシャペロンタンパク質などによって再生させることができる．

タンパク質は有機溶媒だけでなく，熱によっても変性し，酵素は失活する．このため，ある程度の温度までは分子運動が活発になり酵素反応速度は上昇するが，その酵素のタンパク質が変性を起こす温度になると速度は減少する．変性温度はタンパク質によって異なるため，酵素の失活温度もそれぞれである．ヒトの生体内ではたらく酵素の場合には 40 ℃ を超えると変性するタンパク質で成り立っていることが多く，37 ℃～40 ℃ に最適温度をもつ酵素が主となる．ただし，図 3.3 のように，タンパク質が変性するまでの短時間だけをみると，高温の方が反応生成物を多く得られる．つまり，短時間であれば温度が高い方が反応速度は速い．

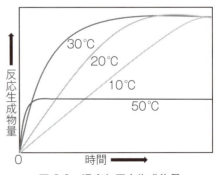

図 3.3 温度と反応生成物量

さらに，タンパク質はpHの変化によっても変性するため，酵素は最適pH（至適pH）をもつ（図3.4）．最適pHからどれくらい離れたpHまで酵素が活性をもつかは，酵素それぞれの構造の安定性などによって異なる．また，最適pHは同じ生物の生体内ではたらく酵素であっても，酵素によって異なる．例えば，ヒトの場合，消化系酵素であり，タンパク質を分解するペプシンの最適pHは約2で胃酸中ではたらくことができるが，同じようにタンパク質を分解するトリプシンの最適pHは約8ですい臓から分泌され，小腸ではたらく．

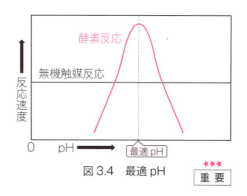

図3.4 最適pH

〈チェック！〉 酵素の反応条件・性質

(1) 溶媒は水：生体内の化学反応は水の中で進行する．
(2) 温度依存性：通常の化学反応は温度が高くなるほど速くなる．酵素では温度が高くなりすぎると酵素の主成分であるタンパク質が熱変性し，反応は停止する．したがって酵素反応は最適温度をもつ．
(3) pH依存性：極端な酸性あるいはアルカリ性となるpH条件下では多くの場合，酵素は高次構造を維持することができず，変性し，失活する．最適pHは酵素によって異なる．
(4) 制御調節系：生物が生きていくためには，細胞のなかで数千種類以上の化学反応が整然と進行しなければならない．一連の化学反応は，特定の物質が多くなると抑制され，少なくなると促進されるように制御されている．
(5) 基質特異性：生体内では，ある物質のみが特異的に反応をうける．

3.2 酵素反応速度

酵素反応速度は，基質の濃度や酵素の濃度によっても左右される．基質の濃度が低い場合には，酵素が基質と接触するのに時間がかかり，一定時間における反応生成物のつくられる量が少なくなるので，反応速度は低い．基質の濃度が高い場合には，酵素が基質と接触するのに時間を要せず，一定時間における反応生成物のつくられる量が多くなるので，反応速度は高い．しかし，基質濃度をどれだけ高くしても酵素のはたらける量を超えた場合には一定速度となる（図3.5左）．反応時間に対する反応生成物の蓄積量をみた場合（図3.5右）には，基質濃度が高いほど短時間での反応生成物量が多く，それぞれの基質が酵素反応を受けて少なくなってくると反応生成物量の増加は緩やかになっていく．

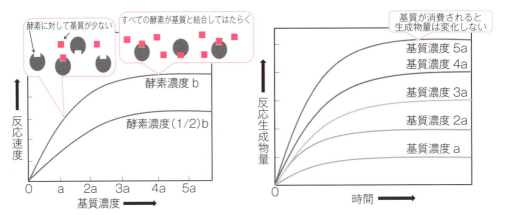

図 3.5　基質濃度の変化による反応速度への影響（左）と反応生成物蓄積量（右）

　酵素の濃度が低い場合には，基質が多くあっても，一定時間における反応生成物のつくられる量は酵素量に依存して少なくなるので，反応速度は低い．酵素の濃度が高い場合には，基質と接触する酵素が多く存在することになるので，一定時間における反応生成物のつくられる量が多くなる（図 3.6 左）．ただし，基質量を超えて酵素を多くしても反応速度は一定速度となる．

　反応時間に対する反応生成物の蓄積量を見た場合（図 3.6 右）には，酵素濃度が高いほど短時間での反応生成物量が多いが，基質が酵素反応を受けて少なくなってくると反応生成物量の増加は緩やかになっていき，ほぼすべての基質がなくなると，酵素濃度の違いに関わらず等量の反応生成物を得られる．つまり基質がなくなり，それに応じた量の反応生成物ができたことを意味する．

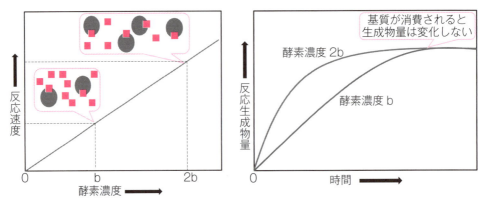

図 3.6　酵素濃度の変化による反応速度への影響（左）と反応生成物蓄積量（右）

3.3　酵素反応の調節機構

　生体の機能を維持していくために，酵素は特定の基質にはたらき，必要な物質をつくり不必要な物質を分解する．一つの物質を産生する過程には多くの酵素が関わり，連続した一連の反応が行われている．そして，生体内ではその反応速度を酵素活性の阻害により必要に応じて調節している．

酵素に結合し，その活性を低下させる物質を阻害物質（inhibitor）という．酵素反応の阻害には，一時的な可逆的阻害と，永続的な不可逆的阻害がある．また，活性阻害機構には，競合的阻害や非競合的阻害がある．

競合的阻害：

　全体的な構造が違っていても，酵素が認識し結合する部分に基質と類似した構造をもつ物質は，本来の酵素の反応を阻害することがある．この阻害は，酵素の基質結合部位への結合を，基質と奪い合うことによって起こる（図3.7）．この阻害による反応速度の低下は，基質が過剰にある場合にはみられにくいが，基質濃度が減少した場合に起こる．このような阻害を競合的阻害といい，競争阻害や拮抗阻害とも呼ばれる．

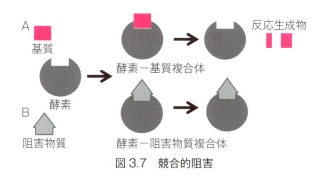

図3.7　競合的阻害

非競合的阻害：

　酵素の基質結合部以外の部分に物質が結合することがある．このとき，結合物質が酵素の高次構造を変化させ，酵素が基質と結合ができなくなる（図3.8）．このような阻害を非競合的阻害といい，非競争阻害や非拮抗阻害とも呼ばれる．この阻害による反応速度の低下は，基質ではなく，酵素濃度が減少した場合に起こる．

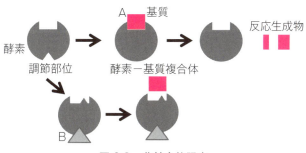

図3.8　非競合的阻害

　非競合的阻害によって酵素活性が変わる現象の一つとしてアロステリック効果がある．一連の反応の途中ではたらく酵素に対して，基質結合部以外のところに，生体内の低分子化合物が非共有結合で作用し，基質と結合できないように酵素の高次構造を変化させる．これにより，反応は途中で停止する．

　このような酵素の高次構造変化による活性の調節は，反応速度の低下（阻害）だけではなく，

逆に上昇（活性化）させる場合もある．低分子化合物が結合することで高次構造が変化して初めて酵素として基質と結合できる形になる調節機構もある．

また，酵素タンパク質に対してリン酸や糖鎖を付加することで，酵素の活性化・不活性化を切り替えて，一連の反応を調節するものもある．これらは化学装飾による調節である．

3.4 生体の化学エネルギー

生体内では，炭水化物を中心に，脂肪，タンパク質（アミノ酸）などの分解（異化）反応によってエネルギーを得て，最終的にアデノシン三リン酸（ATP）の化学エネルギーという形で回収される．生体内での物質の化学的変化を代謝といい，同化と異化の2つに大別される．また，代謝に伴うエネルギーの変化や移動をエネルギー代謝という．

代　謝

> 同化・・・外部から取り込んだ簡単な物質から，生物体を構成する複雑な物質を合成する過程で，エネルギーを必要とする．
> 異化・・・生物体を構成する複雑な物質（有機物）を，簡単な物質に分解する過程で，エネルギーを放出する．

アデノシン三リン酸（ATP）は，プリン塩基の一つであるアデニンに五炭糖であるリボースが結合したアデノシン（アデニンヌクレオシド）に，3分子のリン酸が結合した化合物である（図3.9）．ATPのリン酸間の結合は高エネルギーリン酸結合と呼ばれ，生体内ではβ位とγ位の間のリン酸結合が加水分解されてADPとなる際に，7.3 kcal/mol の自由エネルギーが放出される．このような結合をもつ化合物を，高エネルギー化合物という．

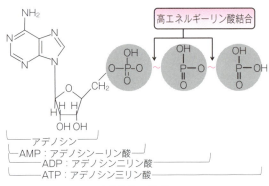

図 3.9　ATP

図 3.10 のように，生体内での異化によって得られたエネルギーは，ADP と無機リン酸から ATP を合成する反応に用いられ，ATP の高エネルギーリン酸結合の形でエネルギーを一時的に蓄える．そして，必要に応じて ATP を加水分解し放出されたエネルギーによって，生体内でのさまざまな仕事が行われる．

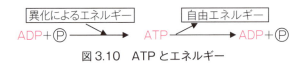

図 3.10　ATP とエネルギー

微量ではあるが，生体内には ATP 以外の高エネルギー化合物も存在し，それぞれ以下のような特異的な役割をもっている．

GTP（グアノシン三リン酸）：細胞内の信号伝達に関与する G-タンパク質の機能調整を行う．タンパク質が GTP と結合した状態で活性型になる．

UTP（ウリジン三リン酸）：RNA 合成の前駆体であり，各種の UDP 糖の合成に用いられる．ATP のリン酸基が転移されて合成される．

ホスホクレアチン（クレアチンリン酸）：脊椎動物の筋肉中のエネルギー貯蔵物質である．ATP よりも保持できるエネルギーが大きい．筋肉中の ATP 濃度が低下した場合に，リン酸基を ADP に転移して迅速に ATP を補給する．

ホスホエノールピルビン酸：極めて高い高エネルギーの化合物であり，リン酸基を ADP に転移して ATP を合成する ATP 供給段階として生体内で特に重要な一つである．

3.5　炭酸同化

生態系におけるエネルギーの取り込みは，緑色植物や植物プランクトンを代表とする光合成や，硝酸菌や硫黄細菌などの化学合成による炭酸同化で行われる．例えば，緑色植物の炭酸同化では，下の式のように，光エネルギーを用いて，6 分子の二酸化炭素と 12 分子の水から，1 分子のグルコース（ブドウ糖）が合成され，6 分子の水と 6 分子の酸素が発生する．グルコース中のエネルギーは，その後，必要に応じて細胞内呼吸による酸素を用いた異化（好気呼吸）によって一部が 38 分子の ATP として蓄えられ，残りは熱エネルギーとして放出される．

$$6CO_2 + 12H_2O + 光エネルギー \longrightarrow C_6H_{12}O_6 + 6H_2O + 6O_2$$

光合成を行う生物は，光エネルギーを吸収し，空気中の二酸化炭素を取り込み糖質をつくり出す炭酸同化を担う構造をもつ．高等植物において炭酸同化を行う葉緑体の起源は，原核生物であるラン藻のチラコイド（図 3.11 左）であると考えられている．ユレモやネンジュモなどのラン藻類は細胞内に散在する小胞やチラコイドをもつ．真核生物では二重の生体膜によってチラコイドが包まれ，DNA をもつ葉緑体（図 3.11 右）となっている．シダや種子植物の葉緑体（図 3.12）では，扁平な円盤状のチラコイドが重なり層状のグラナを形成し，膜状に光合成色素や電子伝達系の酵素が含まれている．また，チラコイド以外の基質部分はストロマと呼ばれ，無色で，光合成ではたらく多くの酵素が含まれている．

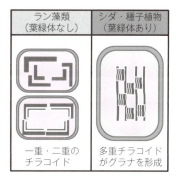

図 3.11　チラコイドと葉緑体

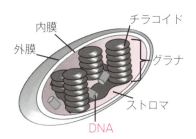

図 3.12　種子植物の葉緑体

チラコイド膜上に存在する光合成色素を表 3.2 に示した．種子植物では数百個のクロロフィル a とクロロフィル b がタンパク質と結合したアンテナ複合体となり，集光クロロフィルとして主に光エネルギーを受け，反応中心クロロフィルであるクロロフィル a に渡す．反応中心

に集まった光エネルギーは電子伝達系に渡される．なお，カロテノイドであるカロテンとキサントフィルは補助色素として集光を補助するはたらきをする．

表 3.2　種子植物の光合成色素の種類

色素	構造	同化色素		色
クロロフィル	Mg^{2+} を中心とするポルフィリン環をもつ	クロロフィル a		青緑
		クロロフィル b		黄緑
カロテノイド	鎖状の長い不飽和炭化水素		β カロテン	橙黄
		キサントフィル	ルテイン	黄

重要

光合成の過程を 4 つの反応系に分けて図 3.13 に示した．まず，光合成色素を含む集光クロロフィルや補助色素のはたらきによって光エネルギーを反応中心クロロフィルに集めると，光エネルギーを吸収してクロロフィルが活性化し，電子を放出する（反応系 1）．電子を放出して活性化クロロフィルは元の状態に戻るが，放出された電子によって水が分解され，水素イオンを得て，酸素を放出する．また，電子は電子伝達系を経て NADP に渡され，NADP は水素イオンと結合して $NADPH_2$ となる（反応系 2）．電子伝達系で放出されるエネルギーにより ADP から ATP を合成する（反応系 3）．気孔から入った二酸化炭素と C_5 化合物であるリブロース二リン酸が結合し，C_3 化合物のリングリセリン酸となる．リングリセリン酸は ATP と $NADPH_2$ を使って C_3 化合物のグリセルアルデヒドリン酸となり，その後，グルコースを合成し，C_5 化合物のリブロース二リン酸に戻る（反応系 4）．これをカルビン・ベンソン回路という．反応系 1～3 はチラコイドで起こり，反応系 4 はストロマで起こる．

これらの反応により，6 分子の二酸化炭素と 12 分子の水から，1 分子のグルコース（ブドウ糖）が合成され，6 分子の水と 6 分子の酸素が発生することになる．

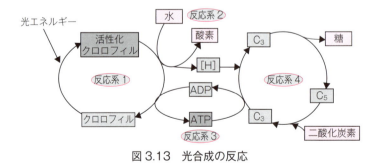

図 3.13　光合成の反応

〈チェック！〉光合成の反応

> 反応系1：光エネルギーを吸収してクロロフィルが活性化し，電子を放出する．
> 反応系2：電子により水を分解して酸素と水素イオンにする．
> 反応系3：電子を電子伝達系に通し，放出されたエネルギーによりATPを合成する．
> 反応系4：ATPと水素イオンにより，二酸化炭素からグルコースを合成する．
> $$6CO_2 + 12H_2O + 光エネルギー（約686\,kcal）\longrightarrow C_6H_{12}O_6 + 6H_2O + 6O_2$$

光合成速度は二酸化炭素の吸収量で測定することができる．図3.14に光の強さと二酸化炭素吸収速度の関係を示した．

光がない状態では呼吸により二酸化炭素が放出されるため，二酸化炭素の吸収量はマイナスとなる．光を強くしていくと二酸化炭素放出が少なくなり，ある光の強さで見かけ上，二酸化炭素の吸収が0となる．このときの光の強さを補償点といい，呼吸による二酸化炭素の放出速度と光合成による二酸化炭素の吸収速度がつりあっている．さらに光を強くすると二酸化炭素の吸収速度が上がり，見かけの光合成速度が変化する．実際の光合成速度は，見かけの光合成速度に呼吸速度を足して求められる．

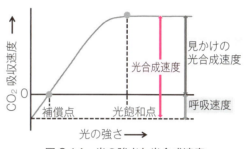

図3.14 光の強さと光合成速度

一定の光の強さに達すると，それ以上には二酸化炭素吸収速度が上昇しなくなる．このときの光の強さを光飽和点といい，光以外の二酸化炭素濃度や温度などにより光合成速度が制限された状態にある．二酸化炭素はグルコースを合成するための材料であり，光が強い状態で反応系1～3の速度が上昇しても，二酸化炭素が不足すると反応系4のカルビン・ベンソン回路の速度がそれ以上上がらない．また，反応系2～4にはさまざまな酵素がはたらいているため，温度条件によって酵素の活性が左右され，光が強い状態で反応系1の速度が上昇しても，反応系2～4の速度が上がらない場合には光合成速度は高まらない．したがって，光飽和点以下では光の強さが，光飽和点以上では二酸化炭素濃度や温度が光合成速度を制限する限定要因となる．なお，二酸化炭素濃度だけを変えると呼吸速度に変化はなく，光合成速度が変わり見かけの光合成量も変わるが，温度だけを変えると呼吸の酵素にも影響を与えるので呼吸速度も変化する．

〈C_4植物〉

前述した光合成はC_3植物での光合成である．種子植物にはC_4植物やCAM植物も存在し，異なる光合成過程により炭酸同化を行う．

トウモロコシやサトウキビなどのC_4植物は，二酸化炭素を植物内に固定する炭酸固定と，炭素をグルコースに変換していく炭酸同化とを別々の細胞で分業により行う（図3.15）．まず，気孔から入った二酸化炭素を葉肉細胞内に取り込み，C_4化合物であるオキサロ酢酸にする．その後リンゴ酸の形で維管束鞘細胞に移動し，C_3植物と同様のカルビン・ベンソン回路（C_3経路）で炭酸同化を行う．したがって，C_4植物の維管束鞘細胞には葉緑体が存在する．

C_4植物は分業により二酸化炭素を効率よく固定するため，二酸化炭素濃度による光合成の制

限を受けにくく，図 3.16 のように光の強い状態での光合成速度が高くなる．また，C_3 植物では高温下で二酸化炭素を固定しにくくなり光合成速度が低下するが，C_4 植物では 40℃ くらいまで光合成速度が上昇する．さらに C_4 植物は水分が少ない状態でも光合成を十分に行える．このような理由から，C_4 植物は強光・高温・乾燥に適している．

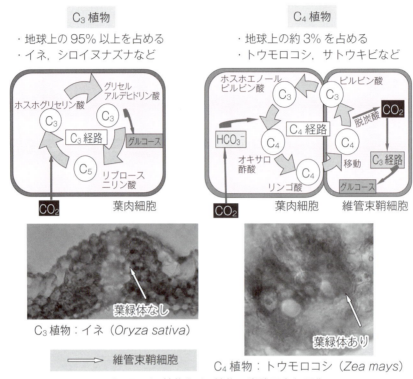

図 3.15　C_3 植物と C_4 植物の炭酸固定と同化

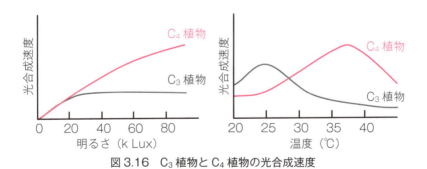

図 3.16　C_3 植物と C_4 植物の光合成速度

〈CAM 植物〉

高温で乾燥した場所で，気孔を開いて二酸化炭素を取り込むと，植物体内の水分が蒸発してしまう．そこで，サボテンやパイナップルでは，気温の上がる日中を避けて夜間に気孔を開く．取り込んだ二酸化炭素は光エネルギーを得られる昼間まで蓄えておく必要がある．図 3.17 のように CAM 植物は，二酸化炭素を C_4 化合物であるオキサロ酢酸にする．その後，主にリンゴ酸

の形で蓄えておき，昼間には気孔を開くことなく細胞内のリンゴ酸から二酸化炭素を遊離して，C_3植物と同様のカルビン・ベンソン回路（C_3経路）で炭酸同化を行う．C_4植物では維管束鞘細胞との分業を行うが，CAM植物では時間差で炭酸固定と炭酸同化を行う．したがって，CAM植物は日中に極端に高温で乾燥した地域に適した植物である．

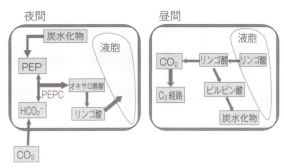

図 3.17　CAM植物の炭酸同化

〈チェック！〉　種子植物の光合成

> C_3植物：日中に，葉肉細胞で炭酸固定と炭酸同化を同時に行う．
> C_4植物：日中に，葉肉細胞で炭酸固定，維管束鞘細胞で炭酸同化を分業で行う．
> CAM植物：葉肉細胞で，夜間に炭酸固定，日中に炭酸同化を時間差で行う．

〈細菌類の炭酸同化〉

植物以外に細菌類にも炭酸同化を行い，エネルギーを蓄える生物がある．細菌類の炭酸同化はエネルギー源として光エネルギーを利用する光合成と，化学エネルギーを利用する化学合成による．前者を行う細菌を光合成細菌，後者を行う細菌を化学合成細菌と呼び，図3.18に示した生物がその例である．光合成細菌である紅色硫黄細菌は光エネルギーによりバクテリオクロロフィルを活性化させ，緑色植物で炭酸同化に用いる水の代わりに硫化水素を利用する．したがって，酸素の代わりに硫黄を放出する．また，化学合成細菌である硝酸菌は光エネルギーの代わりに亜硝酸を酸化して得られる化学エネルギーによりグルコースを合成する．同様に硫黄細菌では硫化水素の酸化，鉄細菌では硫化鉄の酸化によって化学エネルギーを得る．したがって，酸素を吸収する反応でエネルギーを作り，酸素を放出する炭酸同化を行うのである．

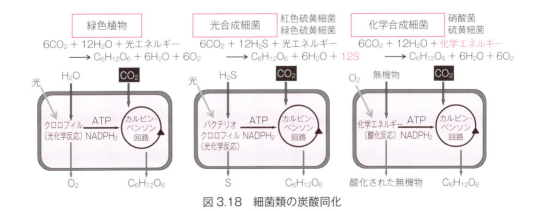

図 3.18　細菌類の炭酸同化

3.6 窒素固定と窒素同化

植物は核酸やタンパク質などの有機窒素化合物を合成する窒素同化も行っている．しかし，炭酸同化とは異なり空気中の窒素を吸収することができないため，水に溶けた形で根から取り込んでいる．図3.19のように，まず，大気の約80％を占める窒素は，窒素ガス（N_2）を固定することができる窒素固定細菌やマメ科植物に共生する根粒菌によって取り込まれ，アンモニウムイオンとなる．また，植物や動物の生体を構成していた物質の分解によっても土壌中にアンモニウムイオン（NH_4^+）が取り込まれる．アンモニウムイオンはそのまま植物に吸収されるか，または亜硝酸菌や硝酸菌によって，酸化による硝化作用を受け，亜硝酸イオン（NO_2^-）を経て硝酸イオン（NO_3^-）となった後に植物に吸収される．

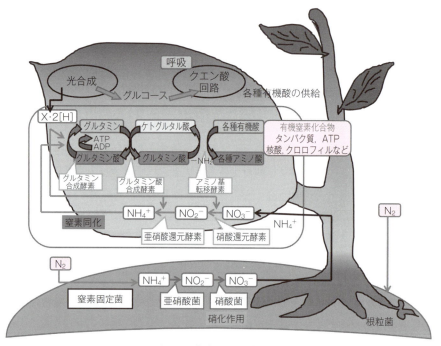

図3.19 窒素固定と窒素同化

植物に吸収された硝酸イオンは還元作用によってアンモニウムイオンとなり，植物内のグルタミン酸をグルタミンにする．グルタミンと光合成で合成されたグルコースを呼吸によって分解した際に生じるα-ケトグルタル酸が反応して2分子のグルタミン酸を生じる．グルタミン酸からさまざまな有機物にアミノ基が転移することで，各種のアミノ酸ができる．これらのアミノ酸を利用して，タンパク質や核酸，ATP，クロロフィルなどの生体構成物質がつくられる．

以上のように，大気中の窒素の固定は細菌類によって行われ，窒素同化は植物によって行われている．これらの反応は酵素によって触媒される．ただし，雷による空中放電でも大気中のN_2が土壌中に取り込まれたり，またNH_3が雨によって土壌中に戻ったりするが，この場合，酵素は無関係である．

Check 3 ••

Q1, 2 に当てはまるものを次の①～⑦から選べ．

① 失質　② 失活　③ 失性　④ 変態　⑤ 変質　⑥ 変活　⑦ 変性

Q1 何らかの要因でタンパク質の高次構造が壊れることを何というか？

Q2 酵素においてタンパク質の高次構造が壊れた結果，はたらけなくなることを何というか？

Q3 酵素は反応を促進するが自身は変わらない．このような物質を何と呼ぶか？

① 補助　② 触媒　③ 共役　④ 仲介

Q4 共役因子（補因子）としてはたらくビタミン類を，総称して何と呼ぶか？

① 補酵素　② 金属　③ 配合団

Q5 生体内の酵素反応で通常の場合，他と比べて非常に多いものはどれか？

① 酵素　② 基質　③ 酵素・基質複合体

Q6 酵素の特性として**当てはまらないもの**はどれか？

① 基質特異性　② 水特異性　③ 温度依存性　④ pH 依存性

Q7, 8 に当てはまるものを次の①～⑤から選べ．

①化学エネルギー　②光エネルギー　③熱エネルギー　④電気エネルギー　⑤核エネルギー

Q7 生態系内のエネルギーの元となる物質は何か？

Q8 生物の活動エネルギーは生体内でどのような形で存在するか？

Q9, 10 に当てはまるものを次の①，②から選べ．

① 異化　② 同化

Q9 複雑な物質（有機物）を，簡単な物質に分解する過程はどちらか？

Q10 エネルギーを必要とする反応はどちらか？

Q11 ATP とはどれの略称か？

① アデノシン一リン酸　② アデノシン二リン酸　③ アデノシン三リン酸
④ アデニン一リン酸　⑤ アデニン二リン酸　⑥ アデニン三リン酸

Q12 光合成過程において発生する酸素は何に由来するか？

① 窒素ガス　② ブドウ糖　③ 二酸化炭素　④ 水　⑤ デンプン

Q13 炭素は大気中ではどのような物質として存在するか？

① 窒素ガス　② ブドウ糖　③ 二酸化炭素　④ アンモニウムイオン　⑤ デンプン

Q14 植物が直接空気中から取り込めるのはどちらの物質からできている気体か？

① 窒素　② 炭素

Q15 光合成の速度を限定する環境要因として**当てはまらないもの**はどれか？

① 光の強さ　② ブドウ糖の量　③ 二酸化炭素の濃度　④ 温度

Q16, 17 に当てはまるものを次の①～④から選べ．

① CAM 植物　② C_3 植物　③ C_4 植物　④ 従属栄養植物

Q16 二酸化炭素の固定と同化を別々の細胞で分業する植物を何というか？

Q17 二酸化炭素の取り込みを夜間に，同化を昼間に行う植物を何というか？

Q18 窒素同化によってつくられる物質として**当てはまらないもの**はどれか？

① クロロフィル　② タンパク質　③ ブドウ糖　④ 核酸　⑤ ATP

演習問題 3

1 下の文中の ア ～ エ に入る語は何かを答えよ．

酵素の主成分はタンパク質であり，熱や極端な pH 条件では，高次構造に変化が起こる．これをタンパク質の ア といい，これによって酵素は イ してしまう．このため，酵素の性質として， ウ をもつことや最適 pH をもつことが挙げられる．また，生体高分子は強酸や高温で無差別に分解されてしまうが，酵素の場合，ある物質のみを特異的に分解する エ と呼ばれる性質をもつ．

2 下の文中の ア ～ カ に入る語は何かを答えよ．なお， イ に相当するのは図1中の y である．また， オ と カ には複数の過程が入る可能性がある．

緑色植物における光合成の過程を下の図に示した．図のように光合成の過程は大きく4段階に分けることができる．まず，同化色素である ア が光エネルギーを吸収して活性化され（過程A），次いで，このエネルギーを使用して水の分解が起こり（過程B），さらにATPが合成される（過程C）．最後に，過程Bからの イ と過程CのATPをもちいて二酸化炭素が還元され，糖がつくられる（過程D）．

光合成の過程A～Dは，葉緑体中の扁平な袋状構造をした ウ 部分とそれ以外の エ 部分でおこなわれ，前者部分では オ ，後者部分では カ の反応がおこなわれる．

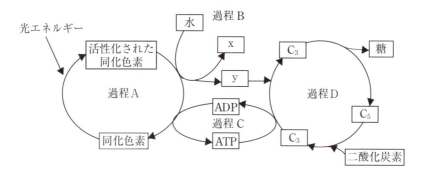

3 温度15°C，二酸化炭素濃度0.03％の条件下で，光の強さを変化させ，ある緑色植物の酸素の吸収量（－で示す），および放出量を測定し，図のようなグラフを得た．

(1) 図のグラフにおいて，光の強さが限定要因となっている範囲を答えよ．

(2) 図のグラフにおいて，二酸化炭素の濃度が限定要因となっている範囲を答えよ．

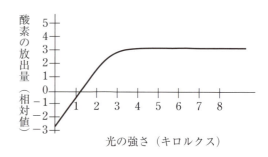

(3) 図のグラフにおいて，温度が限定要因となっている範囲を答えよ．

(4) 二酸化炭素の濃度などの条件は変えずに，温度のみを25°Cにした場合のグラフを書け．

(5) 温度などの条件は変えずに，二酸化炭素濃度のみを0.3％にした場合のグラフを書け．

4 消化・異化

講義目的

取り入れたエネルギーをどのように使うのか理解しよう．

疑問

物を食べた後，体内でどのようにしてエネルギーにしているのでしょう？
私たちヒトが肉や魚を食べて得られる物質は主に何でしょう？
穀類や果実を食べて得られる物質は主に何でしょう？
その他に必要な物質はあるのでしょうか？
生体を維持するのに必要な物質について，
まずは各自で考えてみましょう．

KEY WORD

【従属栄養生物】　　　　【栄養素】
【消化酵素】　　　　　　【嫌気呼吸】
【好気呼吸】　　　　　　【能動輸送】

4.1 栄養素

植物などの無機物から有機物をつくることができる生物を独立栄養生物と呼び，光合成細菌や化学合成細菌もこれにあたる．我々ヒトは，他の生物を摂取することで有機物を得ている従属栄養生物である．ヒトが取り入れなければならない栄養素として，炭水化物（糖質）・タンパク質・脂質（脂肪）の3大栄養素がある．ヒトは炭水化物であるデンプンを多く含む植物（図4.1），イネの種子・コムギの種子・トウモロコシの種子などを主食とし，ジャガイ

図4.1　炭水化物を多く貯蔵する植物

モの塊茎・サツマイモの塊根などを主菜として摂取する．これらは生体内でATPを得るためのエネルギー源となる．タンパク質を多く含む植物はエンドウやダイズ・アズキなどの豆類で，その種子を摂取し，また動物性タンパク質としてブタやウシ・トリ（図4.2）の肉や魚の身を摂取し，得られたアミノ酸を用いてヒトは生体内で必要なタンパク質を新たに産生している．脂質は細胞膜や細胞小器官の膜の主な成分として重要な役割をもち，体内にエネルギー源として蓄えられる．脂質を多く含む植物はゴマ・ダイズ・ナノハナ・オリーブ・ヒマワリ・クルミ（図4.3）などでその種子や実を加工して植物性油を抽出し，また，肉などから動物性の脂肪も得ている．3大栄養素である物質は大きな分子であり，そのままでは消化管から体内の細胞が利用できる場所まで吸収されない．このため，消化による低分子化が必要となる．

図4.2 タンパク質を多く貯蔵する植物と家畜

3大栄養素に無機塩類（ミネラル）とビタミンを加えて5大栄養素という．人体に必要な無機塩類は，ナトリウム・カリウム・鉄・イオウ・塩素・カルシウム・マグネシウム・リンなどである．

図4.3 脂質を多く貯蔵する植物

これらのはたらきは既に第2章で示した．それぞれ重要な成分として，重要な作用を担っている．したがって，無機塩類が不足すると正常な生体機能を果たせなくなる．ビタミンは大量に必要とはされないが，体のはたらきの調節作用に関連する重要な物質であり，次のような特徴をもつ．

ビタミンの特徴

① 微量で体内の生理作用を調節する	② 不足すると欠乏症となる
③ エネルギー源にはならない	④ 動物体内では基本的につくられない

　ビタミンとして，ビタミンA，ビタミンB群，ビタミンC，ビタミンD，ビタミンE，ビタミンKが知られている．表4.1にそれぞれの作用や性質，欠乏症などについて纏めた．

　ビタミンのうち，水に溶けやすい性質をもつビタミンB群とビタミンCは多量に摂取しても尿とともに排出されるが，水に溶けにくく油に溶けやすい性質をもつビタミンA，ビタミンD，ビタミンE，ビタミンKは取り過ぎると肝臓などに蓄積し，機能を損なうため注意が必要である．

表 4.1 ビタミンの性質と作用

種類	性質	作用	欠乏症	多く含む食品
ビタミンA	脂溶性，熱に弱い，酸化を受けやすい	ロドプシンの材料，目の機能維持	夜盲症	ウナギ・緑黄色野菜
ビタミンB_1	水溶性，熱に強い，酸・アルカリに弱い	糖代謝酵素補酵素	脚気，疲労感	酵母・豆類・米ぬか
ビタミンB_2	水溶性，熱に強い，光に弱い	脱水素酵素補酵素，呼吸・成長促進	皮膚粘膜炎症	レバー・牛乳・肉・卵
ビタミンB_6	水溶性，熱に強い	アミノ基転移酵素補酵素，赤血球でのヘム合成	臓器動脈硬化,貧血	米ぬか・小麦胚・レバー
ニコチン酸（ナイアシン）	水溶性，熱・酸・アルカリに強い	脱水素酵素補酵素	皮膚炎，下痢，痴呆	レバー・酵母・卵
ビタミンB_{12}	水溶性，熱に強い，コバルトを含む	多くの酵素の補酵素	悪性貧血	レバー・アオノリ・クロレラ
ビタミンC	水溶性・熱に強い，酸・アルカリに弱い	水素運搬体	壊血病	緑茶・果物・野菜
ビタミンD	脂溶性・紫外線により体内で形成	骨形成	骨や歯の発育不良	魚類の肝臓・干シイタケ
ビタミンE	脂溶性・酸化により分解しやすい	精子・胎盤形成，ビタミンAなどの酸化防止	ネズミでは不妊症	植物性油脂食品
ビタミンK	脂溶性・熱に強い・光やアルカリに弱い	プロトロンビンの生成促進	皮膚・筋肉の内出血,血液凝固障害	植物の葉・トマト・海草・肝油

アミかけ部分はビタミンB群を示す

〈チェック！〉 ヒトの栄養素

3大栄養素・・・炭水化物（糖質）・タンパク質・脂質（脂肪）
5大栄養素・・・炭水化物・タンパク質・脂質・無機塩類（ミネラル）・ビタミン

植物の独立栄養の例外

● 全く光合成を行わない従属栄養
ギンリョウソウ・ナンバンギゼル・ラフレシアなど．葉緑体をもたず他の植物に寄生したり，菌類が分解した有機物を取り込んだりする．
● 光合成も行うが，他からも養分をとる半独立（半従属）栄養
ハエトリグサ・ウツボカズラ・ムシトリスミレ・ヤドリギなど．
昆虫を捕まえて消化酵素で分解した有機物を栄養にしたり，他の植物に寄生して有機物を得たりするが，自身も葉緑体をもち光合成を行える．

アキノギンリョウソウ／ハエトリグサ／ウツボカズラ

4.2 消化

口から摂取した食物は消化管を通る．消化管とは，口腔・食道・胃・十二指腸・小腸・大腸・直腸・肛門であり（図4.4），ここを通っている物質はヒトが細胞で利用できるような状態ではない．栄養分を細胞にまで届けるには小さな分子に分解する消化が必要であり，消化管内で胃や腸の運動（機械的消化）や酵素（化学的消化）によって行われ，分解された物質は主に小腸壁から吸収される．

機械的消化としてぜん動運動と分節運動がある．ぜん動運動は，消化管の内壁にある筋肉が

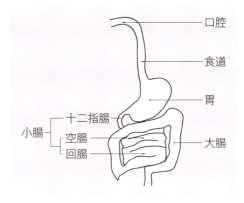

図4.4 消化管

くびれて食物やその分解物を先に送る運動のことである．くびれる場所が次々に変わることで，先へ先へと内容物を移動させる．ただし，胃ではぜん動運動を行っていても十二指腸へつながる幽門が閉じているときは，先へは進まずに胃の中で食物が胃液と混ざり合わされる．分節運動は，消化管の内壁が収縮を繰り返す運動で，消化管で同時に起こる．食物やその分解物は先へ移動せずに基本的にその場でよく混ぜ合わされる．

化学的消化は，酵素による消化であり，消化管の各部から分泌される酵素によって食物が分解される．消化酵素はそれぞれの基質となる物質を加水分解によって，低分子化していく．1つの酵素でグルコースやアミノ酸の段階まで分解するのではなく，何種類かの消化酵素が順序良くはたらくことで，大きな分子から徐々に小さな分子へと分解し，小腸で吸収できる状態にしていく．

3大栄養素は小腸壁から吸収されるが，炭水化物の分解で生じるグルコースと，タンパク質の分解で生じるアミノ酸が柔毛からそのまま毛細血管に入るのに対して，脂肪の分解で生じるグリセリンと脂肪酸は柔毛内で再結合して脂肪粒になり毛細リンパ管に入る．また，3大栄養素以外の物質は小腸だけでなく他の器官でも吸収される．胃ではアルコール分と多少の水分が，大腸では水分・無機塩類・ビタミンK（大腸菌の作用による）が吸収される．

3大栄養素の消化酵素と作用器官について図4.5に簡単に示した．

〈炭水化物の消化〉

コメなどに多く含まれ，グルコースが多数つながったデンプンは口腔で唾液中の消化酵素アミラーゼ（最適pH 7）によって部分的に切断され，一部は二糖類のマルトースとなる．部分的に分解を受けたデンプンは胃を通り小腸に達すると膵臓から分泌されたアミラーゼによってマルトースに分解される．これらマルトースは小腸でさらに消化酵素マルターゼ（最適pH 7）による分解を受けて単糖であるグルコースに分解されると，小腸壁から内部へ吸収される．

砂糖などの摂取により得られる二糖類のスクロース（ショ糖）は，小腸に達すると消化酵素スクラーゼ（最適pH 7）によってグルコースとフルクトースに分解され，小腸壁から吸収され

る．吸収されたグルコースは肝門脈を通り肝臓に運ばれる．

〈タンパク質の消化〉

　肉などに多く含まれるタンパク質は，口腔内では消化酵素による分解を受けず，胃に達する．胃での胃液分泌は食物を見たり匂いをかいだりすることで条件反射によって起こるとともに，食物が胃壁を刺激することで分泌されるホルモンであるガストリンの作用によっても起こる．胃液中のペプシノーゲンは，胃の中で塩酸によって消化酵素ペプシン（最適 pH 2）に変わり，ペプシンの作用によりタンパク質はポリペプチド（ペプトン）にまで分解される．ペプシンの最適 pH は約 2 であり，塩酸によって酸性となった胃の中ではたらく．ペプトンが小腸に達すると，膵臓から分泌された消化酵素トリプシン（最適 pH 8）のはたらきによってアミノ酸が数個だけ繋がったペプチドまで分解され，さらに膵臓や小腸から分泌された消化酵素ペプチダーゼ（最適 pH 8）によってアミノ酸に分解される．アミノ酸は小腸壁から吸収される．

〈脂質の消化〉

　植物油や肉の摂取により口腔に入った脂肪は，口腔や胃では消化酵素による分解を受けずに，小腸（十二指腸）に達すると，胆のうから分泌された胆汁によって，乳化され，膵臓から分泌された消化酵素リパーゼ（最適 pH 7〜8）によりモノグリセリドと脂肪酸に分解される．胆汁による乳化を受けていない脂肪でもリパーゼによって分解されるが，分解効率が悪い．分解されたモノグリセリドと脂肪酸は小腸壁から吸収される．

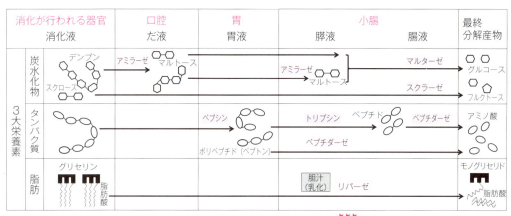

図 4.5　3 大栄養素の消化　重要

4.3　嫌気呼吸

　地球上に最初に生物が誕生した頃には，大気中に酸素がない状態だった．誕生した嫌気性細菌は，酸素を用いない細胞呼吸により有機物をある程度まで分解し，ATP を得る嫌気呼吸を行った．現在，地球上に存在する生物にも嫌気呼吸を行うものがいる．例えば，乳酸菌は乳酸発酵と呼ばれる嫌気呼吸を行い，酪酸菌は酪酸発酵，酵母菌はアルコール発酵，酢酸菌は酢酸発酵を行う．これらの嫌気呼吸では，グルコースは完全分解されないため，多くの ATP を得る

ことはできない．例えば，乳酸発酵では，グルコース1分子から47kcalのエネルギーが放出され，合成されるATPは2分子である．アルコール発酵では，グルコース1分子から56kcalのエネルギーが放出され，やはり2分子のATPを得られる．また，ヒトの筋肉での嫌気呼吸は解糖と呼ばれ乳酸発酵と同様の反応であり，植物の嫌気呼吸はアルコール発酵と同様である．表4.2に嫌気呼吸の例を挙げた．また，微生物による嫌気呼吸の産業利用についても示した．

表4.2 嫌気呼吸

種類	生物例	反応式	利用した製造例
乳酸発酵	乳酸菌	$C_6H_{12}O_6 \rightarrow 2C_3H_6O_3$ (2ATP)	乳酸飲料・漬物・チーズ
酪酸発酵	酪酸菌	$C_6H_{12}O_6 \rightarrow C_4H_8O_2+2CO_2+2H_2$ (2ATP)	チーズ・香料
アルコール発酵	酵母菌	$C_6H_{12}O_6 \rightarrow 2C_2H_5OH+2CO_2$ (2ATP)	ビール・ワイン・パン
酢酸発酵（酸化発酵）	酢酸菌	$C_2H_5OH+O_2 \rightarrow CH_3COOH+H_2O$	食酢
解糖	哺乳動物	$C_6H_{12}O_6 \rightarrow 2C_3H_6O_3$ (2ATP)	
解糖	植物	$C_6H_{12}O_6 \rightarrow 2C_2H_5OH+2CO_2$ (2ATP)	

1molのADPから1molのATPが合成されるのに必要なエネルギー量は7.3kcalであり，グルコースとして蓄えられたエネルギーのうち，全てがATPに受け渡されるわけではない．このときの受け渡されたエネルギー量の全エネルギーに対する割合をエネルギー効率という．

〈チェック！〉 嫌気呼吸によるATP合成のエネルギー効率を求めてみよう．

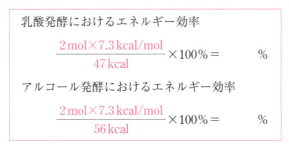

乳酸発酵におけるエネルギー効率
$$\frac{2\,\text{mol} \times 7.3\,\text{kcal/mol}}{47\,\text{kcal}} \times 100\% = \qquad \%$$

アルコール発酵におけるエネルギー効率
$$\frac{2\,\text{mol} \times 7.3\,\text{kcal/mol}}{56\,\text{kcal}} \times 100\% = \qquad \%$$

4.4 好気呼吸

生物が誕生した約40億年前には，嫌気呼吸を行う従属栄養生物のみが生息していたが，その後，独立栄養生物が誕生した．そして，酸素を発生する光合成を行う生物が誕生し，地球上に酸素が増加していった．この酸素を用いて好気呼吸を行う好気性生物が誕生した．好気呼吸では，グルコースを完全分解できるため，得られるエネルギーは格段に増加した．

好気呼吸の過程は，3段階に分けられる（図4.6）．まず，1分子のグルコースを分解して2分子のピルビン酸（$C_3H_4O_3$）にする解糖系では，2分子のATPを消費して4分子のATPを合成する．したがって，2分子のATPを得る．

次いで，ピルビン酸をC_2化合物の活性酢酸にし，C_4化合物のオキサロ酢酸と結合してクエン酸（C_6）にし，α-ケトグルタル酸（C_5）・コハク酸（C_4）・フマル酸（C_4）・リンゴ酸（C_4）を経てオキサロ酢酸

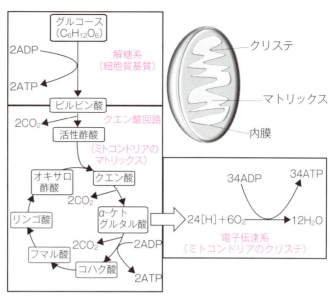

図4.6　好気呼吸の過程

に戻す回路であるクエン酸回路（TCA回路・クレブス回路）では，2分子のATPを合成する．その際，各段階を合わせてピルビン酸2分子に対して二酸化炭素を6分子発生する．

解糖系で生じた4[H]とクエン酸回路で生じた20[H]を受け取り，図4.7のように最終的に酸素と結合させて水にする電子伝達系（水素伝達系）では，グルコース1分子に対して34分子のATPを合成する．

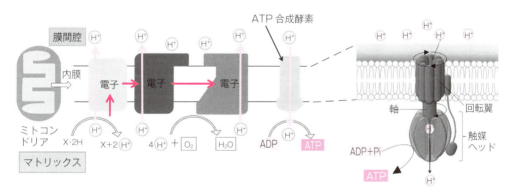

図4.7　電子伝達系

これらを合計すると，1分子のグルコースから38分子のATPが合成されることになり，嫌気呼吸の2ATPと比較して19倍ものエネルギーを得られる．なお，好気呼吸で1分子のグルコースから放出されるエネルギーは686 kcalであり，C_3植物によって行われる光合成と逆の反応式となる．なお，解糖系は細胞質基質で行われ，クエン酸回路はミトコンドリアの内部のマトリックスと呼ばれる部分で，電子伝達系はミトコンドリアの内膜であるクリステで行われる．

光合成　　　$6CO_2 + 12H_2O + 光エネルギー（約686\,kcal） \longrightarrow C_6H_{12}O_6 + 6H_2O + 6O_2$
好気呼吸　　$C_6H_{12}O_6 + 6H_2O + 6O_2 \longrightarrow 6CO_2 + 12H_2O（38ATP）$

〈チェック！〉 好気呼吸による ATP 合成のエネルギー効率を求めてみよう．

好気呼吸のエネルギー効率の計算
$$\frac{38\,\text{mol} \times 7.3\,\text{kcal/mol}}{686\,\text{kcal}} \times 100\% = \qquad \%$$

重要

4.5 生体内での ATP の利用

ヒトを含め，生物の体内でのエネルギーは主に ATP であり，ATP を ADP に分解した際に生じるエネルギーによって，生物はさまざまな生体反応を可能にしている．1 mol の ATP を ADP に分解することで生じるエネルギーは，約 7.3 kcal である．

〈筋収縮〉

ヒトの生体内で，ATP が最も多く消費されるのは筋収縮である．静止時でも体内の全 ATP の 30％，激しい筋運動時には 85％以上が消費される．

筋繊維には細胞質全体に筋原繊維が詰まっており，サルコメア（筋節）はアクチンとミオシンの 2 種類のフィラメントで構成され，アクチンフィラメントにミオシンフィラメントの端部が結合している．

筋組織・・・筋細胞（筋繊維）の集合．
　収縮性のタンパク質の筋原繊維にはアクチン/ミオシン（フィラメント）が含まれる．
　骨格筋（全身の筋肉を構成）…円筒形で多核．収縮は速いが疲労しやすい．
　　　　　　　　　　　　　　随意筋．横紋筋．アクチンとミオシンは規則的．
　心筋（心臓を構成）…枝分かれした形で単核．疲労しにくい．
　　　　　　　　　　　不随意筋．横紋筋．アクチンとミオシンは規則的．
　内臓筋（内臓の筋肉を構成）…紡錘形で単核．疲労しにくい．
　　　　　　　　　　　　　　不随意筋．平滑筋．アクチンとミオシンは不規則．
　筋繊維…細胞　　筋原繊維…細胞質

脳や脊髄などから運動神経に興奮が伝えられると，図 4.8 のような作用により筋収縮が起こる．

① 運動神経末端から神経伝達物質アセチルコリンが放出される．
② 筋細胞の細胞膜が興奮すると，その興奮が筋小胞体に達し，カルシウムイオン（Ca^{2+}）が放出される．
③ アクチンフィラメントに Ca^{2+} が結合し，ミオシンフィラメントの端部に ATP が結合する．

④ 端部の構造が変化して結合が緩む．
⑤ ミオシンフィラメント端部の ATP 加水分解活性によって ATP が分解される．
⑥ 端部が離れて，滑り込み，別な部分と結合することで筋収縮が起こる．

〈物質合成〉

生体内での多くの物質の合成には，ATP のもつ高エネルギーが関与している．このとき，ATP 分解による自由エネルギーが直接利用されるのではなく，リン酸基の転移によってエネルギーごと他の分子に移され，活性化された状態となる．活性化された分子は結合反応を進行できるようになる．

$$X+ATP \longrightarrow \boxed{X-P}+ADP$$
$$\cdots\cdots\rightarrow \boxed{X-P}+Y \longrightarrow \boxed{X-Y}+P$$

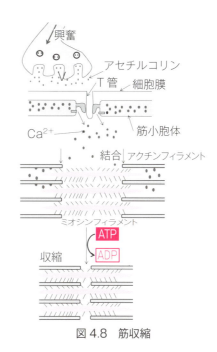

図 4.8 筋収縮

〈光エネルギー〉

ホタルの発光器は，腹部の決まった節に存在する．例えば，ゲンジボタルでは雄は下部の 3 節（図 4.9）に，雌では腹部の 1 節に存在し，体外側の上皮近くに発光細胞が並ぶ発光層がある．発光層は神経と接しており，神経からの情報伝達を受け，酵素ルシフェラーゼによって，ATP のエネルギーを光エネルギーへと変換する．ホタルの光は熱をもたない冷光である．発光層のさらに内側には反射層があり，光を増幅する仕組みとなっている．

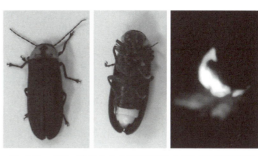

図 4.9 ゲンジボタルの発光器と発光 ［口絵参照］

なお，発光周期は酸素の供給によって調節され，同じ種であっても地域によって違うことが知られている．

$$\text{ルシフェリン}+ATP+O_2 \xrightarrow{\text{ルシフェラーゼ}+Mg^{2+}} \text{オキシルシフェリン}+AMP+\text{光エネルギー}$$

〈電気エネルギー〉

シビレエイでは約 30 ボルト，デンキウナギ（図 4.10）では約 800 ボルトもの発電が起こる．これらの生物は体内に発電専用の器官（発電器）をもつ．シビレエイの発電器は，筋組織の一つである横紋筋が変化した発電板が数多く重なることで構成されている．発電板は，通常の細胞と同様に外側に Na^+ イ

図 4.10 デンキウナギ（いおワールド・かごしま水族館）

オンが，内側にK^+イオンが多く存在する．これらの量により細胞膜内外で電位差が生じ，外側に対して内側が−の膜電位となっている．この膜電位を保つためには，ATP 依存型の Na^+/K^+ポンプによるイオンの能動輸送が必要である．神経によって発電板に興奮が伝達されると，神経の分布する側の膜電位が逆転し，電池が直列につながったようになり，高い電圧を生じ，電流が流れるしくみとなっている．

〈トピックス〉 ルシフェラーゼの産業利用

大腸菌の ATP が真核生物のホタルの ATP と同じであることを利用した大腸菌検出方法がある（図4.11）．

ルシフェラーゼを使うと，加工食品などの生きた生物が入っていないはずの食品に，もしも大腸菌などが繁殖していれば，発光する．

生物はエネルギーとして ATP をつくって利用する．この ATP があるかどうかがわかれば，生物体が混入したかどうかが判断できる．

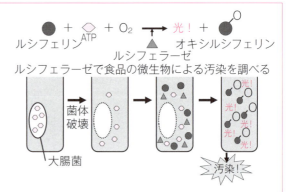

図 4.11 ルシフェラーゼ産業利用

4.6 生体膜のはたらきと能動輸送

細胞膜における物質の透過にも ATP の分解によるエネルギーが利用されている．動物細胞にはないが，植物細胞にある細胞壁と細胞膜の性質を比較すると，細胞壁は図 4.12 左のような全透性で，ある程度の大きさまでの物質であれば自由に通すが，細胞膜は図 4.12 中のような半透

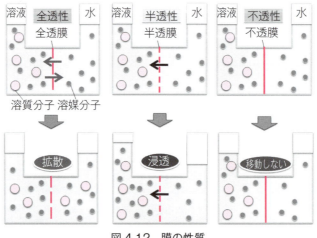

図 4.12 膜の性質

性で，水分子や極めて分子量の小さな物質しか通さない．したがって，細胞膜を隔てて異なる濃度の溶液をおいた場合，水は濃度の低いほう（低張液）から高いほう（高張液）へ移動することになる．この力を浸透圧という．

〈チェック！〉 細胞壁と細胞膜の透過性

> ・細胞壁；全透性…物質を自由に通す．濃度の高い方から低い方へ移動（拡散）する．
> ・細胞膜；半透性…水（溶媒）など分子量の小さな物質は拡散（浸透）し，ショ糖など分子量の大きな物（溶質）は通さない．

〈浸透圧と細胞〉

動物細胞の浸透圧は細胞や生物種によって異なる．細胞膜の外側に細胞壁をもたない動物細胞は，その浸透圧より低い浸透圧（低張）の溶液中では細胞内に水が入り，破裂することもある．そこで，動物細胞を扱う際には等張な食塩水やより細胞液に近い状態に調整したリンガー液を用いる．

> ヒトの等張液…0.9％食塩水と同じ．
> カエルの等張液…0.65％食塩水と同じ．
> 赤血球…高張液中…細胞から水が出て，縮む．
> 　　　　低張液中…水が入ってきて膨れる．
> 　　　　蒸留水のような極端な低張液につけると，膨れすぎて破裂する（図4.13）．
> 　　　　（赤血球が溶けるように見えるので溶血というが，赤血球以外では破裂するという）
> ＊生理（的）食塩水…等張な食塩水．
> ＊リンガー液…各種の塩類を加えてより害を少なくした等張液．

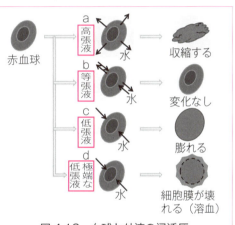

図4.13　血球と外液の浸透圧

植物細胞は固い全透性の細胞壁とやわらかい半透性の細胞膜に囲まれている．したがって，外液の浸透圧によって図 4.14 のような状態になる．

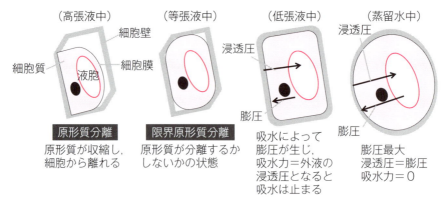

図 4.14　植物細胞と外液の浸透圧

> 等張液…限界原形質分離の状態（原形質分離した細胞数 1/2 で判断）．
> 高張液…ショ糖分子が透過しないため，水分子が外へ，細胞の体積は減少．
> 　　　　しかし，細胞壁は固く変形しないので，細砲膜は細胞壁からはがれる．
> 　　　　（原形質分離）
> 低張液…細胞の中へ水が浸透し，細胞の体積は増加．膨圧がかかる．
> 　　　　しかし，細胞壁が固いため，押し返されることになる（壁圧）．

一般的に，植物細胞を，さまざまな浸透圧の溶液に浸した場合，細胞の体積に対して，植物細胞のもつ浸透圧と膨圧と吸水力の関係は，図 4.15 のグラフのようになる．

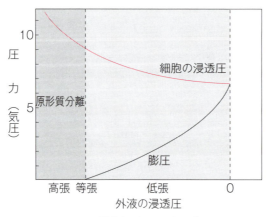

図 4.15　植物細胞の浸透圧グラフ

等張液を知る場合には，何種類かの異なる浸透圧の外液に細胞を浸し，浸透圧に関する式を用いて，等張液を計算するのも有効な方法である．

浸透圧に関する式（ショ糖溶液中）

> - 細胞内の浸透圧＝膨圧＋吸水力
> - 細胞内の浸透圧＝壁圧＋細胞外の浸透圧
> - 膨圧＝壁圧
> - 浸透圧＝モル濃度＊×気体定数（0.082）×絶対温度（273＋摂氏温度）
> - モル濃度×細胞膜内体積＝一定
> - 細胞内浸透圧×体積＝一定
>
> ＊モル濃度…Mで表す．
>   1Mは1L中に分子量g.（ショ糖ならば342g，ブドウ糖ならば180g）．
>   1Mは1mol/Lと同じ意味．

細胞がもっとも自然な形で存在できる浸透圧をもつ外液を等張液というが，前述のヒト細胞とカエル細胞の例でもわかるように，等張液は，それぞれの細胞で異なる．生物の細胞を用いた実験においては，等張液を知り，実験の目的によって，用いる試薬の浸透圧を変えることが重要である．

〈能動輸送〉

細胞に必要なものはATPのエネルギーを消費して物質を透過させる．

能動輸送にはたらくのは細胞膜に存在するタンパク質で，特定の物質を選んで輸送させることを選択的透過性（図4.16）といい，中でもNa^+イオンとK^+イオンの移動に関する仕組みを「ナトリウム・カリウムポンプ」といい，細胞内へ浸透してくるNa^+イオンを細胞外へ排出し，細胞外のK^+イオンを積極的に取り込む．

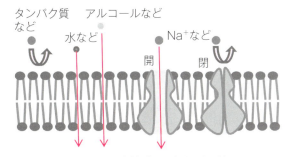

図4.16　生体膜の選択的透過性

> 細胞内はK^+イオンの濃度が高く
> 細胞外はNa^+イオンの濃度が高い
> 　K^+多　　Na^+多

細胞膜での能動輸送では，濃度勾配に逆らって物質が輸送されるため，エネルギーが必要となり，ATPが利用される．図4.17に示したナトリウム・カリウム（Na^+/K^+）ポンプでは，Na^+イオンを細胞膜内部から外部へ，K^+イオンを外部から内部へ，同時に輸送して，両イオンの濃度差を形成する．この際，ATPの分解によるエネルギーを利用するので，ATP依存型ポンプという．

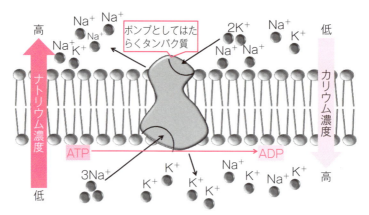

図 4.17 ナトリウム・カリウム（Na⁺/K⁺）ポンプ

また，小腸や腎臓尿細管では，図 4.18 のように，この Na^+ の濃度勾配に従った輸送に共役させて，グルコースの細胞内への取り込みを行っている（共輸送）．したがって，間接的に ATP を必要とする輸送といえる．

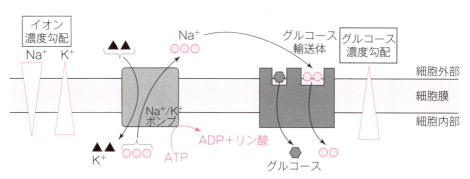

図 4.18 小腸における共輸送

Check 4 ・・・

Q1, 2 に当てはまるものを次の①〜④から選べ.

① 寄生生物　　② 独立栄養生物　　③ 従属栄養生物　　④ 半従属栄養生物

Q1 無機物から有機物をつくることができる生物をまとめて何と呼ぶか？

Q2 他の生物を摂取することで有機物を得ている生物をまとめて何と呼ぶか？

Q3 ヒトが取り入れなければならない3大栄養素に**当てはまらないもの**はどれか？

① 脂質（脂肪）　　② 炭水化物　　③ 水　　④ タンパク質

Q4〜7 のはたらきや特徴をもつビタミンを次の①〜⑤から選べ.

① ビタミンA　　② ビタミンB群　　③ ビタミンC　　④ ビタミンD　　⑤ ビタミンK

Q4 補酵素としてはたらくことが多く，レバーや米ぬかに多く含まれ，水に溶けやすい．

Q5 骨の形成に重要で，干しシイタケに多く含まれ，水に溶けにくい．

Q6 トマトや海藻に多く含まれ，プロトロンビンを介して止血に関連が深く水に溶けにくい．

Q7 ウナギに多く含まれ，目の機能に関連が深く，水には溶けにくい．

Q8〜12 のはたらきや特徴をもつ酵素や物質を次の①〜⑤から選べ.

① リパーゼ　　② 胆汁　　③ アミラーゼ　　④ トリプシン　　⑤ ペプシン

Q8 膵臓から分泌され，タンパク質を分解する酵素はどれか？

Q9 膵臓から分泌され，脂質を分解する酵素はどれか？

Q10 だ液などに含まれ，デンプンを分解する酵素はどれか？

Q11 脂肪を乳化するものはどれか？

Q12 胃から分泌され，タンパク質を分解する酵素はどれか？

Q13 好気呼吸によって1 molのブドウ糖から合成されるATPの量は何molか？

① 1 mol　② 2 mol　③ 4 mol　④ 34 mol　⑤ 38 mol　⑥ 47 mol　⑦ 56 mol　⑧ 686 mol

Q14, 15 に当てはまるものを次の①〜④から選べ.

① カルビン・ベンソン回路　　② クエン酸回路　　③ 電子伝達系　　④ 解糖系

Q14 好気呼吸で，ミトコンドリアのマトリックスで起こる過程はどれか？

Q15 Q14で生じた水素を酸素と結合させて水にし，多量のエネルギーを得る過程を何というか？

Q16 アルコール発酵によって1 molのブドウ糖から合成されるATPの量は何molか？

① 1 mol　② 2 mol　③ 4 mol　④ 34 mol　⑤ 38 mol　⑥ 47 mol　⑦ 56 mol　⑧ 686 mol

Q17 筋肉の収縮において，興奮が達した筋小胞体から分泌されるのは何か？

① Na^+　　② K^+　　③ Ca^{2+}　　④ Mg^{2+}　　⑤ Fe^{2+}

Q18 筋収縮が起こる際，ATPが結合するのはどちらのフィラメントか？

① アクチンフィラメント　　② ミオシンフィラメント

Q19 P型ポンプであるNa^+/K^+ポンプにより，細胞の内側に輸送されるのはどちらか？

① Na^+　　② K^+

Q20 ヒトの生理食塩水の濃度はどれか？

① 0.09％　　② 0.9％　　③ 9％　　④ 90％

演習問題 4

1 好気呼吸でグルコースが完全に分解されると，放出されるエネルギー量は，グルコース1 mol 分解あたり 686 kcal であるが，その一部を ATP として蓄える．この反応は，以下の式で示される．

$$C_6H_{12}O_6 + 6H_2O + 6O_2 \longrightarrow 6CO_2 + 12H_2O\ (+38\text{ATP})$$

蓄えられたエネルギーの使用例として，細胞膜での ア が挙げられる．この機構では，濃度勾配に逆らって物質が輸送されるため，エネルギーが必要となり，ATP が利用される．ATP 依存型のポンプ（輸送機構）の代表的な例は，Na^+/K^+ ポンプであり，このポンプのはたらきによって，外部と内部でイオンの偏りが生じ，外側に Na^+ イオンが多く存在するため，細胞膜内外で イ 差が生じる．なお，ATP が分解されて ADP となる際に，1 mol の ATP が分解されると 7.3 kcal の自由エネルギーが放出される．

(1) 文中の ア と イ に入る語を答えよ．
(2) 好気呼吸のエネルギー効率を計算し，小数第1位を四捨五入して，%で答えよ．

2 細胞内呼吸には好気呼吸と嫌気呼吸がある．ブドウ糖を呼吸基質とした好気呼吸の過程は，3段階に分けることができる．まず，1分子のブドウ糖が水素と2分子の ア に分解され（過程Ⅰ），この過程において ATP が差し引き イ 分子合成される．次いで，この物質が二酸化炭素と水素に完全に分解され（過程Ⅱ），この過程でも ATP は イ 分子合成される．さらに，これらの水素を使用して水が生成され（過程Ⅲ），ATP が合成される．したがって，これらの過程Ⅰ〜Ⅲを通して1分子のブドウ糖から ウ 分子の ATP が合成されることになる．

(1) 文中の ア 〜 ウ に入る語，または数字を答えよ．
(2) 3段階の過程のうち，嫌気呼吸でも同様に行われる過程はどれかを答えよ．

3（発展問題） 種子には炭水化物のかわりにタンパク質や脂質を貯蔵し，発芽時の呼吸基質とするものがある．それぞれの基質の呼吸商（呼吸により排出された CO_2 と吸収された O_2 の体積比 CO_2/O_2）は，順に約 1.0，0.8，0.7 である．

3種類の植物 a, b, c の種子を図のような装置を用いて，条件 A, B で発芽させる．発芽が始まるとそれぞれの植物の種子は活発に呼吸を開始する．条件 A では副室のビーカー内に水を入れ，条件 B では水酸化カリウム（KOH；二酸化炭素を吸収する）溶液を入れた．20分後にガラス管内の着色液の移動距離からフラスコ内部の気体の減少量を測定した．その結果を表に示す．なお，フラスコ内には発芽に十分な量の酸素が存在している．

(1) 条件 A と条件 B の気体の減少量がそれぞれ表していると考えられるものは何か答えよ．
(2) 植物 a，および，植物 b の呼吸商はそれぞれいくらか答えよ．
(3) 植物 a，および，植物 c の呼吸基質は主に何か答えよ．

条件	植物 a	植物 b	植物 c
A	8 mL	128 mL	86 mL
B	403 mL	436 mL	501 mL

第3部 遺伝子と遺伝

大きくなったら何になる？

写真①〜④の子は成長するとどうなるのか．下の候補の動物から選んでみよう！

5 遺伝子の構造と発現

講義目的
遺伝情報はどのように伝えられ，はたらくのか．
その機構を理解しよう．

疑問

遺伝情報を正確に伝え，はたらかせるにはどうしたら良いでしょう？
生物として必要な情報はDNAという形で伝えられ，
その情報を基につくられたタンパク質がはたらくことで，
形態や機能を得ています．
情報を正確にコピーし，その情報を活用するには仕掛け（しくみ）が必要です．
そのしくみを，まずは各自で考えてみましょう．

KEY WORD

【DNA の構造と複製】　　【RNA の構造と種類】
【転写】　　　　　　　　【翻訳】
【コドン】　　　　　　　【アンチコドン】

5.1 遺伝情報

オタマジャクシがやがてカエルになるように，親とは異なる毛色や羽の状態から，子はしだいに親と同様の形に変わっていく．それぞれの生き物がもついろいろな形や性質をまとめて形質と呼び，親から子に形質が伝わる現象を一般に遺伝と呼ぶ．実際に遺伝するのは，各細胞が必要なタンパク質をつくるための設計図（遺伝子）である（図 5.1）．

図 5.1　遺伝子とタンパク質

図 5.2 のように，遺伝子はデオキシリボ核酸（DNA）と呼ばれる核酸で，デオキシリボヌクレオチドという化合物が長くつながったものである．デオキシリボヌクレオチドは 4 種類あり，その並び方が情報（遺伝子）となり，アミノ酸の配列（タンパク質の一次構造）を指定するこ

とで，必要なタンパク質が合成される．したがって，遺伝子は DNA がタンパク質をつくる単位といえる．

真核細胞の DNA はヒストンタンパク質と複合体（ヌクレオソーム；図5.3）を形成し，折りたたまれて立体構造をとったクロマチンと呼ばれる状態になっている［大腸菌などの原核細胞では，ヒストンタンパク質は介在しない］．これが細胞分裂の直前にさらに凝集した状態のものを染色体といい，次世代の細胞に遺伝情報を正しく分配しやすくしている［ヒトの核は直径約 5μm の球状構造物で，この中に直径 2nm，長さ 2m の DNA の鎖がコンパクトに納まっている］．また，生物が生きるために必要な最小限の染色体のセットまたは遺伝子のセットをゲノムという．ヒトなどの有性生殖を行う二倍体（2n）の生物では，父親からゲノムセット1組，母親から1組が遺伝するので，受精後の個体はゲノムセットを2組もっている状態にある．

> DNA（deoxyribonucleic acid デオキシリボ核酸）
>   デオキシリボース（糖）をもつ核酸4種類が長くつながっている
> 染色体（chromosome＝クロモソーム）
>   細胞が分裂する直前に出現する DNA が折りたたまれたもの
> 遺伝子（gene＝ジーン）
>   形質を表す一つ一つの遺伝情報．タンパク質をつくる単位 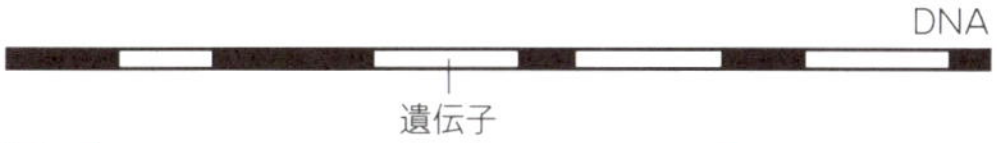
> ゲノム（genome＝gene＋chromosome）
>   「生物が生きるために必要な最小限の染色体のセット」（木原均）

図5.2 DNA・染色体・遺伝子・ゲノム

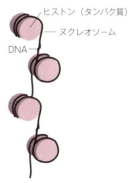

図5.3 ヌクレオソーム

ヒトの染色体は24種類あり，図5.4のように，親も子も，男性も女性も，長い順に番号をつけられた22種類の常染色体を2本ずつもつ．さらに，X染色体とY染色体の2種類の性染色体を男性は1本ずつ（XY），女性はX染色体のみを2本（XX）の組合せでもつので，合計46本の染色体（2n=46）を1つの核内にもつことになる．したがって，ヒトゲノムは染色体の種類数で女性が23種類，男性が24種類で構成されていることになり，その遺伝子数は約22,000（3万としているものもある）であると推定され，全DNAに対して約5％にあたる．その他は機能をもたない遺伝子や遺伝子以外の領域ということになる．

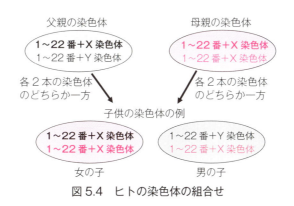

図5.4 ヒトの染色体の組合せ

〈チェック！〉染色体数や遺伝子数が多いと高等な生物なのか？比較してみよう！

染色体の数			遺伝子の数	
ヒト	23 対	46 本	ヒト	22,000
グッピー	23 対	46 本	ショウジョウバエ	20,000
ニワトリ	39 対	78 本	大腸菌	4,300
蝶の一種	190 対	380 本	線虫	19,000

5.2 核酸

核酸は，塩基，糖，リン酸からなる．ヌクレオチド（図5.5）が鎖状に多数結合したもので，デオキシリボ核酸（DNA；deoxyribo nucleic acid）とリボ核酸（RNA；ribo nucleic acid）の2種類に大別される．DNAを構成する糖がデオキシリボースに対してRNAではリボースで，共に炭素を5つもつ五炭糖である．また，DNAを構成する塩基にはプリン型のアデニン（A）とグアニン（G），ピリミジン型のシトシン（C）とチミン（T）の4種類があるのに対して，RNAではアデニン（A），グアニン（G），シトシン（C），ピリミジン型のウラシル（U）の4種類である（図5.6）．

図5.5 ヌクレオチドの基本構造

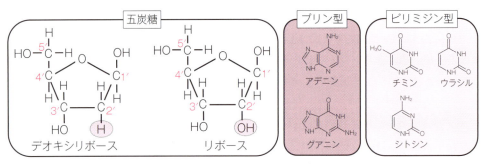

図5.6 ヌクレオチドを構成する糖と塩基

さらに，DNAは二本鎖であるのに対し，RNAは基本的に一本鎖である（図5.7）．表5.1にDNAとRNAの違いをまとめた．

図5.7 DNA（左）とRNA（右）の模式図

表 5.1　DNA と RNA の比較

構造		DNA	RNA（mRNA・rRNA・tRNA）
構造	主な塩基	プリン・・・アデニン・グアニン ピリミジン・・・シトシン・チミン	プリン・・・アデニン・グアニン ピリミジン・・・シトシン・ウラシル
	糖	デオキシリボース	リボース
	構造	2本の鎖によるらせん状	基本的に1本の鎖状
主な存在場所		核 （ミトコンドリア・葉緑体）	細胞質・核
はたらき		遺伝子の本体（設計図）	タンパク質の合成

5.3　DNA の二重らせん構造

1951 年に，フランスのウィルキンスとフランクリンが，DNA 分子の X 線写真を撮影し，DNA のらせん構造や分子間の距離が解明された（ウィルキンスは，DNA 構造解析に貢献したとしてノーベル賞を受賞しているが，ロザリンド・フランクリンは 1958 年に 37 歳で癌のため亡くなり，受賞できなかった）．アメリカのシャルガフは，DNA に含まれる 4 種類の塩基，アデニン（A），グアニン（G），シトシン（C），チミン（T）の量を正確に測定し（表 5.2），生物の種類によって A, G, C, T の全体量およびそれぞれの割合が異なっているが，生物の種類が変わっても A と T の各割合は等しく，G と C の各割合は等しいこと（シャルガフの法則）を発見した．

表 5.2　DNA の塩基組成（%）

生物名	A	T	G	C
大腸菌	26.1	23.9	24.9	25.1
酵母菌	31.3	32.9	18.7	17.1
ヒトの肝臓	30.3	30.3	19.5	19.9

以上の 2 点から，1953 年にアメリカのワトソンとイギリスのクリックが DNA 分子構造模型をつくり，「DNA の二重らせん構造モデル」を提唱した．DNA は二本の鎖がらせん状になっており，アデニン（A）とチミン（T），グアニン（G）とシトシン（C）の間でそれぞれの鎖が水素結合によって相互作用しているというものである．A と T，G と C の組合せを「塩基の相補性」と呼び，ウイルスを除く全生物で共通しており，A の量＝T の量，G の量＝C の量となるが，A と T，G と C のどちらの組合せが多いかは，生物の種類によって異なっている．

したがって，それぞれの生物の遺伝子の違いは，4 種類の塩基が，どんな順序で，どのくらいの数並んでいるかであるということがわかる．

なお，相補的な結合は比較的結合力の弱い水素結合で，A と T では水素結合が 2 箇所，C と G では水素結合が 3 箇所であり，C と G の結合の方が A と T の結合よりも結合力が強い．

［遺伝子工学では，塩基間の水素結合の分離（解離）と結合は温度調節によって行われる．C と G のペアは比較的高い温度でも分離しないが，A と T のペアはそれより低い温度でも分離してしまう．これは，ペア間の水素結合の数が多いほど高い温度でも結合が安定しているためである．］

5.4 DNAの複製

ワトソンとクリックが提唱したDNAの「二重らせん構造モデル」では，リン酸とデオキシリボースが結合した長い鎖2本が平行に向かい合い，鎖の内側でアデニン（A），グアニン（G），シトシン（C），チミン（T）の4種類の塩基が向かい合って並んでいる．そのDNA中の向かい合う塩基の組合せは，アデニンとチミン（A-T）およびグアニンとシトシン（G-C）が，それぞれ対となっている．つまり，塩基の組合せ（相補性）は，一方の鎖での塩基の並び方が決まれば，もう一方の鎖も自動的に決まることを意味する．

細胞分裂によって細胞がもう1つできるとき，遺伝子を含むDNAもその細胞に受け継がれなければならず，同じDNAをもう1つ分つくる必要がある．これをDNAの複製という．

メセルソンとスタールの実験で，DNA複製が半保存的複製であることが証明された．さらにコーンバーグらによって，鋳型に相補的な配列をもつDNAの合成反応を触媒する酵素であるDNAポリメラーゼが発見された．この酵素は，図5.8のように，途中まで延びたDNA鎖の末端に基質である4種類のデオキシリボヌクレオシド三リン酸（dNTP；"d"は糖がデオキシリボースであること，Nは塩基のA，C，G，Tのいずれかを表す）を結合させ，鎖を伸長させる反応を触媒する．

図5.8 DNAポリメラーゼのはたらき

この酵素反応により，途中まで延びたDNA鎖のデオキシリボースの3位のOH基にヌクレオチドが結合していくので，デオキシリボースの3番目の炭素（図5.6；五炭糖の3′）の方向に鎖は伸びていく．これを「DNA鎖の伸長が5′→3′の方向に進む」という．また，DNA鎖の両端を区別するために5′末端および3′末端という．二重らせんを構成しているDNAの2本の鎖は，糖とリン酸とからなる鎖の「向き」が，片側の鎖の5′末端と3′末端の方向に対して，もう一方の鎖は逆になった「逆平行」である．DNAポリメラーゼは，鋳型DNAを3′→5′の方向に読みながら，5′→3′の方向に新たな鎖を合成することになる．真核細胞での複製を以下に示す（図5.9）．

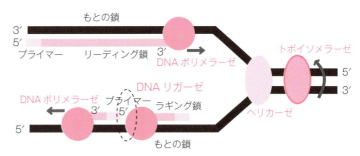

図5.9 DNA合成反応と酵素

① トポイソメラーゼにより，らせんの巻きもどしを行う．
② ヘリカーゼの作用で2本鎖が1本鎖に分かれていく（複製フォーク）．
③ プライマーゼと呼ばれるRNAポリメラーゼによって，鋳型と相補的な配列の短いオリゴヌクレオチド（プライマー）が合成される．
④ プライマーを足場として，DNAポリメラーゼによってDNA鎖の合成が進む．片側の鎖は，ヘリカーゼの進行方向と一致して進む．この鎖を先行鎖（リーディング鎖）と呼ぶ．一方，反対側はヘリカーゼの進行方向とDNAの伸長方向が逆になる．この鎖を遅延鎖（ラギング鎖）と呼ぶ．
⑤ ラギング鎖では，ヘリカーゼの進行方向とは逆方向に断片的なDNA鎖（数百～千塩基）が合成される．この短いDNA鎖を岡崎フラグメントと呼び，その後DNAリガーゼによって連結される．短いDNA断片の合成と連結を繰り返すDNA合成を不連続複製という．

遺伝子工学での応用

DNA複製法が明らかとなり，DNAを人工的に増幅させる方法が確立した．しかもプライマーと呼ばれる合成DNAを用いることにより，目的とする範囲のDNAのみを増幅させることができる．

図5.10にDNA増幅を簡易的に示した．反応液中には鋳型となるDNA（目的となる領域を含むゲノムDNAなど），目的領域の両端領域の配列をそれぞれもつプライマー，材料となる4種類のヌクレオチド（三リン酸），そしてDNAポリメラーゼが必要となる．高温で2本鎖のDNAを1本鎖にし，温度を下げてプライマーを結合させ，DNAポリメラーゼの反応適温でDNA合成を進める．

このように，温度を3段階に変化させることを繰り返し，倍々に目的のDNA断片を増幅する．

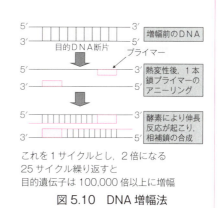

図5.10 DNA増幅法

5.5 セントラルドグマ

遺伝子の情報を生物の性質として表現することを発現といい，発現しようとする遺伝子をmRNAに移しとることを転写という．そして，転写によって合成された

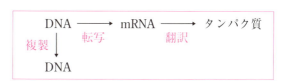

mRNAの塩基配列の遺伝情報をタンパク質のアミノ酸配列に変換することを翻訳という．このような細胞内での転写・翻訳による遺伝情報の流れとDNAを鋳型に新たなDNAが合成されるDNA複製とを合わせて，セントラルドグマという．

真核細胞では，複製と同様に，転写は図5.11のように核で行われ，翻訳は細胞質あるいは粗

面小胞体のリボソームで行われる．細胞質のリボソームで翻訳されたタンパク質は，細胞質の可溶性タンパク質として，または核やミトコンドリアへ移行してはたらく．小胞体上で翻訳されたタンパク質は，ゴルジ体を通りさまざまな修飾を受け細胞小器官に運ばれ，あるいは細胞外へと分泌される．

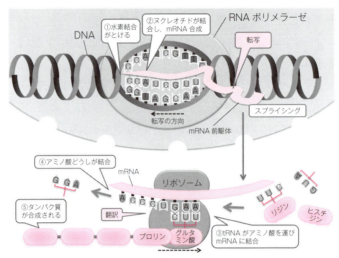

図 5.11　転写から翻訳

この発現過程には mRNA（メッセンジャー（伝令）RNA），tRNA（トランスファー（転移）RNA），rRNA（リボソーム RNA）の 3 種類の RNA が関係している．それぞれの RNA の特徴やはたらきを以下に示した．

mRNA：	DNA に含まれるたくさんの遺伝情報（塩基配列）のうち，細胞にとって発現する必要のある遺伝子が RNA に写し取られる．この RNA は，タンパク質合成の場であるリボソームに運ばれ，タンパク質合成の情報となる．
tRNA：	通常 70〜90 塩基からなる低分子 RNA で，クローバー葉構造をとる．分子中に mRNA の塩基配列と相補的な配列であるアンチコドンと呼ばれる部位をもち，これに対応するアミノ酸を 3′ 末端に結合しアミノアシル tRNA（図 5.12）となる．アミノ酸をタンパク質合成の場に運ぶのが役割である．各アミノ酸に対して通常複数個の tRNA が存在する．
rRNA：	リボソームを構成する RNA．タンパク質と複合体を形成しリボソームとなり，タンパク質合成の場となる．真核生物のリボソームは 60S と 40S の 2 つのサブユニットからなる 80S の大きさである．［S は沈降係数で，沈降平衡法により粒子の大きさを求めた単位である．原核生物である大腸菌のリボソームは 50S と 30S の 2 つのサブユニットからなる 70S の大きさである．］リボソームの約半分は rRNA で，細胞全体の総 RNA の約 80% を占める．

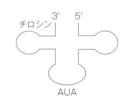

図 5.12　アミノアシル tRNA

5.6 転写（DNA → mRNA）

アカムシ（図 5.13）のだ液腺には通常の染色体よりも太く・凝集した巨大染色体が存在する．この染色体は DNA 複製を繰り返し，分裂せずにまとまった状態のままになったもので，通常の約 100 倍もの DNA が各遺伝子の位置がそろった状態で束になっている．これを取り出し，酢酸オルセインなどの DNA を染色する色素で染めると，染色体は濃い桃色と薄い桃色に染め分けられ縞模様となる．遺伝子としてはたらく領域は他の DNA 領域と比較して密度が高くなっており，他より濃く染まるためである．また，ところどころに凝集した DNA がほどけて膨らんだようになったパフと呼ばれる部分が見られ，ほどけた DNA を鋳型に mRNA が合成されている．

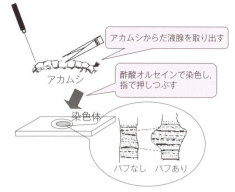

図 5.13 アカムシのだ液腺染色体のパフ

パフの位置は，だ液腺染色体を抽出したタイミングによって違っており，転写・翻訳される遺伝子が時期により異なることがわかる．多細胞生物においては細胞の分化が進んでいるので，細胞の種類によって発現している遺伝子のかなりの部分が異なる．「いつ」「どの細胞で」「どの遺伝子」が転写されるかが生物の活動を決める．

転写の特徴を以下に示す．

★★★ 重要

① DNA 上の特別な塩基配列をもつプロモーターと呼ばれる部分に RNA ポリメラーゼが結合し，転写を開始する（プライマーは不要である）．
② DNA を鋳型として RNA ポリメラーゼが相補的な RNA 鎖を 5′→3′ の方向に合成する．
③ 4 種類のリボヌクレオシド三リン酸（NTP）を基質とし，RNA の場合にはチミン（T）の代わりにウラシル（U）が使われ，DNA の A に対して，RNA の U が塩基対をつくる．
④ 発現する遺伝子が写し取られ，通常，複数コピーの mRNA ができる．一般的に mRNA のコピーの数が多ければ，合成されるタンパク質も多くなる．

複製と転写の相違点を表 5.3 に示した．

表 5.3 複製と転写

	複製	転写
酵素	DNA ポリメラーゼ	RNA ポリメラーゼ
基質	デオキシヌクレオシド三リン酸 dNTP (A, G, C, T)	リボヌクレオシド三リン酸 NTP (A, G, C, U)
方向性	5′→3′	5′→3′
プライマー	必要	不要
コピーの場所	すべて	特定の場所
コピーの数	2 本鎖 1 組から 2 組に	（通常）複数

転写された RNA はさまざまな修飾を受け成熟する．真核細胞においては，mRNA の 5′ 末端に 7-メチルグアノシンを含むキャップ構造が付加され，3′ 末端には数十から 200 塩基のポリアデニル酸（ポリ A）が付加される．これらの修飾は mRNA の安定性や核から細胞質への移行にかかわるとされる．また，真核細胞では，最初に転写された mRNA はエクソン（エキソン；遺伝子の翻訳される部分）とイントロン（介在配列）の両方を含み（これを一次転写物と呼ぶ），その後イントロン部分が切り出され成熟 mRNA となる．この過程を mRNA のスプライシング（図 5.14）という．

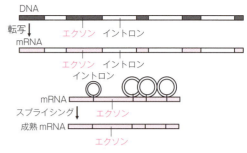

図 5.14 スプライシング

5.7 翻訳（mRNA→タンパク質）

mRNA の塩基配列に基づいてタンパク質を合成する過程を翻訳という．翻訳は，塩基配列として mRNA に写し取られた遺伝情報をタンパク質のアミノ酸配列へと変換する過程である．

mRNA の A，G，C，U の塩基の並び方がアミノ酸に対応する．このとき mRNA とアミノ酸の間を tRNA が取りもつ．tRNA 分子には，mRNA の塩基配列を認識する部位とアミノ酸を結合する部位とが存在する．前者は遺伝暗号に対応する相補的な 3 つの塩基配列（アンチコドン）をもち mRNA のコドンを識別する．後者は tRNA の 3′ 末端で，ここにコドンに対応するアミノ酸が結合する（図 5.12）．tRNA とアミノ酸との結合反応は，アミノ酸特異的なアミノアシル tRNA 合成酵素によって触媒され，できあがった複合体をアミノアシル tRNA と呼ぶ．

タンパク質の合成の場は，リボソームである．リボソームは多くのタンパク質と rRNA との複合体で，大小 2 つのサブユニットからなる（図 5.15）．真核細胞のものは原核細胞のものに比べ大きく，構成成分の種類も多い．［タンパク質は真核細胞で約 70 種類，原核細胞では約 50 種類であり，rRNA は真核細胞で 4 種類，原核細胞では 3 種類である．］真核細胞のリボソームは細胞質に存在し，スプライシングされた mRNA が核外に移行されてから翻訳が開始される．

図 5.15 リボソーム

リボソームでのタンパク質合成を以下に示す．
① mRNA の開始コドン（AUG）にメチオニン tRNA とリボソームとが結合し翻訳開始のための複合体ができる．
② 開始コドンの次のコドンに対応するアミノアシル tRNA が結合する．リボソームには

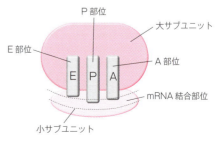

図 5.16 tRNA 結合位置

tRNAの結合部位が3カ所あり，E部位・P部位・A部位という（図5.16）．
③ P部位のアミノアシルtRNAに付いているアミノ酸がA部位のアミノ酸に移りペプチド結合がつくられる．
④ リボソームがmRNAに沿ってコドン1つ分だけ移動する．これに伴ってペプチドの結合したtRNA（ペプチジルtRNA）がA部位からP部位に移動する．空いたA部位に次のアミノアシルtRNAが結合する．さらに，ペプチド鎖が外れたtRNAはP部位からE部位へ移動する．
⑤ 上の③と④を繰り返し，tRNAのアンチコドン部位がmRNAのコドンを 5′→3′ の方向に認識し，対応するアミノ酸を1つずつ結合させてペプチド鎖を伸ばす．終止コドンまで進むと，対応するtRNAがないので，伸長反応は停止する．
⑥ ペプチジルtRNAからペプチド鎖が遊離する．

真核細胞では転写は核内で，翻訳は細胞質で行われるが，原核細胞の場合には核膜による仕切りがないため，図5.17のように転写されしだいmRNAにリボソームが付着し，翻訳が開始される．したがって，原核細胞でスプライシングが行われることはなく，イントロンもない．

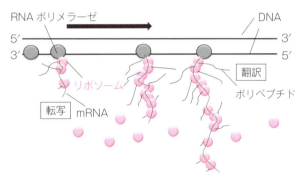

図5.17　原核細胞での転写・翻訳

DNAまたはmRNAの塩基配列とアミノ酸への対応の暗号解読は，ニーレンバーグら，コラナらの実験により1966年までに明らかになり，遺伝暗号表（コドン表）としてまとめられた．mRNAに含まれる塩基の種類は4種類で，タンパク質の成分であるアミノ酸の種類は20種類である．したがって，1つの塩基が1つのアミノ酸を暗号化すると4種類のアミノ酸しか指定できない．塩基2つの並び方（順列）でも $4^2=16$ で足りない．塩基3つの並び方（順列）では $4^3=64$ で十分に足りる．実際には，連続した3塩基が1つのアミノ酸に対応していて，これをトリプレット・コドン（単にコドンとも）という．64通りのうち61通りはタンパク質を構成する20種類のアミノ酸のうちのいずれかの暗号となっており，残りの3つはタンパク質合成の終了を指示する終止コドンとなっている（表5.4）．

重要

表 5.4 遺伝暗号（コドン）表

1番目の塩基	2番目の塩基 U	C	A	G	3番目の塩基
U	フェニルアラニン フェニルアラニン ロイシン ロイシン	セリン セリン セリン セリン	チロシン チロシン 停止 停止	システイン システイン 停止 トリプトファン	U C A G
C	ロイシン ロイシン ロイシン ロイシン	プロリン プロリン プロリン プロリン	ヒスチジン ヒスチジン グルタミン グルタミン	アルギニン アルギニン アルギニン アルギニン	U C A G
A	イソロイシン イソロイシン イソロイシン 開始-メチオニン	トレオニン トレオニン トレオニン トレオニン	アスパラギン アスパラギン リジン リジン	セリン セリン アルギニン アルギニン	U C A G
G	バリン バリン バリン バリン	アラニン アラニン アラニン アラニン	アスパラギン酸 アスパラギン酸 グルタミン酸 グルタミン酸	グリシン グリシン グリシン グリシン	U C A G

遺伝暗号表に基づく翻訳の特徴をまとめると次のようになる．

① コドンとアミノ酸の対応は1対1対応ではなく，多対1対応である．したがって，コドンが決まればアミノ酸は決まるが，アミノ酸がわかっても必ずしもコドンはわからない．

② UAG，UGA，UAA の3つのコドンに対応するアミノ酸はない．これらはタンパク合成の停止を指示する終止コドンである．

③ 翻訳の開始は基本的に AUG コドン（メチオニンに対応する）から始まる（開始コドン）．

④ 成熟 mRNA のコドンは，重複もスペースもなく連続して翻訳される．

⑤ 遺伝暗号は細菌から高等生物に至るまで共通である．

翻訳は AUG のコドン，すなわちメチオニンから開始され C 末端方向へペプチド鎖が伸長される．しかし，多くのタンパク質の N 末端はメチオニンではなく他のアミノ酸である．これは，タンパク質が翻訳された後に特定の部位でペプチド結合が切断されるためである．このように生理機能をもつタンパク質に成熟するまでに受ける修飾を翻訳後修飾という．翻訳後修飾として，糖鎖，リン酸，脂肪酸などの付加が知られている．

遺伝子工学で利用される逆転写酵素

セントラルドグマは全生物で不変の過程であると信じられていたが，例外が見つかった．レトロウイルスのもつ逆転写酵素（RNA依存性DNAポリメラーゼ）が，RNAを鋳型として相補的なDNAを合成する「逆転写」を行うことが証明された．レトロウイルスとは，遺伝子としてDNAではなくRNAをもち，増殖の過程で逆転写酵素によりRNAをDNAに変換するウイルス（白血病を起こすRNA腫瘍ウイルスやエイズを起こすヒト免疫不全ウイルス（HIV）など）である．mRNA→DNAという遺伝情報の流れは，セントラルドグマとは逆の流れとなっている．

レトロウイルスの逆転写酵素はcDNA（相補的DNA）のクローニングなど遺伝子工学の分野においても利用されている．遺伝子工学でタンパク質の発現に用いられることの多い大腸菌は原核生物である．原核生物はスプライシングを行わないため，真核生物のイントロンを含むDNAを導入しても，目的のタンパク質とは異なるものが発現する，または全くタンパク質ができない結果となる．このような場合，イントロンを含まないエクソンのみのDNAを得て大腸菌に導入することで，目的タンパク質が得られる．エクソンのみのDNAを得るには，真核生物からmRNAを抽出し，逆転写した上で，目的領域を増幅する手法が使われる．これにより，麹菌や植物，ヒトで発現するタンパク質を，扱いが簡単な大腸菌で大量に得られるようになった．

5.8 遺伝子発現の調節

遺伝子発現の調節には，転写過程の調節と翻訳過程の調節とがある．転写過程の調節とは，DNAの遺伝情報をRNAポリメラーゼのはたらきによって，mRNAに写し取る過程での調節であり，翻訳過程の調節とは，成熟mRNAをタンパク質に翻訳する過程での調節である．今回は，転写過程の調節についてのみ取り上げる．

異なる条件下や異なる組織などでどのような遺伝子がはたらいているのかを解析する方法としてマイクロアレイ解析法がある．図5.18に示したように，例えば，ある植物の葉と花ではそれぞれその器官を形成し機能をもたせている遺伝子が発現しタンパク質をつくっている一方で，細胞の呼吸などにはたらくタンパク質は両者で同様に発現している．マイクロアレイ解析法は，それぞれから抽出したmRNAの種類と量を比較することで網羅的にそれぞれの遺伝子のはたらきを推察するために用いられる方法であり，多種の遺伝子に対応したプローブと呼ばれるDNAをスライドグラスに塗布した"DNAチップ"を使用する．葉と花でDNAチップ上に

検出された量を比較すると，mRNA量の異なる遺伝子があることがわかり，転写が器官や細胞によって制御されているのが見てとれる．

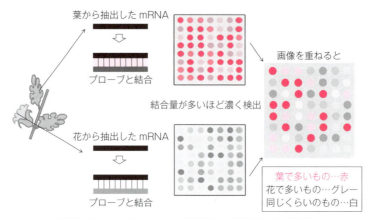

図5.18 マイクロアレイ解析法の概要 ［口絵参照］

真核生物の転写制御は，何種類か存在するRNAポリメラーゼの使い分け，RNAポリメラーゼの特異性を調節する核内の調節因子や，遺伝子発現に関与するホルモンなどで行われているが，充分に明らかにされていない．今後，マイクロアレイ解析が進み，はたらきが推察された遺伝子の機能を個々に明らかにしていくことで真核生物の転写制御も明らかになっていくだろう．

原核細胞でのmRNA合成に関してはオペロン説がある．オペロン説は，構造遺伝子（タンパク質がつくられるための設計図）からのmRNA合成が，同じDNA鎖上の他の遺伝子（調節遺伝子）から産生されたタンパク質によって制御される機構を示したものである．

調節遺伝子から発現したタンパク質が，作動遺伝子と呼ばれる領域（構造遺伝子の上流（5′側）のプロモーター領域とオペレーター配列からなる）に結合するかどうかによって，RNAポリメラーゼのプロモーターへの結合を統合的に調節している．作動遺伝子にRNAポリメラーゼが結合すると転写が開始されるが，調節遺伝子から発現したタンパク質によって結合が妨害されれば転写が阻害される．遺伝子の発現が抑制される場合，これを負の調節といい，これらの遺伝子はオペロンを構成している（図5.19）という．

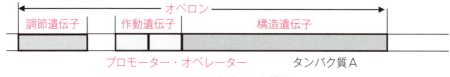

図5.19 オペロンの構造

調節遺伝子が発現するリプレッサーと呼ばれる抑制性のタンパク質分子が，オペレーター部位に結合すると，RNAポリメラーゼとプロモーターとの結合が阻害される．リプレッサーは，オペレーター配列結合部位と調節因子（代謝産物）を認識してアロステリックに作用する部位

の2つの特徴的な構造をもつ．リプレッサー分子に調節因子（代謝産物など）が結合すると，オペレーター領域に結合できなくなる例として大腸菌のラクトースオペロンを図5.20に示した．ラクトースは二糖類であり，大腸菌が栄養として分解しエネルギーを得るのに重要な物質である．

したがって，ラクトースが存在するときには分解酵素を合成してラクトースの分解を促進するが，ラクトースが存在しない場合には分解酵素を合成しても無意味であるため，その合成を抑制する．つまり，ラクトースによりリプレッサーがオペレーターに結合できなくなる仕組みになっている．

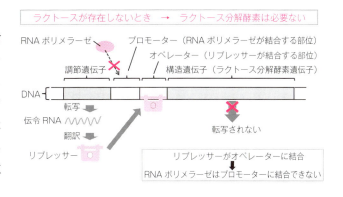

図 5.20　大腸菌のラクトースオペロン

5.9 変異

　DNAは正確に複製され，次代の細胞に受け渡されるが，自然発生的，または環境要因によって変異（突然変異）することがある．体細胞での変異は細胞分裂によって娘細胞には受け継がれるが，その個体一代かぎりの変異である．しかし，生殖細胞での変異は子孫に遺伝するため遺伝病の原因ともなる．

　変異には，DNAの塩基部分が一部変化してしまう点突然変異と，染色体上のDNAがある程度広範囲でまとまって変化してしまう染色体突然変異，染色体1本または数本が増減する染色体数突然変異がある．変異によって遺伝子に変化が起きる場合には，合成されるタンパク質も変化することがある．点突然変異と染色体数突然変異について説明する．

〈点突然変異（ポイントミューテーション）〉

　1つの塩基のみが変化する1塩基置換，1～数塩基の欠失や挿入による突然変異があり，通常，1つの遺伝子のみに影響を及ぼすことが多い．各種の変異について，表5.5にまとめた．なお，変異の例は非鋳型側のDNAの配列を5′→3′方向で示している．

　1塩基置換型変異が起こると，タンパク質のアミノ酸の配列にも変化が起こる場合と起こらない場合（サイレント変異）がある．変化が起こる場合（ミスセンス変異），形質として現れないこともあるが，タンパク質の機能に重大な影響を及ぼすこともある．

　ミスセンス変異がもたらす分子病の例に遺伝性溶血性疾患である鎌状赤血球貧血症がある．この患者の赤血球に含まれるヘモグロビン（ヘモグロビンS）では，2つあるサブユニットの1つ

のβ鎖の6番目のアミノ酸のコドンが GAA→GTA と変異し，翻訳されるとグルタミン酸がバリンへと変わる．このためヘモグロビン分子の構造が変わり赤血球の形まで変化するために体内で赤血球が壊れやすく溶血性貧血の原因となる．

表5.5　点突然変異の種類

変異の種類	変異の例	変異の結果起こるアミノ酸の変化
ミスセンス変異（塩基置換型）	GAG→GTG	変異によりタンパク質中の1アミノ酸が別のものに置き変わる（例では Glu が Val に変化する）
ナンセンス変異（塩基置換型）	TAT→TAG	変異により終止コドンが生じ，タンパク質への翻訳が途中で停止する（例では Tyr が終止コドンに変化する）
サイレント変異（塩基置換型）	GCC→GCA	変異してもコドンの重複があるアミノ酸の場合，変化しないので，変異がないように見える（例では Ala のまま）
フレームシフト突然変異（挿入型または欠失型）	TGGATAGCC… ↓ TGGTATAGC…	コドンの読み枠がずれ，挿入または欠失した部位以降全く異なるアミノ酸配列になる（例では T, が1塩基挿入されたため Trp-Ile-Ala…が Trp-Tyr-Ser…に変化する）

また，変異により終止コドンになるとタンパク質合成が途中で止まってしまう（ナンセンス変異）．さらに，1～数個の核酸の挿入や欠失では，コドンの読み枠がずれ，全く異なるアミノ酸配列になったり，終止コドンが途中で出現してしまったりする（フレームシフト突然変異）．

〈染色体数突然変異〉

染色体数突然変異は，異数性と倍数性の2種類に分けられる．異数性は，一つの細胞に染色体が1本多く存在する変異（$2n+1$），または少なくなる変異（$2n-1$）である．これは生殖細胞を形成する際の減数分裂時の染色体分配ミスによって起こる．分配ミスにより染色体が1本増減した生殖細胞が受精すると，染色体数の変化した受精卵となり，個体ができる．このような個体を異数体

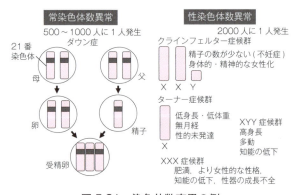

図5.21　染色体数変異の例

という．例として，ヒトのダウン症や性別に関する症候群（図5.21）がある．

倍数性は，染色体セットごと増加する変異（$3n$, $4n$, $6n$ など）で，その個体を倍数体という．奇数倍体の場合，次世代に繋がる減数分裂がうまくいかず生殖能力がなくなる．例として，ヒガンバナ（$3n$）がある．奇数の倍数体では生殖能力がなくなることを利用して，人工タネナシスイカ（三倍体；$3n$）がつくられた．タネナシスイカの作製（図5.22）には，コルヒチンと

いう突然変異誘発剤が使用されている．コルヒチンは，ユリ科植物のイヌサフランの根や種子から取れるアルカロイドで，古く，古代ギリシャやローマ時代から痛風（関節に尿酸が溜まって痛む病気）の特効薬として利用されているが，ヒ素中毒と類似した毒性があるので，危険な物質である．細胞内においては，細胞分裂の準備段階で DNA が複製された後の核や細胞質の分離を阻害する薬剤である．紡錘糸の形成に影響を与えて，両極への染色体の移動ができなくなるので，2倍の DNA 量（2倍の染色体数）の細胞が出来上がることになる．

タネナシスイカではコルヒチン処理により4倍体個体を作製し，このめしべ（$2n$）に対して無処理の個体のおしべ（n）を受粉させて3倍体をつくる．

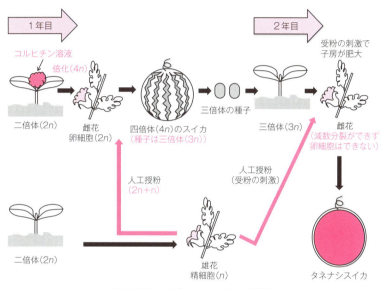

図5.22　タネナシスイカの作製

DNA 複製の間違いや塩基の化学的不安定性のために自然発生的に変異が生じることがあるが，これはきわめて低い頻度である．しかし，化学物質・紫外線・放射線などに DNA がさらされると，はるかに高い頻度で変異が生じる．これを誘導変異といい，誘発するものを変異原という．以下に誘導変異の例を挙げる．

例1：DNA 中にチミンが連続している場所では，紫外線によって隣り同士のチミン（T）が2量体を形成することにより DNA が変形し，複製および転写の鋳型とならなくなる．

例2：食品添加物としても使われている亜硝酸などによって，シトシン（C）が脱アミノ化反応によってウラシル（U）に変わることがある．U に対しては A が塩基対をつくるので，もともと G−C であった塩基対が A−U を経て A−T に変化してしまう．

第5章 遺伝子の構造と発現

Check 5

Q1 タンパク質の一次構造を決める設計図を何というか？
　　① 遺伝　② デオキシリボ核酸　③ 形質　④ リボ核酸　⑤ 遺伝子

Q2 ヒトの体細胞は通常何本の染色体をもつか？
　　① 2本　② 22本　③ 23本　④ 24本　⑤ 46本

Q3 ヒトの雄は，性染色体としてどの組合せの染色体をもつか？
　　① XとX　② XとY　③ YとY

Q4 DNAは次のうちのどれを略した名称か？
　　① 遺伝　② デオキシリボ核酸　③ 形質　④ リボ核酸　⑤ 遺伝子

Q5 DNAを構成する塩基として**含まれないもの**は次のうちどれか？
　　① アデニン　② ウラシル　③ グアニン　④ シトシン　⑤ チミン

Q6 DNA鎖において，リン酸と結合しているのはどれか？
　　① 塩基　② リボース　③ デオキシリボース　④ リン酸

Q7 DNAの複製はどのように行われるか？
　　① 密度的　② 半保存的　③ 相対的　④ らせん的　⑤ 保管的

Q8 1953年に，ワトソンとクリックが発表したのは何か？
　　① トリプレット暗号解読　② オペロン説　③ DNAの半保存的複製　④ DNA分子構造模型

Q9 ヒトではDNA鎖の伸長はどの方向に起こるか？
　　① 2本とも $3' \rightarrow 5'$　② 2本とも $5' \rightarrow 3'$　③ 1本は $3' \rightarrow 5'$ で，もう1本は $5' \rightarrow 3'$

Q10, 11 に当てはまるものを次の①～④から選べ．
　　① DNAリガーゼ　② ヘリカーゼ　③ DNAポリメラーゼ　④ トポイソメラーゼ
　　Q10 DNAの合成反応を触媒し，DNAを伸長させる酵素はどれか？
　　Q11 DNA断片同士を連結させる酵素はどれか？

Q12 DNAの片方の鎖の塩基配列が $5'$-AACGTA-$3'$ であるとき，もう一方の配列はどれか？
　　① $5'$-AACGTA-$3'$　② $3'$-AACGTA-$5'$　③ $5'$-TTGCAT-$3'$　④ $3'$-TTGCAT-$5'$

Q13～15 に当てはまるものを次の①～⑥から選べ．
　　① 複製　② 翻訳　③ 転写　④ 逆転写　⑤ セントラルドグマ　⑥ スプライシング
　　Q13 遺伝子情報であるDNAの塩基配列をもとにしてmRNAをつくること
　　Q14 mRNA配列から遺伝情報をタンパク質のアミノ酸配列に変換すること
　　Q15 DNA→mRNA→タンパク質へ情報の伝達が起こる流れのこと

Q16 塩基配列が $3'$-AACGTA-$5'$ のDNAを鋳型に合成されるmRNAはどれか？
　　① $5'$-AACGUA-$3'$　② $3'$-AACGUA-$5'$　③ $5'$-UUGCAU-$3'$　④ $3'$-UUGCAU-$5'$

Q17 コドン表（p.80）を用いてmRNAが $5'$-GUA-$3'$ のとき指定されるアミノ酸を示せ．

Q18 コドン表（p.80）を用いてDNAが $3'$-AAC-$5'$ のとき指定されるアミノ酸を示せ．

演習問題 5

1　DNA は正確に複製され，次代の細胞に受け渡されるのが原則である．DNA の受け渡しは細胞分裂の際に起こるが，分裂方法は 2 つあり，母細胞と全く同じ DNA を受け渡す ア と，母細胞の半分の DNA が受け渡されて生殖細胞などを形成する イ とに分けられる．

　分裂の際の DNA の複製は，2 本鎖のうちの片方ずつの鎖を鋳型にして，相補的なヌクレオチドを結合していく ウ 的複製であり，2 本の鎖は，両者の塩基同士による エ 結合でつながっている．

　真核細胞での DNA 複製過程を下図に示した．まず，酵素 A が，らせんの巻きもどしを行い，酵素 B の作用で 2 本鎖が順次 1 本鎖に分かれていく．C′ は鋳型 DNA と相補的な配列をもつオリゴヌクレオチドで，図中には示されていないが，酵素 C によって合成される．このオリゴヌクレオチドを足場として，酵素 D によって DNA 鎖合成が進む．片側の鎖は酵素 A の進行方向と同じ方向に合成が進み，反対側の鎖は逆方向に進む．後者では，短い DNA 鎖（数百〜千塩基対）が合成され，その後，酵素 E によって連結される．

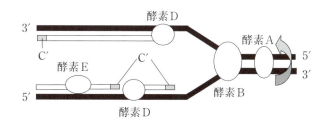

(1) DNA の分子構造モデルを示した学者を 2 名答えよ．
(2) 文中の ア 〜 エ に入る語を答えよ．
(3) 図 1 中および文中の酵素 A〜E のうち，酵素 B，D，E の名称を答えよ．
(4) DNA 複製において，鋳型となる DNA 鎖が，5′-TCGGATGCTT-3′ である場合，新たな鎖の塩基配列はどうなるか．5′末端と 3′末端がわかる形で答えよ．

2　生物界における遺伝情報の流れの基本概念を ア といい，「遺伝子の本体である a DNA が鋳型となって相補的な mRNA の合成が行われ，次にこれに対応して，リボソーム上で，b tRNA が運んできたアミノ酸が次々と結合し，結果としてタンパク質が合成される」というものである．
(1) ア に入る語，および下線部 a と b を示す用語を答えよ．
(2) 次の ① と ② の DNA の左から転写される mRNA の塩基配列を答えよ．
　　① 5′-ATGCCTAACCATTTCATT-3′
　　　3′-TACGGATTGGTAAAGTAA-5′
　　② 5′-GAATCGTCCGGACTGGCC-3′
(3) (2) の ① および ② の DNA からできるアミノ酸の配列を答えよ．
　（コドン表は p.80 のものを利用）

6 細胞分裂と生殖

講義目的

細胞の分裂と生殖方法について理解しよう．

疑問

細胞分裂で重要なことは何だと思いますか？
生物は何のために細胞分裂をするのでしょうか？
細胞を増やしてどんな利点があるのでしょうか？
そのために細胞分裂の際に重要なことは何なのでしょうか？
どんな細胞分裂をすれば良いのか，まずは各自で考えてみましょう．

KEY WORD

【体細胞分裂】
【間期の3つのステージ】
【無性生殖】

【減数分裂】
【分裂期の4つのステージ】
【有性生殖】

6.1 細胞分裂の種類

　細胞分裂は，生殖細胞以外のふつうの細胞の分裂である体細胞分裂と，生殖細胞が形成される際の分裂である減数分裂の二つに大別される．

　体細胞分裂は受精した細胞が増殖する発生初期の段階で特に活発に行われる（動物胚では卵割と呼ぶ）が，その後，一部の細胞は体細胞分裂を停止して特定の機能や形態をもつ細胞へと分化する．発生が進んで分化した細胞が多くなり生物が成長すると，特定の組織や細胞以外では体細胞分裂は行われなくなるか，頻度が減少する．特に高等植物では体細胞分裂を行う組織がはっきりと分かれており，茎の上の部分（茎頂分裂組織）と根の先の部分（根端分裂組織；

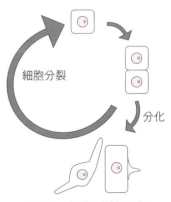

図6.1　細胞分裂と分化

図6.2），双子葉植物ではさらに形成層と呼ばれる根から吸収した水を運ぶ木部と葉などでつくられた糖類などが通る師部の間にある組織に限られている．

減数分裂は主に精細胞や精子，卵細胞や卵子による生殖を行う生物で見られる特別な細胞分裂である．

両者の細胞が分裂する過程において重要なことは，遺伝情報をもつ染色体や細胞質が，細胞が2つに分裂するときに同様に2つの細胞に配分されることである．生殖細胞が形成される時の細胞分裂とそれ以外の細胞分裂とでは，染色体や細胞質の分配のされ方が異なる．

6.2 体細胞分裂

単子葉植物のバンノウネギの根端を下のように処理し，光学（生物）顕微鏡で観察した．酢酸

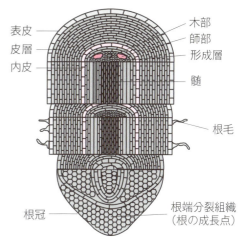

図6.2 双子葉植物の根の構造

カーミンで染色した細胞を図6.3に示した．カーミンはマイナス電荷の物質によく結合し，DNAを染色する．染色された様子を見ると，細胞によってDNAの状態が違うことがわかる．細胞の中に1つの円のような染色が見られているものは細胞分裂前または後の間期の細胞であり，ひも状に染色されたものがさまざまな形で存在しているものは分裂期の細胞である．

> 固定（酢酸＋アルコール）…なるべく生きていたときに近い状態を保持する．
> 解離（希塩酸・60℃）…細胞間の接着をゆるめ，染色液が浸透しやすく，つぶしやすくする．
> 染色（酢酸カーミンなど）…無色透明な構造体などを観察しやすくする．
> つぶす（カバーガラスの上から押す）…重なり合った細胞を一層にする．

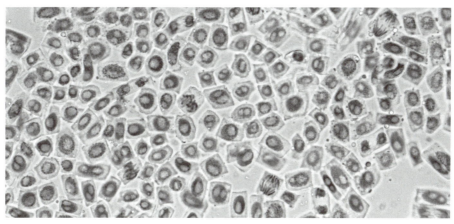

図6.3 バンノウネギの根端分裂組織の観察

体細胞分裂では，図6.4のように，1つの細胞が同じ染色体をもつ2つの細胞（娘細胞）に分かれる．通常，1～6時間要するその過程は，前の細胞分裂が終了した後の小さな細胞が成長し次の細胞分裂の準備が整うまでの間期と，分裂期（M期：マイトシス【mitosis】）に区別さ

れる．

間期は，3つの時期に分けられ，G_1期（DNA合成準備期：ギャップ【gap】）は分裂によってつくられた細胞が大きく成長する時期，S期（DNA合成期：シンセシス【synthesis】）はDNAの複製が行われ同じDNAが2組（DNA量は2倍）となる時期，G_2期（細胞分裂準備期）は細胞分裂のための準備期である．しかし，生物顕微鏡での観察では細胞の大きさの変化以外はわからない．

分裂期は，前期・中期・後期・終期の4段階に分けられる．各期では，染色体や核の状態の変化などが観察できる．基本的には，動物細胞と植物細胞で同様であるが，前期では中心体の有無による違い，終期では細胞壁の有無による違いが見られる．これらの特徴について，模式図と共に表にまとめた．実際の分裂の様子は，光学顕微鏡では細部まで観察できないので，写真で見るよりも模式的に書いた方がわかりやすい．

図 6.4 動物細胞の体細胞分裂前と後

重要

表 6.1 体細胞分裂の各期の様子（図は動物細胞の模式図）

間期	G_1期	・分裂によってつくられた細胞が大きく成長する時期．	
	S期	・DNAの複製が行われ，同じDNAが2組（DNA量は2倍）となる時期．	
	G_2期	・細胞分裂のための準備期．	
分裂期 (M期)	前期	・核分裂の始まりで，糸状であった染色体が太く短くなる． ・染色体がそれぞれ縦に裂けて2本の染色分体になる． ・動物細胞では2つに中心体が分かれて，両極に移動し星状体となる． （植物細胞では中心体がないので，星状体もなく，極帽となる．） ・終わりごろになると核小体と核膜が消える． ・紡錘糸が出現し，紡錘体が形成され始める．	
	中期	・染色分体が並んだ状態のまま，赤道面上に並ぶ． ・星状体から紡錘糸がつくられ，染色体の動原体と呼ばれる部分と結合して紡錘体となる．	

	後期	・紡錘糸に引っ張られた染色分体が分離して, 両極へ移動する.	
	終期	・両極に集まった染色体がほどけて細い状態になる. ・核小体と核膜が形成されて2個の娘核となる. ・動物細胞では, 外から細胞がくびれて細胞質が分割される. （植物細胞では, 細胞板が形成されて細胞質が分割される.）	

植物細胞の体細胞分裂についても, それぞれの時期に起こっていることは動物細胞と同様であるが, 参考までに下記に模式図を示した.

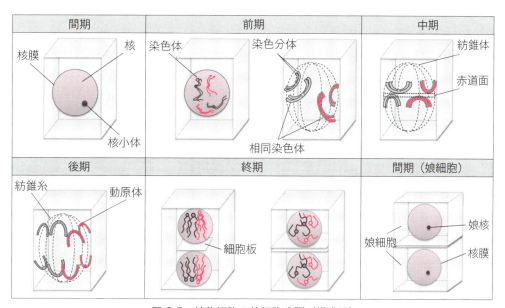

図6.5 植物細胞の体細胞分裂（模式図）

〈チェック！〉 各期の特徴を簡単にまとめよう

S期	→	中期	→	後期	→	終期	→	娘細胞
DNA倍化		赤道面に		染色体分裂		核分裂		細胞質分裂

細胞分裂前の細胞を母細胞といい, 分裂直後の細胞を娘細胞という. 娘細胞は, 分裂直後で

は体積が約半分になっているが，核内のDNA量はもとの細胞と同じになっている．分裂後の細胞は，間期の状態となり，次の細胞分裂に向かう準備を行うことになる．そして，また次の細胞分裂が始まる．M期からG₁期・S期・G₂期を経て，再びM期に入る細胞分裂の過程を細胞周期という．しかし，細胞によっては体積が母細胞と同じくらいまで成長した後，分裂を行わないG₀期（分裂休止期）に入ることとなる．

細胞周期が進むかどうかは，サイクリンとサイクリン依存性キナーゼによって制御される．サイクリン（cyclin）は，真核細胞の細胞周期移行シグナルとしてはたらくタンパク質で哺乳類では約20種類みつかっている．このタンパク質とキナーゼ（リン酸化酵素）が結合すると，他のタンパク質をリン酸化させる活性をもつことになり，細胞周期の進行を調節する．このような一連の細胞分裂の過程における核あたり，および，細胞あたりのDNA量の変化をグラフに示す（図6.6）．

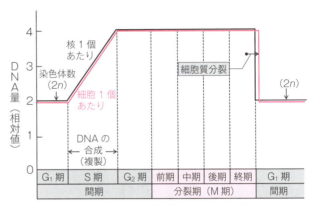

図6.6 体細胞分裂に伴うDNA量の変化

体細胞分裂に要する時間は，細胞によって異なるが，高等植物や高等動物では，間期全体の時間に対して分裂期全体の時間は非常に短い．例えば，ヒトの結腸上皮細胞では，G₁期15時間，S期20時間，G₂期3時間に対して，M期は1時間程度である．植物細胞では，根の分裂組織などを観察し，その細胞数の割合から細胞分裂の各期にかかる時間の割合を算出することが可能である．

例えば，間期：前期：中期：後期：終期の比が，1000：20：5：15：50 だったとすれば，それぞれの分裂期に要する時間は，各期の細胞数を（1000＋20＋5＋15＋50）で割り，間期も含めて1回の細胞分裂全体に要する時間を掛ければ，算出できるということである．［図6.7を参考に，図6.3の細胞が何期かを数えて比にしてみよう！］

多細胞生物は体細胞分裂を繰り返して細胞数を増やすが，次第に分裂周期が長くな

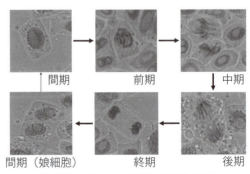

図6.7 バンノウネギの体細胞分裂

り，細胞は老化していく．これには染色体の末端部分の構造であるテロメアが関連している．テロメアDNAはグアニンに富む配列の繰り返し（テロメア反復配列）となっている．DNAポリメラーゼによる通常の複製では，プライマーを必要とするため染色体の末端部分は完全には複製されない．したがって，細胞分裂のたびに繰り返し配列が短くなり，このことが細胞の老

化と関連があると考えられている．

ところが，配偶子形成時などにおいて，テロメアの反復配列はテロメラーゼと呼ばれる逆転写活性をもつ DNA ポリメラーゼにより合成される．テロメラーゼは，酵素分子内の RNA を鋳型としてテロメア DNA 末端に新たなテロメア繰り返し配列を付加するはたらきがある．これによって，次世代に受け継がれる染色体はテロメアの長い状態に戻されることになる．

癌と細胞分裂

癌細胞は，正常な細胞の細胞周期が速くなったものである．細胞分裂は切れ目なく連続して起こっているようなイメージをもっているかもしれないが，ある程度成長した状態で多くの細胞は，細胞分裂を停止した G_0 期にあるか分化してそれぞれのはたらきを担っているかであり，細胞分裂を行っていない．ところが，紫外線やある種の食物または遺伝などにより，細胞分裂を引き起こす遺伝子や細胞周期を止める遺伝子に変異が起こる場合がある．この変異により細胞分裂が連続して起こる．その結果，小さくて硬い細胞の塊ができ，さらに元々ある血管に新たにつくり出した細い血管を繋げて血液を導き栄養を補給する．この栄養を使って癌細胞の塊はさらに増え大きくなっていく．正常な細胞と癌細胞は元が同じものであるため，癌細胞を攻撃するような薬剤や治療法は同時に正常細胞にも影響してしまうことが多い．

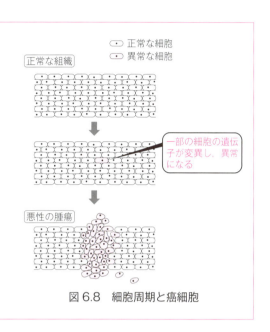

図 6.8 細胞周期と癌細胞

6.3 減数分裂

減数分裂では，DNA 複製を伴う分裂と，DNA 複製を伴わない分裂との2回の分裂が続けて起こる．動物においては，この分裂によって配偶子（卵あるいは精子）が形成されるので，染色体数が半数（一倍体）に減り，卵と精子とが融合して受精卵となると，染色体数がもとの二倍体に戻る．減数分裂の過程では，1細胞中の相同染色体は，それぞれ分かれて別々の配偶子に分配される．図 6.9 のように 23 対の相同染色体をもつヒトでは，それぞれの相同染色体が任意に別々の配偶子に分かれるため，出来上がる配偶子のもつ染色体の組合せは，2^{23}＝約 800 万通りとなる．受精による組合せはこの数のかけ算であるので，約 640000 万通りという非常に多種類となる．［同じ両親から生まれる兄弟であっても，一卵性双生児でない限り，完全に染色体の組合せが一致することは難しい．］

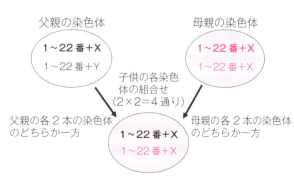

図 6.9 親から子への染色体の受け渡し

減数分裂の過程を図 6.10 に模式的に示した．

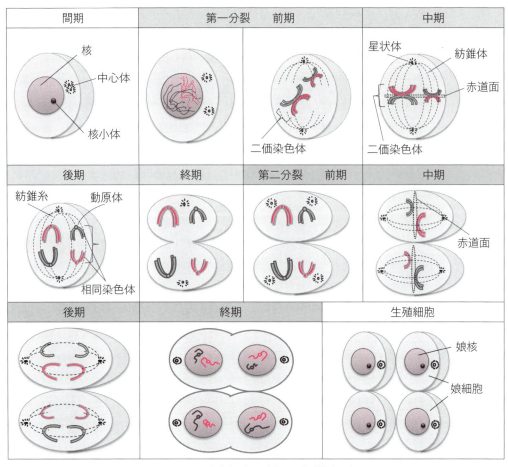

図 6.10　動物細胞の減数分裂（模式図）

　減数分裂は，第一分裂と第二分裂に大別される．動物細胞と植物細胞での相違点を含め，基本的に，各時期の特徴は体細胞分裂で詳しく述べたものと同様であるので，そちらを参照してほしい．減数分裂での体細胞分裂との違いは，染色体の分配についてである．減数分裂の各過程における変化を以下に示し，さらにその下に簡単にまとめた．また，DNA量（相対値）の変化について，核当たり，細胞体当たりを図 6.11 に示した．

① 間期（G_1・S・G_2 期）‥‥体細胞分裂と同じである．
　第一分裂　前期‥‥相同染色体同士がくっついて（対合），二価染色体が形成される．
　　　　　　中期‥‥二価染色体が赤道面に並び，紡錘体が形成される．
　　　　　　後期‥‥二価染色体は対合面で分離して，染色体は両極へ移動する．
　　　　　　終期‥‥細胞質分裂が起こり，2個の娘細胞ができる．
　　　　　　　　　　この娘細胞の染色体数は，母細胞の半分となる．
② 娘細胞は成長せず，すぐに第二分裂を行う．＊第二分裂ではDNAの複製は起こらない．

第二分裂　前期…細胞質分裂が終了する（短いので観察できないことが多い）．
　　　　　中期…染色体が赤道面に並び，紡錘体が形成される．
　　　　　後期…染色体は分離して両極へ移動する．
　　　　　終期…細胞質分裂が起こり，4個の生殖細胞（配偶子）ができる．
　　　　　　　　各生殖細胞の染色体数は，体細胞の半分である．

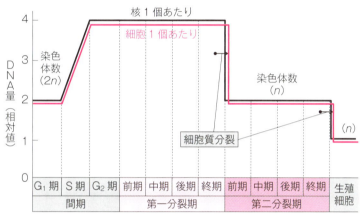

図 6.11　減数分裂に伴う DNA 量の変化

〈チェック！〉　体細胞分裂と比較して，減数分裂の特徴を捉えよう！

体細胞分裂	減数分裂
① 体細胞が増殖するとき．	① 生殖細胞（卵・精子）ができるとき．
② 1回の分裂が行われる．	② 連続した 2 回の分裂が行われる．
③ 1個の母細胞が分裂して 2 個の娘細胞ができる．	③ 1個の母細胞から 4 個の生殖細胞ができる．
④ 母細胞と娘細胞は染色体数が同じ．	④ 生殖細胞の染色体数は母細胞の半数．
⑤ 娘細胞は間期に成長し分裂前の母細胞と同じ大きさに．	⑤ 生殖細胞は受精（接合）で 2 個が合体し，もとの染色体数に．
⑥ 相同染色体は対合しない．	⑥ 相同染色体が対合し，二価染色体を形成する．

6.4 ヒトの配偶子形成と染色体の分配

　減数分裂によって，配偶子が形成されることを示したが，実際の配偶子形成は体細胞分裂と減数分裂の連携で理解することができる．動物の代表例として，ヒトの配偶子形成を取り上げ，説明する．

　図6.12にヒトの精巣内での精子形成の模式図を，図6.13左に精子形成における細胞の名称と染色体の分配について示した．配偶子形成の元になる細胞を始原生殖細胞といい，体細胞と同様に核相は$2n$である．ヒトのオスでは，発生の初期段階に始原生殖細胞が生殖腺へ移動し，体細胞分裂によって精原細胞（$2n$）となり精巣内で休止状態となる．二次性徴期（青年期）になると，精巣内で休止していた精原細胞は体細胞分裂を繰り返し，数を増やす．精原細胞は，そのまま成長し一次精母細胞と呼ばれる状態になる．この一次精母細胞は既に減数分裂のための準備を整えた状態で，DNAの複製が終了した$2n×2$の状態にある．一次精母細胞から減数分裂第一分裂を終了してできた2つの細胞を二次

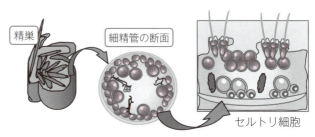

図6.12　ヒトの精巣内での精子形成

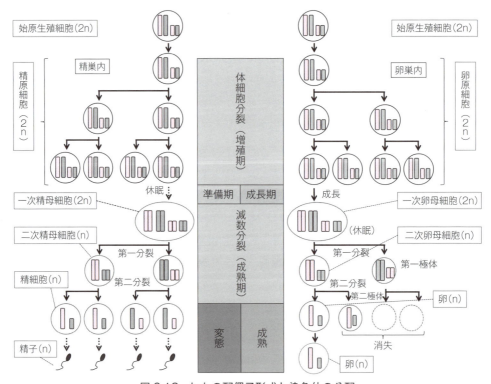

図6.13　ヒトの配偶子形成と染色体の分配

精母細胞と呼び，相同染色体が対合した二価染色体の対合面で分裂するため，各細胞は$n×2$の状態となっている．さらに二次精母細胞から減数分裂第二分裂を終了した合計4つの細胞を精細胞と呼び，各細胞はnの状態である．精細胞は形が変わって（変形・変態）精子となる．したがって，1つの精原細胞から4つの精子ができる．

精細胞からの精子への変態は，図6.14のように細胞小器官の再配置と細胞膜の変形によって起こり，不必要な部分は切り捨てられ，コンパクトで機能的な形態となる．頭部には卵に入り込むDNAをもつ核が配置され，その先端には，卵細胞に突入するために必要な酵素類を詰め込んだゴルジ体が位置する．中片には，尾部の運動に必要なエネルギーを供給するために好気（酸素）呼吸を行い大量のエネルギーを産生できるミトコンドリアが詰まっている．頭部の付け根から，この中片を貫き，尾部へと続く鞭毛の繊維は，中心体から形成される．

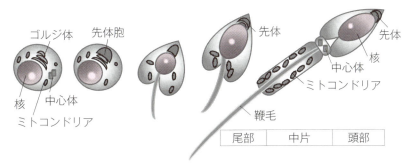

図6.14　精細胞から精子への変態

以上のことから，それぞれの精子がもつ染色体はヒトの場合，1番から22番の常染色体を各1本ずつの22本＋X染色体またはY染色体となり，これらの計23本の組合せは2^{23}通りとなることがわかる．この組合せについては卵形成でも同様である．また，受精の際には精子の核だけが卵に入り，ミトコンドリアは入らないため，子のミトコンドリアはすべて母系遺伝となる（図6.15）．

図6.13右に卵形成の様子を模式的に示した．卵子形成の元になる細胞を，精子と同様に始原生殖細胞といい，核相は$2n$である．ヒトのメスでは，

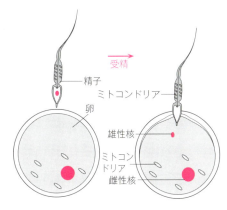

図6.15　受精

発生の初期段階において，始原生殖細胞は生殖腺へ移動し，卵巣内で体細胞分裂によって卵原細胞（$2n$）となり体細胞分裂を繰り返し，数を増やす．卵原細胞は600万個を超えるまで増加するが，その後大部分は退化してしまう．卵原細胞の一部は成長し一次卵母細胞と呼ばれる状態になる．この一次卵母細胞は既に減数分裂のための準備を整えた状態で，DNAの複製が終了した$2n×2$の状態にある．一次卵母細胞はすぐに減数分裂に入るが，減数分裂第一分裂前期を終了した段階で休止状態に入る．［したがって，卵の場合には発生初期に卵細胞に成り得る細胞

の数が決定してしまう.] 二次性徴期（思春期）になると，1ヶ月に1個の一次卵母細胞が減数分裂を再開する．第一分裂が終了してできた2つの細胞のうち大きなものを二次卵母細胞と呼び，相同染色体が対合した二価染色体の対合面で分裂するため，各細胞は $n×2$ の状態となっている．このとき，余分な染色体を排除するためにつくられる第一極体（$n×2$）は，栄養分のある細胞質をほとんど含まない小さな細胞として放出される．二次卵母細胞は減数分裂第二分裂中期で卵巣内から排卵され，輸卵管内を分裂しながら通り，受精後に第二分裂を終了し，1つの大きな卵細胞をつくる．卵細胞は n の状態である．このとき，やはり余分な染色体を排除するためにつくられる第二極体（n）は，栄養分のある細胞質を殆ど含まない小さな細胞として放出される．第一極体（分裂して2つの細胞になる場合もあるが，しない場合もある）および，第二極体は，その後消失する．したがって，1つの卵原細胞から1つの卵細胞しかできない．

6.5 種子植物の生殖

減数分裂によって配偶子が形成されるのは被子植物でも同様である．しかし，植物の場合，動物よりさらに複雑で特徴的な過程を経て，配偶子が形成される（図6.16）．

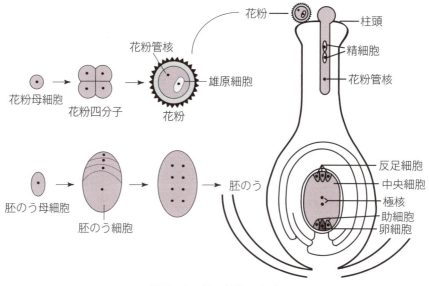

図6.16 被子植物の生殖

おしべの葯の中に存在する花粉母細胞が配偶子である花粉を形成する元である．花粉母細胞は減数分裂を行い，4個の細胞からなる花粉四分子となる（図6.17）．このとき，1つの細胞は n の状態にある．その後，4つの細胞のそれぞれは分かれ，分裂し，雄原細胞とそれを取り囲む細胞とに分裂する．取り囲む側の細胞に存在する核を花粉管核といい，雄原細胞の核と同様に n の状態にある．こうして花粉は成熟する（成熟花粉）．花粉は，風による移動や昆虫の仲介によって，めしべの先端の柱頭部分に付着すると，花粉管という管を柱頭の内部に伸ばしていく．このとき，雄原細胞はさらに細胞分裂を行い，2つの精細胞に分かれる．精細胞は2つ

とも n の状態である．花粉管核も花粉管を下っていくが，これは後に消失する．

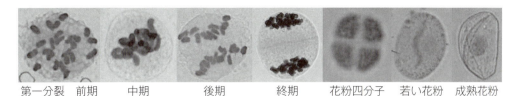

| 第一分裂 前期 | 中期 | 後期 | 終期 | 花粉四分子 | 若い花粉 | 成熟花粉 |

図6.17　ヌマムラサキツユクサの葯の細胞

　めしべの基部にある胚珠の中の胚のう母細胞は，配偶子である卵細胞を形成する元となる細胞である．胚のう母細胞は，減数分裂を行い4つの細胞が付着した状態になるが，このうち3つは退化・消失し，1つ（大胞子細胞）だけが胚のう細胞として，n の状態で残る．胚のう細胞は3回の核分裂を行うが，細胞質の分裂を伴わないため，1つの細胞中に8つの核が存在する状態になる．この8つの核は移動し，1つは細胞質が仕切られて卵細胞として受精後に胚を形成し植物体へと成長していく配偶子となる．卵細胞の両脇も細胞質が仕切られて2つの助細胞となる．助細胞は，柱頭にのびてきた花粉管を卵細胞に引き寄せるための誘引物質を出して，精細胞の放出を促し，卵細胞が受精するのを助ける．受精が完了すると，退化・消失する．細胞質の仕切りを得ない中央細胞には2つの核が残り，これを極核といい，受精後に胚乳を形成する．残る3つも細胞質が仕切られて反足細胞と呼ばれる細胞になるが，これらの役割はわかっていない．1つの細胞から卵細胞の核1個・助細胞の核2個・極核2個の合計5つを3回の分裂によって増やすのに余分にできてしまったものと考えられており，事実，受精が完了すると，退化して消失してしまう．ただし，植物種により分裂を繰り返すものもあり，胚乳への養分供給に必要とも考えられている．

　被子植物の精細胞と卵細胞の形成過程がわかったところで，受精について説明する．被子植物は受粉後すぐに花粉管が胚のうまで伸びて受精が起こる．花粉管によって運ばれる2つの精細胞の1つが卵細胞と受精すると同時に，もう1つの精細胞が2個の極核と受精する．これを重複受精と呼び，受精卵（$2n$）と胚乳核（$3n$）ができる．その後，胚乳核は胚のう内で分裂・増殖して胚乳を形成する．

　被子植物には，種子の発生途中で胚乳の発育が停止し，退化・消失してしまうものが数多く知られている．その中のいくつかは胚乳そのものをもたない種子となる．これを無胚乳種子という．たいていの無胚乳種子は胚乳の代わりに胚そのものの一部である子葉に，発芽時に必要な養分を溜め込んでいる．つまり，胚自体が自力で発芽するのである．例として，マメ科・ブナ科・キク科の植物があり，ヒトはマメ科の豆類・ブナ科のクリ・キク科のヒマワリの種子を食用にしているが，養分を蓄えて大きくなった子葉を食べているのである．〔ラン科の微小な種子も胚乳が退化・消失しているが，薄い種皮の中には少数の細胞が集合しただけの単純な胚があるだけで，養分を貯蔵する組織をもたない．この種子が特定の共生菌類（担子菌など）の生息する地面や樹皮上に落下すると，菌糸が胚組織に進入し，発芽に必要な養分を供給する．これによって発芽・成長できるようになる．〕また，無胚乳種子に対して，胚乳をもつカキ（図

6.18 上）やトウゴマなどの種子を 有胚乳種子 と呼ぶ．

　被子植物の生殖に対して，裸子植物の生殖は少々効率が悪い．裸子植物には精子によって受精を行うイチョウやソテツなどの植物と，精細胞によって受精を行うマツやスギなどの植物の大きく2つに分かれる．精細胞による場合には，被子植物と同様に花粉管内を精細胞が移動する．これに対して，精子による場合の例としてイチョウ（図6.18 中）について紹介する．イチョウは，雄花と雌花が別々の木に咲く，雌雄異株である．雄花は多数の葯が花糸についた形態をしており，葯の中には花粉母細胞がある．花粉母細胞は減数分裂によって花粉四分子となり，成熟して，生殖細胞・花粉管細胞・栄養細胞の3つの細胞になる．これが，風に乗って雌花の花粉室に入り，片方の端が花粉室の壁を破って侵入し，もう片方の端が花粉管となる．花粉の中央にあった生殖細胞は，分裂して2つの精細胞と柄条細胞と呼ばれる細胞をつくり出す．精細胞は繊毛によって泳ぐことができるようになるので，精子とも呼ばれる．雌花は2個の胚珠をもった形で珠皮に包まれ，子房がないので胚珠は裸の状態である．この胚珠中に胚のう母細胞が1つずつあり，減数分裂・核分裂を経て，花粉室と2個の造卵器と 胚乳（n）からなる胚のうとなる．つまり，受精よりも前に胚乳が形成されるので，受精が成功しなかった場合には無駄になる．花粉管から泳ぎ出した精子は，卵細胞に到達して受精する．また，精細胞で受精するマツ（図6.18 下）やスギの場合にも重複受精は起こらず，胚乳は n のままである．

図6.18　カキの種子（上），イチョウの実（中），クロマツ（下）

6.6　生殖方法

　生殖 とは，生物個体が自分と似た個体をつくり出すこと，つまりは子孫を残すことである．原則として，生殖は個体数の増加を伴うため，繁殖のために行うといえる．生殖はすべての生命に共通した特徴であり，生物である条件の一つである．[利己的な遺伝子 という考え方があり，そもそも生物個体そのものは，DNAを増幅するための入れ物であるとされる．多くのヒトは，自分が単なるDNAを増やすため（次世代に引き継ぐ，または多くの細胞を増やす）ための道具であるというような考え方に否定的であるが，DNAのもつ遺伝子の情報に制御されて生きていることは事実である．DNAが個体を生かす目的は何であるかと考えれば，増えるためであるという考え方も納得ができる．]生殖の方法は，大きく2つに分けられる．1つは，配偶子をつくらない 無性生殖，もう1つは基本的に配偶子をつくる 有性生殖 である．

　無性生殖では，1個の親だけで子孫をつくるため，親とまったく同じ遺伝情報（DNA）をもつ親のコピーがつくられる．この生殖方法は，生殖相手となる別な個体と出会う必要がなく，配偶子という特別な細胞をつくる必要がないことから，余計な手間が掛からないという利点がある．したがって，短時間で爆発的な増殖が可能である．しかし，これは増殖に適した環境下

に置かれた場合に限る．環境が変化して生命活動に適さない状態になった場合には，遺伝情報のまったく同じ集団では，生き残れる個体はない．つまり，無性生殖は環境変化に弱いという欠点をもつといえる．[しかし，人工的に環境を整えることができる（醸造や農業など）場合には，品質の安定したものを，短時間で多量に生産できることになる．]無性生殖は，分裂・出芽・胞子生殖・栄養生殖の主に4種類の方法に分けられる．それらを表6.2に示した．また，植物例を図6.19に示した．

表6.2 無性生殖の種類と生物例

	大きさ	特徴	生物例
分裂	中–中	体細胞分裂によって，できた2つの細胞が分かれ，2つの個体となる．2つの個体は同じ大きさで，親という区別はない．	細菌類・アメーバ（原生）・ゾウリムシ（原生）・ミドリムシ類・イソギンチャク（刺胞）・クロレラ（緑藻類）・プラナリア（へん形）・ヒトデ（棘皮）
出芽	大–小	体細胞分裂によって，新しくできた小さな細胞が元の個体と分かれ，1つの新個体となる．	出芽コウボ菌（菌類）・ヒドラ（刺胞）・サンゴ（刺胞）
胞子生殖	大–極小	体細胞分裂や減数分裂によって，胞子を形成し，これが単独で成長して，新しい個体になる．	カビ（菌類）・きのこ（菌類）・コケ植物・シダ植物
栄養生殖		体細胞分裂によって，地下茎・根（塊根）・茎（塊茎）・葉など器官の一部から新しい個体が成長する．生殖に関わる器官などの違いによってそれぞれに名称が付けられている．	地下茎…スギナ・タケ・レンコン 塊根…サツマイモ・ダリア 塊茎…ジャガイモ ほふく枝（ストロン）…オランダイチゴ・オリヅルラン・ユキノシタ むかご…ヤマノイモ・オニユリ 球根…サフラン・チューリップ

ヒガンバナ（3倍体）

ソメイヨシノ（挿し木）

サツマイモ（根塊）

オニユリ（むかご）

オリヅルラン（ほふく枝）

図6.19 栄養生殖を行う植物

有性生殖では，別々な個体でつくられた2つの配偶子によって，親と異なる遺伝情報をもった個体がつくられる．この生殖方法は，生殖相手となる別の個体と出会うこと，配偶子という特別な細胞をつくることが必要となり，余計な時間や手間（コスト）が掛かるという欠点がある．したがって，短時間で爆発的な増殖は望めない．しかし，遺伝情報の異なる個体が存在することになるので，環境が変化して本来の生命活動に適さない状態になった場合でも，生き残れる個体があり，次世代への遺伝情報の伝達がなされる可能性が高い．つまり，有性生殖は環境変化に強い個体も生まれるという利点をもつ．有性生殖は，同形配偶子接合・異形配偶子接合・受精・接合・単為生殖の主に5種類の方法に分けられる．それらを表6.3に示した．

表6.3　有性生殖の種類と生物例

	特徴	生物例
同形配偶子接合	雌雄の配偶子が同形同大で，共に運動能力がある．	クラミドモナス・ハネケイソウ
異形配偶子接合	形は似ているが，雌雄の配偶子で大きさが異なり，共に運動能力がある．	アオサ・アオノリ
受精	卵と精子の生殖．雌性配偶子（卵）に運動能力がなく，雄性配偶子（精子）に運動能力がある．	ヒト・ミズクラゲ・ワカメ・コケ・シダ・裸子植物・被子植物
接合	栄養細胞であったのがそのまま配偶子になって合体する．	ゾウリムシ・アオミドロ
単為生殖	卵が合体しないか，核融合しないで発生を始める（雌単体で子供をつくる）．体細胞分裂によって $2n$ の卵をつくり，そこから発生するアリマキ型と，減数分裂によって n の未受精卵をつくり，そこから発生するミツバチ型がある．	アリマキ型…アリマキ（アブラムシ）・ワムシ・ミジンコ・セイヨウタンポポ ミツバチ型…ミツバチ

アブラムシとミツバチの生殖について以下に示した．

アブラムシ（図6.20）

図6.20　アブラムシ

　春から秋：雌がつくる卵が減数分裂しないで，単為発生する．子は雌のみ（2A+XX）である．

　秋に生活環境悪化：卵作製時に性染色体（XX）が1つなくなり，単為生殖で雄（2A+X）が生まれる．雄はA+XとAだけの精子をつくるが，Aだけの精子は消失してしまう．雌は減数分裂によって卵（A+X）をつくり，卵と精子が受精すると，精子はA+Xだけなので，受精卵は必ず雌（2A+XX）となる．

ミツバチ（図6.21）…雌（$2n$）は通常の受精で発生．雄（n）は未受精卵から発生．

　受精：女王は，雄との交接（交尾）で体内に取り入れた精子を保存する器官をもち，受精させつつ産卵し，受精卵（$2n$）は雌となる．雌は花粉や蜜をえさにして育てられるとはたらきバチ（$2n$）になり，ロイヤルゼリー（はたらきバチが分泌する物質）をえさ

に育てられると女王バチ（$2n$）になる．

単為生殖：女王バチが精子と受精させないまま卵（n）を生むと，雄（n）になる．雄は減数分裂を行わないまま精子をつくるので，精子はnである．

図 6.21 ミツバチ

無性生殖と有性生殖の特徴を捉えよう！

	無性生殖	有性生殖
生殖様式	体細胞分裂により親から独立した個体を形成	配偶子の接合により新個体を形成
例	分裂・出芽・胞子・栄養生殖	同形・異形配偶子・ 受精（卵と精子）
核相	親　$n \to n$　新個体 親　$2n \to 2n$　新個体	配偶子　$n \to 2n$　新個体 　　　　$n \nearrow$
遺伝情報	新個体は親と全く同じ	新個体は異なる2親からなる
環境適応	適応能力は弱い	適応能力の強い個体も生じる

第6章 細胞分裂と生殖

Check 6

Q1, 2 に当てはまるものを次の①〜④から選べ.
　① 半数分裂　　② 減数分裂　　③ 増殖分裂　　④ 体細胞分裂
　Q1　生殖細胞以外の普通の細胞分裂を何というか？
　Q2　生殖細胞をつくる際の細胞分裂を何というか？

Q3　体細胞分裂において，元の細胞が染色体Aを2本と染色体Bを2本もっていた場合，新しくできた細胞はどのような染色体をもつか？
　① A1本とB1本　　② A2本のみ　　③ A2本とB2本　　④ B2本のみ

Q4　DNAの複製直後，細胞のもつDNA量は元の何倍になっているか？
　① 1倍　　② 2倍　　③ 3倍　　④ 4倍　　⑤ 1/2倍

Q5　核全体に散らばっていた染色糸が凝集して染色体となるのはどの時期か？
　① 前期　　② 中期　　③ 後期　　④ 終期　　⑤ 間期

Q6　分裂直後の細胞は何と呼ばれるか？
　① 母細胞　　② 父細胞　　③ 孫細胞　　④ 娘細胞　　⑤ 息子細胞　　⑥ 子細胞

Q7　動物の体細胞分裂の前期・中期・後期・終期の細胞をそれぞれ模式的に図示せよ．染色体数は $2n=4$ とする．

Q8　減数分裂では，続けて何回の細胞分裂が起こるか？
　① 1回　　② 2回　　③ 3回　　④ 4回

Q9　減数分裂の第一分裂前期において，相同染色体が対合したものを何というか？
　① 相同染色体　　② 優性染色体　　③ 染色分体　　④ 二価染色体

Q10　減数分裂が終了した際に，1つの母細胞からできる新たな細胞は通常は何個か？
　① 1個　　② 2個　　③ 3個　　④ 4個

Q11　減数分裂の終了直後，新たな1つの細胞のもつDNA量は元の何倍になっているか？
　① 1倍　　② 2倍　　③ 3倍　　④ 4倍　　⑤ 1/2倍　　⑥ 1/4倍

Q12　ヒトの卵の形成において減数分裂直前の1つの卵原細胞からできる卵細胞の数は？
　① 1　　② 2　　③ 3　　④ 4　　⑤ 1/2　　⑥ 1/4

Q13　ヒトの精子の形成において減数分裂直前の1つの精原細胞からできる精細胞の数は？
　① 1　　② 2　　③ 3　　④ 4　　⑤ 8　　⑥ 16

Q14　動物の減数分裂の第一分裂の前期・中期・後期・終期，第二分裂の前期・中期・後期・終期，配偶子の細胞をそれぞれ模式的に図示せよ．染色体数は $2n=4$ とする．

Q15　減数分裂を1回行うときの細胞あたりのDNA量の変化をグラフに示せ．ただし，横軸は間期の3ステージ，2回の分裂期の各4ステージの名称を順に示し，最初の細胞あたりのDNA量を相対値2とする．

Q16〜20 について，① 無性生殖，② 有性生殖のどちらが当てはまるか．
　Q16　人工的に環境を管理する場合，増殖・生産に有利な生殖方法はどちらか？
　Q17　基本的に体細胞分裂による生殖方法はどちらか？
　Q18　基本的に減数分裂による生殖方法はどちらか？
　Q19　環境の変化に強い生殖方法はどちらか？
　Q20　短期間での増殖が可能な生殖方法はどちらか？

演習問題6

1 万能ネギの体細胞分裂を観察するために，根を切り出し，固定のための処理，解離（細胞間の接着を弱める）のための処理を行い，スライドガラスにのせ，染色液を落としてからカバーガラスをのせた．その後，全体をそっと押しつぶし，光学（生物）顕微鏡で観察した．

図はDNA合成前 G_1 期の染色体構成を模式的に示したものである．

(1) この実験で体細胞分裂が観察できる組織の名称は何か答えよ．
(2) この実験で固定のために用いる溶液にはどのようなものが入っているかすべて答えよ．
(3) 図の染色体構成から考えて，M期中期の染色体はどのようになっていると考えられるか．模式的に図示せよ（色の区別もすること）．
(4) 分裂終了後の娘細胞1つの染色体構成はどのようになっていると考えられるか．模式的に図示せよ（色の区別もすること）．
(5) G_1 期の細胞あたりのDNA量が0.2 pg であったとすると，M期前期のDNA量はどれくらいであると推察されるか．単位もつけて答えよ．

2 ムラサキツユクサのつぼみを固定し，ある細胞を取り出して染色し，減数分裂時の染色体の様子を光学（生物）顕微鏡で観察し，写真が撮れたものを減数分裂の順序に並べた．

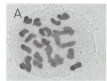 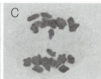
A　　　　　　　B　　　　　　　C　　　　　　　D　　　　　　　E

(1) 写真A～Dの分裂時期の名称を答えよ．
(2) 写真Eに見られる細胞の集まり全体を示す名称を答えよ．
(3) 写真A～Eのうち，二価染色体があると考えられるものを2つ選べ．

3 (1) ヒトの卵形成について，仮に始原生殖細胞から2回分裂した後の細胞が減数分裂を開始するとする．このとき，始原生殖細胞から，卵形成が完了するまでの，細胞1個当たりのDNA量の変化をグラフに示した．グラフ中の ①～③ の細胞の名称を答えよ．ただし，極体はグラフには示していない．

(2) 精子の受精が起こらないとき，ヒトの卵形成過程で核相（染色体のセット数）が n となるのは，どの時期の細胞からか，グラフ中の番号 ①～④ から選んで答えよ．

(3) ヒトの卵と精子の形成時の減数分裂における重要な相違点2点を答えよ．

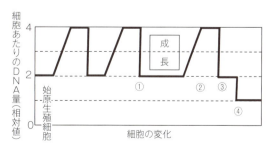
ヒトの卵形成時におけるDNA量の変化

7 遺伝

講義目的

遺伝の基本的な法則を理解しよう．

疑問

遺伝と遺伝子の関係はどうなっていると思いますか？

生物は親から遺伝子を受け継ぎます．
無性生殖の場合，基本的に親と全く同じ遺伝子構成の個体ができ，
親と同じ形や性質となりますが，
私たちヒトを含む有性生殖の場合はどうでしょう？
遺伝子を受け継げば，形や性質も親と同様になるのでしょうか？
自分の血縁者について，似ているところを挙げ，
遺伝子との関連を考えてみましょう．

KEY WORD

【分離の法則】　　　　　【優性の法則】
【独立の法則】　　　　　【形質】
【優性遺伝子】　　　　　【劣性遺伝子】

7.1 この子誰の子？

図 7.1 の 2 匹の猫の間に生まれる子猫はどのような形質だろうか．形質には形や色，機能や能力までさまざまあるが，見た目でわかる尾の長さ・毛の長さ・耳の形・毛の色の 4 点に注目して，子猫を探しながら遺伝の法則を学んでいく．

まず，尾の長さについて考えてみる．有性生殖を行う生物は，父親からと母親から染色体を受け継ぐので，各種類

パパ猫　バラ　オス♂
茶白・長尻尾
短毛・立ち耳

ママ猫　トラ子　メス♀
黒しま・長尻尾
短毛　・立ち耳

図 7.1　父猫と母猫の形質　[口絵参照]

の染色体を2本ずつもち，これら相同染色体の同じ位置には同じ形質に関する遺伝子が存在する．ジャパニーズ・ボブテールと呼ばれる日本猫は短く丸い尾をもつ．この尾となるかを決める遺伝子も各個体に2本存在し，短く丸くする遺伝子は劣性であることがわかっている．したがって，遺伝子の組合せは図7.2のようになる．このとき，長い尾にする遺伝子を優性遺伝子（アルファベットで大文字で示す）といい，ジャパニーズ・ボブテールの短く丸い尾にする遺伝子を劣性遺伝子（小文字で示す）という．このように相同染色体の同じ位置に存在し1つの形質に対して別なはたらきをもつ遺伝子を対立遺伝子という．図7.2で対立遺伝子を1つずつもつ場合，優性遺伝子のはたらきにより形質として現れる表現型は優性遺伝子によって決まる．したがって，尾の長さの遺伝子として，長い尾にする遺伝子と短く丸い尾にする遺伝子を1つずつもつ猫は，優性遺伝子である長い尾にする遺伝子により長い尾の表現型となる．各個体の遺伝子型はそれぞれ図7.2の3パターンあるため，両親の組合せは3×3＝9通りとなる．両親が優性の形質であっても優性と劣性の遺伝子を1本ずつもつもの同士の場合には，劣性形質の子が生まれることもあり，また両親が異なる形質の場合でも片親が優性遺伝子を2本もつ場合は優性形質の子のみが生まれる．

図7.2 猫の尾の長さに関する遺伝子

優性形質の割合が高い順に整理すると，以下の4つのパターンに分けられる．

① 両親のどちらか一方が優性遺伝子を2本もつ	→ 子は全て優性の形質
② 両親とも優性遺伝子と劣性遺伝子をもつ	→ 子は優性形質：劣性形質＝3：1
③ 両親のどちらか一方が優性遺伝子と劣性遺伝子，一方は劣性遺伝子のみをもつ	→ 子は優性形質：劣性形質＝1：1
④ 両親とも劣性遺伝子のみをもつ	→ 子は全て劣性の形質

そこで，パパ猫パラとママ猫トラ子の尾を見てみよう．両方とも長い尾である．長い尾は優性の形質であるので，両親は優性遺伝子を少なくとも1本もつことがわかるが，もう1本はわからない．したがって，子の尾は長い場合も短い場合もあり得る（図7.3）．

毛の長さや耳についても考えてみよう．

猫の毛の長さは短い方が優性である．パパ猫パラとママ猫トラ子は両方とも毛の長さが短いので優性の形質同士の両親となる．両親とも優性遺伝子と劣性遺伝子の両方をもっている可能性があるため，優性形

図7.3 親猫の尾の遺伝子

質の子も劣性形質の子も生まれる可能性があると考えられる（遺伝子の記号はLで，長さLengthを示す）．

垂れた耳に対して，真っ直ぐな耳を立ち耳という．この両者では垂れ耳とする方が優性遺伝子である．パパ猫パラとママ猫トラ子は立ち耳で劣性形質であるため，優性形質である垂れた耳の子は生まれない（遺伝子の記号はFdで，耳が前に垂れたスコティッシュフォールドと呼ばれる猫から付けられた）．

ここまでで，生まれる子が「長い尾か短い尾・立ち耳・長い毛か短い毛」であることがわかる．

> **★★★**
> **重要**
7.2　1つの形質に着目したメンデルの法則

遺伝については19世紀半ばにオランダのメンデルが研究している．メンデルは，エンドウ（図7.4）のはっきりと対立した7つの形質（表現型）に着目して，純系（常に一定の形質を現す）同士を交配し，遺伝の法則を見出した．

例えば，子葉の色が黄色になる純系の個体と，子葉の色が緑色になる純系の個体とを交雑すると，次世代の子葉の色はすべて黄色になった．さらに，この黄色の次世代同士を交配するとその次の世代では黄色と緑色が約3：1の比率で現れた．他の6つの形質についても同様の結果を得た．これらの事実から，メンデルは遺伝形質を伝達する単位として遺伝子を考え，個体は，ある形質に対して2つの遺伝子をもつと考えた．

つまり，図7.5のように，子葉の色を黄色にする遺伝子をA，子葉の色を緑色にする遺伝子をaとした場合，親（P）となる純系の黄色の子葉の個体は遺伝子型AA，親（P）となる純系の緑色の子葉の個体はaaであり，その交雑でつくられる次世代（F_1）の黄色の個体はAaとなり，Aによる形質が優先される．これを"優性の法則"と呼ぶ．

図7.4　エンドウの花とさや

さらにF_1同士を交配した場合，次の世代（F_2）ではAA：Aa：aaが1：2：1となり，形質としてはAによって現されるものが3に対して，aによって現されるものが1となる．これは，減数分裂によって配偶子が形成されるとき，Aとaが別々の配偶子に分かれて入り，Aをもつ配偶子とaをもつ配偶子が1：1で存在するため，Aa同士の交配ではAをもつ配偶子に対して，A

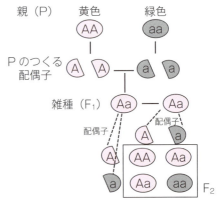

図7.5　優性・分離の法則

をもつ配偶子とaをもつ配偶子が任意に受精し，同様に，aをもつ配偶子に対しても，Aをもつ配偶子とaをもつ配偶子が任意に受精するために起こる．このように配偶子（生殖細胞）がつくられるときに，F_1のもつ2つの遺伝子が別々の配偶子に入ることを"分離の法則"として説明している（図7.6）．

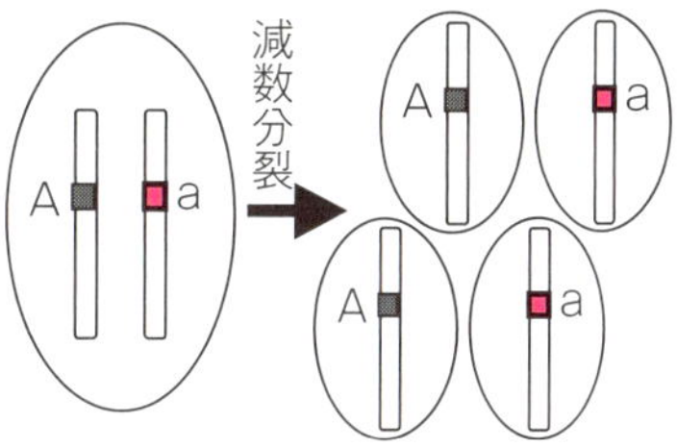

図7.6 分離の法則

このとき，対立する形質を対立形質，それをもたらす対立する遺伝子を対立遺伝子という．そして，対立遺伝子のうちF_1で形質を現すものを優性遺伝子とし，大文字で示し，もう一方を小文字で表す．さらに，形質を記号で表す場合には［A］や［a］のように［　］で示すのが一般的である．

遺伝子型がAAやaaのように同じ遺伝子を2つもつ場合には，その個体をホモ接合体と呼び，優性遺伝子を2つもつ場合には優性ホモ接合体，劣性遺伝子を2つもつ場合には劣性ホモ接合体という．前述の"純系"は，優性劣性を問わずホモ接合体であり，"系統"や"品種"も基本的には同様の意味で使用される言葉である．また，Aaのように対立遺伝子を1つずつもつ場合には，その個体をヘテロ接合体と呼び，"雑種"という．

メンデルの法則に当てはまると考えられているヒトの遺伝について見てみよう．図7.7に優劣のわかっている形質を示した．優性形質の人は両親の少なくとも片方が同じ形質であるが，劣性形質の人は両親のどちらとも似ていない可能性がある．

	優性 ＞	劣性
まぶた	二重	一重
耳あか	ウエット	ドライ
唇の形	厚い	薄い
髪の形	くせ毛	直毛
瞳の色	黒・茶	グレー・青
肌の色	色黒	色白

図7.7 ヒトの形質の優劣

外見からはわかりにくい代謝においても同様の遺伝が知られている．図7.8にアミノ酸の一種であるチロシンに関する代謝とその代謝を行う4つの酵素，それらの酵素をコードする遺伝子を示した．それぞれの遺伝子の変異により正常な酵素を産生できない遺伝子が存在する．これらの劣性遺伝子を父親と母親の両方から受け継ぐと，それぞれの部分の酵素反応が停止し正常な代謝ができなくなる．

例えば，遺伝子Pのはたらきがない場合には，フェニルアラニンからチロシンへの代謝ができずフェニルケトンとなり血液中に蓄

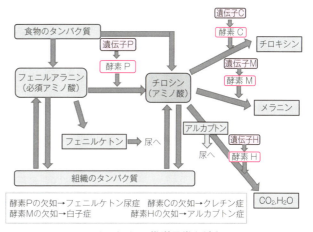

図7.8 ヒトの代謝異常と遺伝子

積し，発育不全などの障害が生じるフェニルケトン尿症と呼ばれる疾患となる．正常な人でも1000人中7人が遺伝子Pの変異遺伝子を1つもつ保因者であることがわかっており，正常な両

親をもつ子で発症することがある．また，遺伝子 M のはたらきがない場合には，メラニン（黒色色素）が合成されず，毛や皮膚の色が白くなり，瞳（目の虹彩）の色をつくり出せずに毛細血管の血液の色で赤く見えるアルビノ（白子）となる．アルビノは遺伝子 M の変異遺伝子による劣性遺伝である．アルビノについては動物でも多く知られている（図7.9）．しかし，自然界では白い色が目立ちすぎる，目や皮膚などが強い光に弱い，皮膚ガンになりやすい，同種個体に攻撃されるなどの理由で生存に不利なことが多い．

図 7.9　アルビノ　[口絵参照]
ハシボソガラス（恩賜上野動物園），ホンドタヌキ（豊橋総合動植物公園（のんほいパーク）），スッポン（愛媛県立とべ動物園），アフリカツメガエル（天王寺動物園）

補足になるが，白い個体が全てアルビノとは限らない．メラニン色素をつくることができるが，白い毛をもつ白色体や白変種もあり，ホワイトライオンやシロクジャク，図7.10 に示したホワイトタイガーなどはその一例である．ホワイトタイガーはベンガルトラの白変種であり，全身白い毛のみで覆われているのではなく，トラ独特の縞模様は黒くはっきりとしている．黒い部分が存在するのはメラニン色素を合成する酵素をコードする遺伝子をもつからである．この普通のトラの黄色い毛の部分を白い毛にする遺伝子は劣性遺伝子である．

図 7.10　白変種　[口絵参照]
ベンガルトラ（伊豆アニマルキングダム）

猫の場合にも全身の毛が白い白猫は，メラニン合成酵素コード遺伝子の変異ではない．図 7.11 左の白猫は左右の目の色が異なるオッドアイであり，水色部分はメラニン色素をつくらず網膜の色による．黄色っぽい目はメラニン色素をつくっている．ベンガルトラの白変種と異なるのは猫の毛を真っ白にする

図 7.11　猫の毛の真っ白遺伝子　[口絵参照]

遺伝子は優性遺伝子であるということである．したがって，パパ猫パラとママ猫トラ子は共に真っ白遺伝子をもたないため，生まれる子猫にも真っ白遺伝子は伝わらないことになる．

ヒトの病気の原因となる遺伝子にも優性と劣性の遺伝子がある．図 7.12 の例のように優性遺伝子か劣性遺伝子かによって発症する子は異なる．優性遺伝子疾患は両親のどちらかもしくは両方が患者であるが，劣性遺伝子疾患は両親とも正常なこともある．

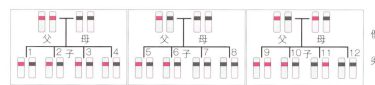

図 7.12 優性遺伝子（■）による発症と劣性遺伝子（■）による発症

代表的な遺伝病について下に示した．なお，（　）内は主な死因である．

優性遺伝子	劣性遺伝子
家族性高コレステロール血症（心筋梗塞）	フェニルケトン尿症（感染）
ハンチントン舞踏病（大脳変性と感染）	神経性筋萎縮（麻痺と感染）
多発性外骨腫（ガン）	副腎異形成症（電解質喪失）
筋強直性ジストロフィー（痴呆と感染）	劣性型非特異精神衰弱（感染）
家族性大腸ポリポージス（大腸ガン）	劣性型早期発症の盲

7.3 メンデルの法則の例外

① 優劣のない対立遺伝子

"分離の法則"は常に成り立つが，"優性の法則"は優劣のはっきりしない不完全優性遺伝子の場合には成り立たない．これは対立遺伝子のどちらも同等にタンパク質を合成し，両者の中間の形質が現れるためと考えられる．キンギョソウの花の色（図 7.13）について，花弁を赤色にする遺伝子と白色にする遺伝子が存在するが，ホモ接合体ではそれぞれの色が現れ，ヘテロ接合体では中間色の桃色となる．これは赤色にする遺伝子と白色にする遺伝子の間で優劣がない不完全優性のため，このヘテロ接合体を中間雑種と呼ぶ．中間雑種を自家受粉させ，多くの種子を播くと次世代では赤色の花が咲く個体，桃色の花が咲く個体，白色の花が咲く個体が，1：2：1となる．

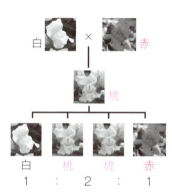

図 7.13 不完全優性 [口絵参照]

ヒトの形質についての不完全優性遺伝子としてアルコールの分解能力に関する酵素をコードする遺伝子がある（図 7.14）．アルコールを摂取すると，体内でアルコール脱水素酵素によってアセトアルデヒドに変換され，アルデヒド脱水素酵素（ALDH）によって無害な酢酸を経て完全分解される．ALDH の 1 つは第 12 番染色体上の ALDH2 遺伝子がコードするタンパク質が 4 つ組み合わさりはたら

下戸の遺伝子

ALDH 遺伝子：N 型（分解可能），D 型（分解不可能）
ヨーロッパ・アフリカ系は N 型がほとんど，中国・朝鮮半島・東南アジア・日本には D 型を持つ人が存在する

図 7.14 ヒトのアルコール代謝酵素遺伝子

く．ALDH2 にはN型とD型のタンパク質をつくるタイプがある．D型はアセトアルデヒドを分解するはたらきが低く，D型遺伝子を2つもつ人は，アルコールを摂取すると有害なアセトアルデヒドが体内に溜まってしまう．アセトアルデヒドはDNAやタンパク質，脂質などと結合して変性させ，機能を低下させるため，二日酔いの症状を引き起こす．また，肝細胞のミトコンドリアに害を与えるなどして，肝機能を低下させる．ほとんどの欧米人はN型を2つもつが，日本人の約半数は1つまたはもたないため，アルコールに弱い人が多い．N型とD型を1つずつもつ人は両者の中間のアセトアルデヒド分解能力をもつ．

重要 ②3つ以上の対立遺伝子（複対立遺伝子）

ヒトの血液型は100種類以上あるが，輸血の際に最初に注意するのがABO式である．図7.15に示したように，9番染色体上に存在するABO式血液型を決める遺伝子には，A遺伝子・B遺伝子・O遺伝子の3つがあり，A遺伝子に対してB遺伝子はアミノ酸の変化を伴う一塩基置換が3′側に4塩基ある．O遺伝子はA遺伝子の5′側で1ヌクレオチドが欠損し，その後の読み枠がずれたフレームシフト変異である．これにより合成される赤血球表面の糖に違いが生じ，これが抗原として異なって認識される．A遺伝子はA型糖を，B遺伝子はB型糖をそれぞれ合成し，O遺伝子は他と共通の糖鎖のみで余分に糖を付加しない．結果，遺伝子AとBは，Oに対して優性でありメンデルの優性の法則に一致するが，AとBは優劣のない不完全優性となる．以上より，ヒトABO式血液型の表現型と遺伝子型はA型（AA・AO），B型（BB・BO），AB型（AB），O型（OO）となり，親からの遺伝は図7.16のようになる．

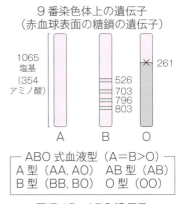

図7.15　ABO遺伝子

	父親	A型		B型		AB型	O型
母親	遺伝子型	AA	AO	BB	BO	AB	OO
A型	AA	A	A	AB	A, AB	A, AB	A
	AO	A	A, O	B, AB	A, B, AB, O	A, B, AB	A, O
B型	BB	AB	B, AB	B	B	B, AB	B
	BO	A, AB	A, B, AB, O	B	B, O	A, B, AB	B, O
AB型	AB	A, AB	A, B, AB	B, AB	A, B, AB	A, B, AB	A, B
O型	OO	A	A, O	B	B, O	A, B	O

図7.16　ABO式血液型の遺伝

例えば，遺伝子型ABのAB型の男性と遺伝子型OOのO型の女性の間に生まれる子の血液型はA型（遺伝子型AO）かB型（遺伝子型BO）のどちらかであり，両親と異なる血液型の子しか生まれない．また，遺伝子型AOのA型の男性と遺伝子型BOのB型の女性の間に生まれる子の血液型はAB型（遺伝子型AB）・A型（遺伝子型AO）・B型（遺伝子型BO）・O型（遺伝子型OO）であり，すべての血液型の子が誕生し得る．

［ただし，配偶子形成時の組換えで例外的な血液型が出ることもある．例えば，遺伝子型BOのB型と遺伝子型OOのO型の両親にA型の子が生まれることがあり，その確率は1～2%ともいわれている．また，組換え以外の要因でも表と異なる血液型の子が生まれることもある．］

③ ホモ接合体が正常発生できない遺伝子

本来，メンデル遺伝の例外ではないが，表現型として現れる個体の比率が，理論上の比率と合わない例がある．ハツカネズミの毛の色を発現する優性遺伝子（Y）は，同時に致死に関して劣性遺伝子となる．このため，Y遺伝子のホモ接合体は産まれない（図7.17）．

図7.17 致死遺伝子の例

ハツカネズミの毛を灰色にするか黄色にするのかはアグーチ遺伝子の発現調節による．図7.18のように，アグーチ遺伝子は黒色の色素などの合成酵素遺伝子を阻害するタンパク質を産生し毛を黒くせずに黄色にするが，その発現は常時ではなく，ある間隔で一過的である．これにより，色素の濃い部分（黒色）と薄い部分（黄色）とが交互になるため，1本の毛を縞模様にし，全体の毛の色は淡い灰色に見える．これが遺伝子yの状態であり，アグーチ遺伝子の近くには生存に必要で常時発現する遺伝子が存在する．

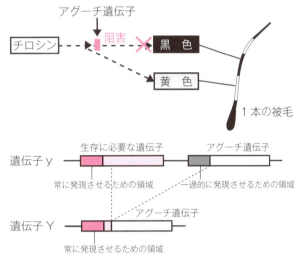

図7.18 アグーチ遺伝子と致死の関係

一方，アグーチ遺伝子が常時発現するようになった遺伝子Yは，黒色などの色素合成を阻害するタンパク質を常時つくり，毛を黄色にする．遺伝子Yはアグーチ遺伝子と同じ染色体上にある常時発現し生存に必要な遺伝子のプロモーター領域と，遺伝子Bの間が欠落して結合したものであることがわかっている．したがって，遺伝子Yは毛の色に関してはyに対して優性であるが，この遺伝子を2つもつ（生存に必要な遺伝子を欠く）個体では発生初期の胞胚期に陥入が起こらず，胎児期に発生が停止してしまう．

ヒトでの致死遺伝子（正確には誕生後に死に至る遺伝子）の例として先天性魚鱗症や鎌状赤血球貧血症の遺伝子がある．どちらも劣性遺伝子であるため，正常遺伝子とのヘテロ接合体では死に至ることはない．このような致死遺伝子をヘテロにもつ人は多く，平均して1人5つ（5種類）程度の致死遺伝子をもっているともいわれている．

鎌状赤血球貧血症の遺伝子のホモ接合体は幼児期に重度の貧血症で死に至る．鎌状赤血球貧血症の遺伝子はヘモグロビンβ鎖をコードする遺伝子で，正常なヘモグロビン遺伝子の17番目の塩基がアデニンからチミンへと変化した一塩基置換である（図7.19）．この変異によって翻訳されるアミノ酸がグルタミン酸からバリンに変化したβ鎖が合成され，赤血球は鎌状とな

り酸素運搬能力が低い．したがって，変異遺伝子をホモにもつ個体は重度の貧血症で子孫を残す前に死亡する．しかし，正常遺伝子と共にもつヘテロ接合体では貧血症を発症せず，さらに正常な遺伝子をホモにもつ人よりもマラリアに罹りにくい．マラリアで多くの人が死亡するアフリカでは，鎌状赤血球産生遺伝子をヘテロにもつ人がマラリアに罹らずに生き残るため，この遺伝子が高い割合で子孫に受け継がれている．

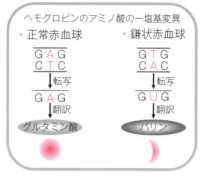

図 7.19 鎌状赤血球産生遺伝子

7.4　2つ以上の形質に着目したメンデルの法則

メンデルは3番目の法則として"独立の法則"を見出した．

異なる2対の形質に同時に着目した場合，例えば図7.20のように，黄色の子葉（遺伝子型AA）で茎の高さが高い（BB）個体と，緑色の子葉（aa）で茎の高さが低い（bb）個体とを交雑すると，F_1では黄色の子葉（Aa）で茎の高さが高い（Bb）個体だけが現れる．さらにF_1同士を交配した場合，F_2では，黄色の子葉で茎の高さが高い個体：黄色の子葉で茎の高さが低い個体：緑色の子葉で茎の高さが高い個体：緑色の子葉で茎の高さが低い個体が，9：3：3：1の比率で現れる．これは，子葉の色に関して整理すると黄色：緑色が3：1，茎の高さに関して整理すると高い：低

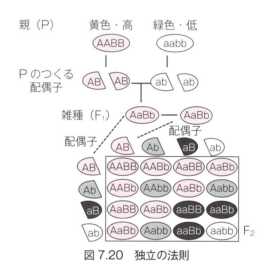

図 7.20 独立の法則

いが3：1であり，これらの組合せで，黄色で高い＝3×3＝9，黄色で低い＝3×1＝3，緑色で高い＝1×3＝3，緑色で低い＝1×1＝1，となったものである．

つまり，子葉の色に関する遺伝子と，茎の高さに関する遺伝子は，無関係に次世代に分配されたことになる．このことから，2対以上の対立形質の遺伝において，各対立遺伝子は互いに影響せずに独立して行動する"独立の法則"を発見したのである．

なぜ，各対立遺伝子が互いに影響を受けずに遺伝するのかを考えてみよう．

1対の対立遺伝子が配偶子に分配されるのは，配偶子形成時の減数分裂の際に，相同染色体が別々の配偶子に分かれて入るためである．対立遺伝子は相同染色体の同じ位置に存在しており，相同染色体の分配に伴って異なる配偶子に分かれて入ることになる．したがって，2組の相同染色体にそれぞれ位置する2対の対立遺伝子の場合，図7.21のように2組の相同染色体が配偶子に分配される組合せは同じ確率で任意となる．減数分裂の性質上1つの細胞からは2種類の配偶子が2個ずつできるが，数多くの配偶子を調べると，2対の対立遺伝子の場合4種類の配偶子ができることがわかる．

図 7.21 の長い染色体の塗り潰し部分を A 遺伝子，赤色部分を a 遺伝子，そして短い染色体の塗り潰し部分を B 遺伝子，赤色の部分を b 遺伝子とすると，それらが自家受精した集団の場合には図 7.20 に示した F_2 の個体が生まれることになる．

"独立の法則"は同一染色体上に存在する 2 対以上の対立遺伝子の場合には成り立たない．これは，相同染色体の

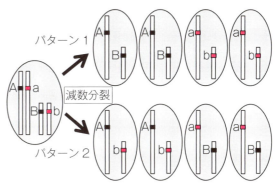

図 7.21　2 組の相同染色体と 2 対の対立遺伝子の関係

分配によって，A（a）遺伝子と B（b）遺伝子が行動を共にするためである．つまり，同一染色体上に存在する全ての遺伝子は配偶子への分配の際に行動を共にすることになるのである．このとき，同一染色体上に存在する遺伝子は連鎖しているという．このように，相同染色体上に存在する 2 対の遺伝子に着目した場合，例えば図 7.22 のように A 遺伝子と b 遺伝子が同じ染色体上に，a 遺伝子と B 遺伝子が同じ染色体上にある場合，減数分裂によってできる配偶子の遺伝子型は Ab と aB の 2 種類となり，それら同士の交配では AAbb：AaBb：aaBB ＝ 1：2：1 という遺伝子型の次世代個体が誕生することになる．

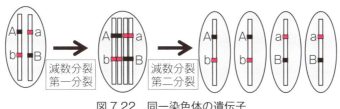

図 7.22　同一染色体の遺伝子

さらに，図 7.23 のように，減数分裂第一分裂で相同染色体の対合の際に染色体間で "乗換え" が起こり，遺伝子の "組換え" がなされると，より複雑な比率で次世代の表現型が現れる．

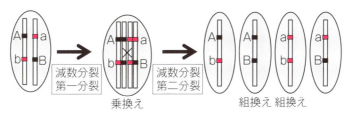

図 7.23　遺伝子の乗り換えと組換え

2 対の対立遺伝子に着目し，両者の関係が独立か連鎖かを知るには検定交雑がわかりやすい．検定交雑とは，遺伝子型のわからない個体と劣性ホモ接合体とを交配し，次世代の形質をみることで遺伝子型を知る方法である．配偶子の遺伝子型の比が，次世代の個体集団の形質にそのまま現れるため，遺伝子型だけではなく連鎖しているかどうか，また，組換えが起こった場合

には組換え価もわかる．例えば，図 7.24 のように，キイロショウジョウバエの眼の色を赤色（正常）にする遺伝子 A と桃色にする遺伝子 a の対立遺伝子と，体色を黄色（正常）にする遺伝子 B と黒色にする遺伝子 b の対立遺伝子に着目する．2 対の対立遺伝子のヘテロ接合体と劣性形質である桃色の眼で黒い体色の個体を交配させると，次世代の個体として，正常眼で正常体色，正常眼で黒体色，桃色眼で正常体色，桃色眼で黒体色の 4 種類がほぼ同数得られる．したがって，検定交雑した正常眼で正常体色の個体群から遺伝子 A と B，A と b，a と B，a と b をもつ配偶子が同数つくられたと考えられる．つまり，A（a）と B（b）の組合せが任意であり，両者は別々の染色体に存在する独立の関係であることがわかる．

図 7.25 に完全連鎖の例を挙げた．キイロショウジョウバエの体色を黄色（正常）にする遺伝子 B と黒色にする遺伝子 b の対立遺伝子と，翅の形を真っ直ぐ（正常）にする遺伝子 C と曲げてしまう遺伝子 c の対立遺伝子に着目する．2 対の対立遺伝子のヘテロ接合体と劣性形質である黒い体色で曲がった翅をもつ個体を交配させると，次世代の個体として，正常体色で正常はね，正常体色で曲がりはね，黒体色で正常はね，黒体色で曲がりはねの 4 種類のうち，得られるのは正常体色で正常はね，黒体色で曲がりはねのみでほぼ同数である．したがって，検定交雑した正常体色で正常はねの個体群から遺伝子 B と C，b と c をもつ配偶子が同数つくられたと考えられる．つまり，B（b）と C（c）の組合せが決まっており，両者は同じ染色体に存在する連鎖の関係であることがわかる．

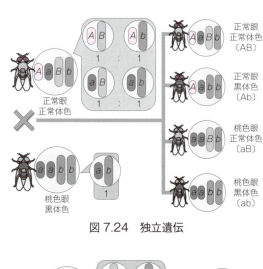

図 7.24　独立遺伝

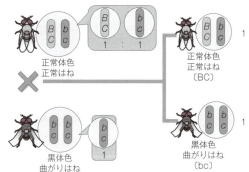

図 7.25　完全連鎖

〈チェック！〉　メンデルの遺伝の法則

分離の法則	対立遺伝子は配偶子に 1 つずつ入る．
優性の法則	対立遺伝子には優劣がある．
独立の法則	配偶子形成時に 2 つ以上の対立遺伝子が互いに影響を与えずに配偶子に入る．

〈チェック！〉 染色体と遺伝子の関係，減数分裂もセットで理解しよう

| 独立 | それぞれの遺伝子が別々の染色体上にある場合 | → | 配偶子には無関係に入る． |
| 連鎖 | 1本の染色体上に2つの遺伝子がある場合 | → | 配偶子には一緒に入る（組換えがない完全連鎖の場合） |

★★★ 重要
7.5 常染色体と性染色体

　メンデル遺伝では，基本的に常染色体の遺伝子，つまり，雌雄を問わず対立遺伝子が2つ存在することを前提に説明した．しかし，一部の動物および植物では，性染色体の違いにより，対立遺伝子が2つ同時に存在しない場合がある．

図7.26　ヒトの性染色体

　例えばヒトには性染色体としてX染色体とY染色体がある（図7.26）．女性は常染色体と同様にX染色体を2本もつためX性染色体上の遺伝子も2つ存在する．しかし，男性はX染色体とY染色体を1つずつもつため，それぞれ1つしかない遺伝子によって形質が支配されることがある．また，図7.27のように，Y染色体は父親から男の子どものみに受け継がれるため，Y染色体にのみ存在する遺伝子からの形質発現は女性では起こらず，男性のみの特徴となる．

　ヒトのように，性染色体をオスがヘテロにもつ性決定型を"XY型"といい，オスがY染色体をもたないXO型と区別している．また，雌の方が性染色体を異なってもつ雌ヘテロをZW型といい，メスがW染色体をもたないZO型と区別される．

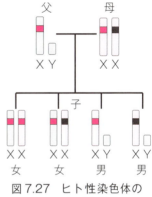

図7.27　ヒト性染色体の受け継ぎ

　これらの性決定型以外に，雌雄の区別があるにもかかわらず，性染色体による性決定ではなく，環境などによって雌雄が分かれる生物もいる．カタツムリのように繁殖期になって出会った相手との力関係で雌雄が決定するというのも珍しい例だが，脊椎動物でもミシシッピーワニやアカウミガメなど，受精後，卵がさらされた温度によって発生途中で雌雄が決まるという生物もいる．

7.6　限性遺伝

　Y染色体またはW染色体にのみ存在する遺伝子によって支配される形質は，一方の性にしか現れない．例えば，図7.28のように，XY型のグッピーでは，Y染色体上の遺伝子Mによって雄にのみ背びれに大きな斑紋が現れる．また，ZW型のカイコガでは，W染色体上の遺伝子によって雌の幼虫にのみ虎柄の斑紋が現れる（虎蚕）．このように，性染色体上の遺伝子によって，限られた性の個体にのみ形質が現れる遺伝を限性遺伝という．

ヒトの場合にはXY型であるため，基本的にY染色体上にのみ存在する遺伝子により，男子にしか現れない形質が限性遺伝することになる．ヒトのX染色体には約1,100，Y染色体には約80の遺伝子が存在する．例えば，Y染色体上にある *SRY* 遺伝子によって未分化な生殖腺が精巣へと分化する．精巣の分化は限性遺伝によるといえる．

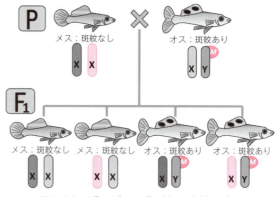

図7.28 グッピーの背びれの斑紋の遺伝

7.7 伴性遺伝

性染色体にある遺伝子の遺伝を伴性遺伝と呼ぶ．伴性遺伝では，男子と女子とで遺伝形質の発現のされ方が異なることがある．前述の限性遺伝も伴性遺伝に含まれる遺伝であるが，ヒトではX染色体にある遺伝子による遺伝を示すことが多い．たとえば，ある種の血友病は，X染色体に存在する血液凝固Ⅷ因子あるいはⅨ因子の遺伝子の異常であることがわかっている．したがって，図7.29のように，X染色体を1本しかもたない男子に異常が出やすい．女子の場合にはX染色体を2本もつので，片方に異常があっても通常発症せず保因者となる［したがって，X染色体上の異常遺伝子が劣性の場合，両親ともが形質上は正常でも，母親が隠しもっていた（保因）異常遺伝子が遺伝すれば，息子に異常が出てしまう．この確率は50%となるが，娘の場合には父親の正常遺伝子を必ず受け継ぐので異常形質となる確率は0%である］．女子が異常な形質となる場合，2本のX染色体が共に異常な遺伝子をもつということになり，その確率は，近親婚などの特別な場合を除けば，非常に低い．このような伴性遺伝の例を紹介する．

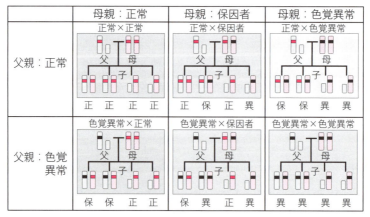

図7.29 伴性遺伝のパターン

〈赤緑色覚異常〉

色覚異常のうち，赤緑色覚異常はX染色体上の遺伝子による．色覚異常には他に，全色盲と

青黄色覚異常があるが，この2つは常染色体，つまり男でも女でも2本ずつもっている染色体上の遺伝子によるもので異常者は少ない．異常者の多い赤緑色覚異常は，日本人の男性では20人に1人，女性では500人に1人くらいとされる．網膜の光受容細胞である錐体細胞には赤錐体，緑錐体，青錐体の3種類があって，それぞれ異なる色素をもち，それぞれの波長の光をよく吸収する．その色素の合成は別々の遺伝子に支配されているので，各遺伝子の異常によって色素の欠損や異常が起こると色覚異常になる．赤と緑錐体の遺伝子はX染色体上の近い位置にあって両方ともが異常になり，遺伝する場合がある．

〈血友病〉

手を切る怪我をした場合，たいした傷でなければ短時間で出血は止まるはずである．これは血液凝固因子という血を止めるための何種類かのタンパク質やイオンなどのはたらきによる．ところが，血友病という病気では血が止まりにくい．血液凝固因子のうち，第VIII因子の欠乏や異常があるものを血友病A，第IX因子の欠乏や異常があるものを血友病Bという．これはX染色体上の劣性遺伝子による遺伝が6～7割程度といわれ，1万人に1人くらいの患者数である．怪我をしなければ良いと思うかもしれないが，関節内や筋肉内など深部臓器にも繰り返し出血が起こるので，血液凝固因子を注射して予防しなければならない．

歴史上，血友病で有名な家系がある（図7.30）．イギリスのビクトリア女王の子孫たちに，血友病の患者が数多く出たという．女王の両親や祖先，配偶者は皆健康だったということで，ビクトリア女王に突然変異が起こり，血友病遺伝子の保因者になったのではないかと考えられている．女王には9人の子供がいたが，1人が血友病（男），3人が保因者（女）で，彼女たちがヨーロッパのいろいろな王家に嫁ぎ生まれた王子が血友病患者となった．さらに孫やひ孫へと，広がっていった突然変異遺伝子である．

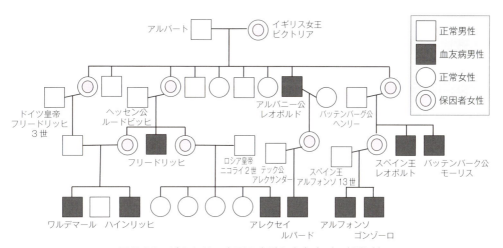

図7.30 ビクトリア女王の家系と血友病（一部省略）

ヒトと同様の性決定型であるショウジョウバエでもX染色体上の遺伝子の変異が知られている．ショウジョウバエの眼の色は，通常赤色であるが，突然変異によって白い眼のものが現れる．

ニワトリ（雌ヘテロ ZW 型）のある種のものでは，毛色をさざ波模様にする遺伝が知られており，さざ波模様の有無を支配する遺伝子は，雌雄両方がもつ性染色体 Z 染色体上にある．図 7.31 のように，さざ波模様がない黒い毛色のオス（ZZ）と，さざ波模様があるメス（ZW）のニワトリを交配すると，次世代のオスはすべてさざ波模様があり，メスはすべて黒い毛色となる．したがって，さざ波模様をつける遺伝子が優性，黒色のみでさざ波模様をつけない遺伝子が劣性だということがわかる．

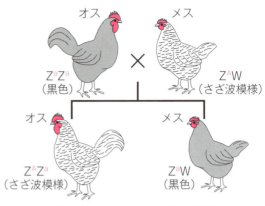

図 7.31　ニワトリの毛色の遺伝

〈X 染色体の不活化〉

ヒトも含めて雄ヘテロ型の生物では，雄には X 染色体は 1 本しかないが，雌には 2 本ある．1 つの細胞で 2 本分の X 染色体上の遺伝子が発現すると悪影響を及ぼすと考えられる．そこで，三毛猫を例にとって X 染色体の不活化について説明する．

図 7.32 のように，ネコの黒と茶の色を決める遺伝子は X 染色体上にあり，対立遺伝子である．X 染色体 1 本に付き 1 つしか存在しないので，X 染色体が 1 本のみの雄は黒と茶を同時にはもてない．雌は X 染色体が 2 本あるので，黒と茶をもつことが可能である．そして，これとは別に常染色体上の白斑遺伝子をもつと，白ベースで雄ならば黒ブチや茶ブチ，雌では他に三毛が出来上がる．白斑遺伝子が不完全なものをもつと白毛部分はなくなるので，雄ならば黒猫か茶トラ猫，雌では他にサビと呼ばれる黒と茶の毛色である．以上の理由から，三毛猫はすべて雌である．ただし，ヒトのクラインフェルター症候群のように，性染色体を 3 本もつ XXY の個体では生殖能力はないが，外見上は雄の三毛にも成り得る．

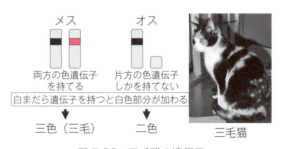

図 7.32　三毛猫の遺伝子

しかし，茶と黒の遺伝子をもっていても本来は茶が優性（黒が優性という説も）であるため，黒は出ない（図 7.33）．ところが，1 つの細胞内に 2 本の X 染色体があると，どちらか 1 本を団子状にしてはたらけなくしてしまう X 染色体の不活化が起こる．細胞毎にどちらの X 染色体を不活化するかはランダムで，不活化されなかった方の染色体上の遺伝子だけがはたらく．さらにその細胞から分裂した細胞は不活化を受け

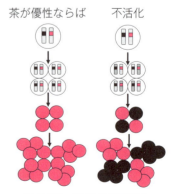

図 7.33　X 染色体不活化

継ぐため，茶毛集団や黒毛集団ができ，三毛猫の配色が決まる．同様の X 染色体の不活化は，ヒトでも起こる．

この章の最初に示したパパ猫パラとママ猫トラ子の黒と茶の毛色に着目すると，図7.34 に示したように父猫は茶の遺伝子のある X 染色体を 1 本，母猫は黒の遺伝子のある X 染色体を 2 本もち，生まれる子はメスならば黒と茶の両方，オスならば黒のみの毛をもつことがわかる．また白斑遺伝子は優性で父猫が少なくとも 1 つもっているので，子には白斑があるものもないものも現れる．これによって，探していた子猫は三毛かサビのメス，もしくは黒か黒白のオスのいずれかだと決定される．

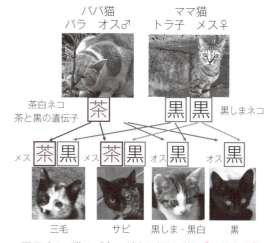

図 7.34 猫の毛色の遺伝（黒と茶）[口絵参照]

なお，トラ子のように黒色部分が縞になるかどうかは，常染色体上のアグーチ遺伝子と呼ばれる遺伝子による．この優性遺伝子をもつと，1 本の毛に黒色と茶色が交互にでて，全体では黒縞となる．劣性遺伝子が 2 本の場合には 1 本の毛は黒色のみで黒部分に縞は現れない．

補足

ここまでに紹介してきた遺伝は，核の中に存在する染色体上の遺伝子についてであった．しかし，細胞の中で遺伝子が存在する細胞小器官は，核だけではない．マーギュリスの細胞共生進化説で紹介したように，他の微生物が入り込んだとされるミトコンドリアや葉緑体には，独自の DNA があり，核とは異なる自己複製によって 1 細胞中に多数存在する．

例えば，精子の形成で紹介したように，ミトコンドリアは精子からは受け継がれないとされる．植物では花粉を形成する際に，葉緑体は分解されるため，葉緑体は卵細胞側からのみ次世代の個体に受け継がれる．つまり，これらの細胞小器官は核とは異なり雌側からのみ受け継がれるために，メンデル遺伝や伴性遺伝とは異なる遺伝となる．ミトコンドリアや葉緑体の遺伝子に関する遺伝を，両者が細胞質に存在することから，細胞質遺伝という．

Check 7

Q1 遺伝の法則を発見した研究者は誰か？
　　① ワトソン　　② モーガン　　③ メンデル　　④ ダーウィン

Q2 染色体の同じ位置に存在する遺伝子で，支配する形質の異なる同士を何というか？
　　① 敵対遺伝子　　② 対立遺伝子　　③ 優劣遺伝子　　④ 双子遺伝子

Q3～5 に当てはまるものは3つの法則のどれか？　次の①～③から選べ．
　　① 独立の法則　　② 優性の法則　　③ 分離の法則

　Q3 ヘテロ接合体において，一方の遺伝子による形質に支配されるという法則は何か？
　Q4 ヘテロ接合体において，対立遺伝子が別々の配偶子に入るという法則は何か？
　Q5 2組の対立遺伝子が配偶子に入る際に，影響し合わないという法則は何か？

Q6, 7 に当てはまるものを次の①～⑥から選べ．
　　① AA：Aa：aa＝1：0：0　　② AA：Aa：aa＝0：1：0　　③ AA：Aa：aa＝0：0：1
　　④ AA：Aa：aa＝1：1：0　　⑤ AA：Aa：aa＝0：1：1　　⑥ AA：Aa：aa＝1：2：1

　Q6 ヘテロ接合体同士（遺伝子型 Aa）の交配による次世代の遺伝子型の分離比
　Q7 劣性ホモ接合体とヘテロ接合体の交配による次世代の遺伝子型の分離比

Q8, 9 に当てはまる表現型の分離比を次の①～④から選べ．
　　① [A]：[a]＝1：0　　② [A]：[a]＝3：1　　③ [A]：[a]＝1：1　　④ [A]：[a]＝0：1

　Q8 優性の法則が成り立つ場合のヘテロ接合体同士の交配による次世代
　Q9 優性の法則が成り立つ場合の劣性ホモ接合体とヘテロ接合体の交配による次世代

Q10～12 に当てはまるものを次の①～④から選べ．
　　① 致死遺伝子　　② 不完全優性遺伝子　　③ 複対立遺伝子　　④ 劣性遺伝子

　Q10 遺伝子の間で優劣がない関係の遺伝子
　Q11 ホモ接合体の個体の発生を途中で止めてしまう遺伝子
　Q12 1つの形質に対して対立する3つ以上の遺伝子

Q13 独立の関係のヘテロ接合体(遺伝子型 AaBb)のつくる配偶子の遺伝子型と分離比はどれか？
　　① AB：Ab：aB：ab＝1：0：0：1　　② AB：Ab：aB：ab＝0：1：1：0
　　③ AB：Ab：aB：ab＝1：1：1：1　　④ Aa：Bb＝1：1

Q14 独立の関係で優性の法則が成り立つ場合，ヘテロ接合体同士の交配による次世代の表現型の分離比はどれか？
　　① [AB]：[Ab]：[aB]：[ab]＝3：3：1：1　　② [AB]：[Ab]：[aB]：[ab]＝1：1：1：1
　　③ [AB]：[Ab]：[aB]：[ab]＝9：3：3：1　　④ [AB]：[Ab]：[aB]：[ab]＝3：1：3：1

Q15 雌雄で形質発現の比率が異なる場合があるのはどちらの染色体上の遺伝子によるか？
　　① 性染色体　　② 常染色体

Q16 ヒトの男子の場合，X染色体は誰から遺伝するのか？　　① 父親　　② 母親

Q17 X染色体上の遺伝子による血友病や赤緑色覚異常の遺伝様式を何というか？
　　① 限性遺伝　　② メンデル遺伝　　③ 伴性遺伝　　④ 細胞質遺伝

Q18 ヒトの伴性遺伝で，正常形質であるが，変異遺伝子をもつヒトを何というか？
　　① 発病者　　② 患者　　③ 保因者　　④ 保菌者

Q19 核とは別に遺伝子をもつ細胞小器官の遺伝様式はどれか？　**Q17**の選択肢から選べ．

演習問題 7

1 ある2倍体（2n）の被子植物のDNA合成前のG₁期細胞の染色体構成を模式的に図に示した．この個体において，3対の対立遺伝子（Aとa，Bとb，Dとd）は，大文字で示した遺伝子が優性であることがわかっている．以下の問いにそれぞれに合った記号の書き方で答えよ．

(1) ある（遺伝子型 AaBbDd）の個体において，遺伝子Aとa，Bとbに注目すると，両遺伝子は独立の関係であった．この個体がつくる配偶子の遺伝子A（a）とB（b）に関する<u>遺伝子型</u>とその<u>分離比</u>はどうなるか．また，この個体と遺伝子型 Aabb の個体の交配によってできる次世代の<u>表現型</u>とその<u>分離比</u>はどうなるか．

(2) 問（1）と同じ個体において，遺伝子Aとa，Dとdに注目すると，Aとd，aとDが連鎖していた．この個体のつくる配偶子の<u>遺伝子型</u>とその<u>分離比</u>はどうなるか（ただし，組換えは起こらないものとする）．また，この個体と遺伝子型 Aadd の個体の交配によってできる次世代の<u>表現型</u>とその<u>分離比</u>はどうなるか．

(3) 問（1）と問（2）から考えて，遺伝子B（b）と遺伝子D（d）の関係は，<u>独立か連鎖</u>か．さらに，A遺伝子が図に示した位置に存在する場合，他の遺伝子（a，B，b，D，d）の存在場所はどう考えられるか．1つのパターンを記載せよ．なお，この植物は図示した以外の染色体をもたないとする．

2 ヒトの男子の体細胞の染色体構成を2A+XYで表すと，精子の染色体構成は ア と イ になる．ヒトの赤緑色覚異常を支配する遺伝子は，劣性で ウ 染色体上にある．したがって，女子における赤緑色覚異常は，原因遺伝子を2本もつ劣性ホモ接合体でのみ起こる．

ヒトの赤緑色覚障害（赤色と緑色の微妙な違いが識別できない）の原因遺伝子をa，色覚障害をもたらさない対立遺伝子をAとする．遺伝子Aまたはaを同時に2つもつ女性において，遺伝子Aとaを1つずつもつ場合には，色覚障害にはならない．このような人を保因者と呼ぶ．

赤緑色覚障害について，ある家系を調べ，図に示した．図中の□は男性を，○は女性を示し，黒塗り（■および●）は色覚障害をもつ人を示す．

(1) 文中の ア ～ ウ に入る染色体構成または染色体は何かを答えよ．

(2) 図の□で示した男性，■で示した男性，○で示した女性，および●で示した女性の遺伝子A（a）の遺伝子型を答えよ．

(3) 図で保因者であることが確実であると考えられる人の番号はどれか．全て答えよ．

(4) 次の場合に生まれる子が色覚障害である可能性は男女それぞれどれくらいか，%で答えよ．
ⅰ）図の13番の男性　と　保因者ではない正常な女性との間に産まれる子
ⅱ）図の7番の女性　と　正常な男性との間に産まれる子

第4部　恒常性の維持と免疫

自分の体について，どれくらい知っていますか？

空欄に数字を入れてください．

- 髪の毛の伸びる長さ：0.4 mm/日
- 髪の毛の抜ける本数：70本/日
- まつ毛が全部生えかわるのにかかる日数：150日
- まばたきの回数：2万回/日
- 耳の鼓膜の厚さ：0.1 mm
- くしゃみで吐き出される息の速さ：115 km/時
- 爪の伸びる長さ：0.12 mm/日
- おならの回数：5回/日
- 食物が口から肛門までかかる時間：24時間（胃：4，小腸：2，大腸：18時間）

- 子供の骨の数：350個
- 大人の骨の数：（　　　）個
- 害のない呼吸停止時間：4分
- 心拍数（　　　）回/分
- 一生の間の心拍数：20億回
- 血液の量：体重の1/13（　　　リットル）
- 血管の全長：10万 km

- 汗の量：500 mL/日
- 体全体の水分の占める量：体重の70%（　　　リットル）
- 失うと死んでしまう水分量：全水分量の20%（　　　リットル）
- 膀胱に入る尿の量：375 mL　・したくなる尿の量：250 mL
- 一日の尿の排出量：（　　　）mL

- 体温：36.5℃
- 低くて死んでしまう体温（　　　）℃　　・高くて死んでしまう体温（　　　）℃

体に関するおもしろデータ（大人の平均）

［人体の不思議展「からだのふしぎガイドブック」参照］

8 神経とホルモンによる恒常性の維持

講義目的

生体内での情報の伝達方法について理解しよう．

疑問

生物が受ける外界の刺激（情報）とは何でしょうか？
生物は外界からの情報を得て，それに対して対応しています．
その情報とは複数ありますが，どのような刺激なのでしょうか？
それを受け取る器官，体内での伝達方法は何でしょうか？
まずは各自で情報を挙げて，刺激の種類を整理し，
受け取る器官を考えてみましょう．

KEY WORD

【受容器】　　　【効果器】
【神経系】　　　【ホルモン】
【恒常性】　　　【筋収縮】

8.1 脊椎動物の受容器

生物は外界の変化を刺激として受け，それに対する反応を起こす．刺激を受け入れる細胞や器官を受容器（受容体），反応を起こす細胞や器官を効果器（作動体）と呼ぶが，受容器から効果器までの経路は生物によって異なる．ここでは，ヒトを中心とする脊椎動物についてのみ紹介する．

脊椎動物において，外界からの刺激は，受容器官である目・耳・鼻・舌・皮膚の特定の細胞で受け入れられ（表8.1）［筋肉は内部での刺激受容］，感覚神経を伝わり，中枢神経を経て情報が処理され，運動神経を介して，効果器に命令が伝わり，反応を引き起こす．受容器にはそれぞれ受け入れることのできる刺激の種類が決まっており，この刺激を適刺激という．

8.2 目の構造とはたらき

ヒトの目の断面図を模式的に図8.1に示した．ヒトの目はカメラ眼であり，レンズをもち結像することができる．角膜を透過し，瞳孔に入った光は水晶体で屈折する．この屈折率は水晶

表 8.1 ヒト受容器と適刺激

感覚受容器		適刺激	感覚
器官	細胞		
目	網膜―視細胞	光（波長 380〜780 nm）	視覚
耳	前庭―感覚細胞	からだの傾き（重力の変化）	平衡感覚
	半規管―感覚細胞	からだの回転（リンパ液の流動）	
	うずまき管―聴細胞	音波（振動数 16〜2000 Hz）	聴覚
鼻	嗅上皮―嗅細胞	気体中の化学成分	嗅覚
舌	味覚芽―味細胞	液体中の化学成分	味覚
皮膚	痛点―神経細胞群	強い圧力・熱・化学物質など	痛覚
	圧点―神経細胞群	接触や圧力などの機械的刺激	触覚・圧覚
	温点―神経細胞群	高い温度刺激	温覚
	冷点―神経細胞群	低い温度刺激	冷覚
筋肉	筋紡錘	筋肉の張力	深部感覚

体の厚みによって調節される．近い対象物からの光は強い屈折により，遠くの対象物からの光は弱い屈折により，光受容細胞のある網膜上に像を結ぶ．

図 8.2 のように，屈折率の調節はレンズの厚さによって可能になる．レンズにはチン小帯と呼ばれる糸のようなものが結合しており，チン小帯は毛様体と呼ばれる筋を介して脈絡膜へと繋がっている．近くを見るときには，毛様体の毛様筋が収縮することで毛様体が前進し，チン小帯が緩み，弾力性のある水晶体が厚くなる．この厚みにより屈折率が増し，網膜上に像を結ぶ．遠くを見るときには，毛様筋が緩んで毛様体が後退し，チン小帯が引っ張られることで水晶体も引っ張られて薄くなる．水晶体が薄い状態では屈折率が下がり，網膜上に像を結ぶ．

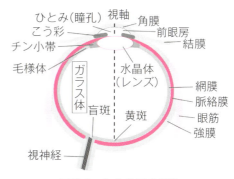

図 8.1 ヒトの目の構造

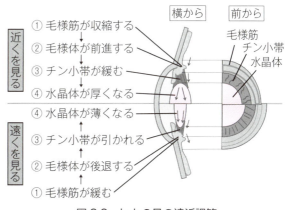

図 8.2 ヒトの目の遠近調節

近視と遠視

毛様筋・チン小体・水晶体の弾力性などに問題があり，水晶体の厚みの調節が上手くできない場合には，近視や遠視となる．目の酷使などにより起こることもある．また，水晶体の厚みの調節が正常に行えても，図8.3のように，眼球の奥行に異常がある場合には，ガラス体の途中や網膜より後ろに像を結ぶことになり，近視や遠視となる．

この奥行の異常は眼球の成長が均一ではないために起こる．眼球は20～30歳代後半までゆっくりと成長するため，近視や遠視が徐々に強まる場合も，弱くなる場合もある．

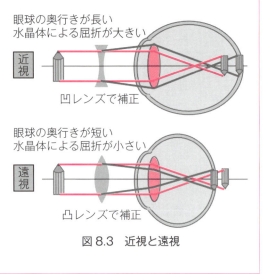

図8.3　近視と遠視

網膜上には錐体細胞とかん体細胞と呼ばれる視細胞が多数分布し，光を受容すると興奮し，その興奮を視神経を通して脳へと伝える．

光の3原色は赤・青・緑の3色である（色の3原色（赤・青・黄）とは異なる）．錐体細胞は光の色の感覚を担当する細胞であり，第7番染色体上に存在する遺伝子の発現による青錐体細胞と，X染色体上に存在する遺伝子の発現による緑錐体細胞・赤錐体細胞に分けられ，それぞれの色の光を感知し興奮する（図8.4）．それらの情報の統合により青・緑・赤色以外の色も認識される．なお，緑錐体細胞・赤錐体細胞をコードする遺伝子はX

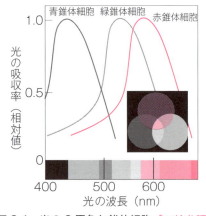

図8.4　光の3原色と錐体細胞　[口絵参照]

染色体上の近い位置にあり，いずれかの遺伝子を欠損した染色体を引き継ぐことで赤緑色覚異常となる（男性に多い）．明所ではたらく錐体細胞は，ヒトでよく発達し，視軸が網膜に達する黄斑部分に集中している．

かん体細胞は明暗の区別に敏感で，暗所でもはたらき，夜行性動物で発達している．ヒトでは黄斑部分にはあまりなく，周辺部に多く存在する．光によって，かん体細胞のロドプシンが分解されると，かん体細胞が興奮する．ロドプシンは視紅と呼ばれ（図8.5），分解されるとレチノールとタンパク質からなる視黄，さらにビタミンAとタンパク質か

図8.5　ロドプシンの変化

らなる視白になる．視黄と視白は暗所で視紅へと再生される．明所ではロドプシンの量が減りかん体細胞の感度が下がることで明順応，暗所ではロドプシンの量が増加し，かん体細胞の感度が上がることで視細胞の興奮を増加して暗順応させている．

ロドプシン存在量による明暗調節ではなく，目に入ってくる光の量を調節する機能もある．ネコの目の色の濃い部分は瞳孔で，図8.6のように，明るい所で縦に細くなり目に光が入り過ぎないようにし，暗い所では丸くなり多くの光を集めるようにする．トラやヒトでは縦に長くはならないが，同様に瞳孔の縮小と拡大による明暗調節がみられる．瞳孔の周りにあるこう彩と呼ばれる部分は，瞳孔を縁取るように瞳孔括約筋，さらにその周辺に垂直に瞳孔散大筋がある．明るい所では副交感神経により瞳孔括約筋が収縮し，巾着袋の口を締めるような形で瞳孔が小さくなる．このとき瞳孔散大筋は弛緩した状態である．逆に暗い所では交感神経により瞳孔散大筋が収縮し，巾着袋の口を緩めるように瞳孔が大きくなる．このとき瞳孔括約筋は弛緩した状態である．このように2種類の筋により瞳孔の大きさを変化させ，網膜に達する光の量を調節している．光が多く目に入りすぎるとDNAの変異を誘発したり細胞を傷付ける危険性もあり，調節は重要である．

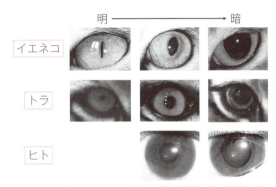

図8.6 ネコ，トラ，ヒトの瞳孔変化 [口絵参照]

8.3 他の受容器のはたらき

耳は空気の振動を音として感知する受容器であり，図8.7のように，耳殻で音波を集め，外耳道を通して鼓膜を振動させる．このとき音波は機械振動へと変換され，耳小骨で増幅後，卵円窓に伝えられる．さらに前庭階のリンパ液を振動し，次第に細くなるうずまき管内を進み，折り返すように鼓室階に伝わった振動は，管の太さとの関係から振動数に反応する範囲の基底膜を振動する．その振動が結果的に聴細胞の感覚毛を刺激し聴細胞が興奮し（電気信号への変換），聴神経を通して大脳へと伝えられる．耳はその他にも体の回転を内リンパ液の流れという形で感覚毛を介して，体の傾きを砂の入ったゼリー状の物質の動きという形で感覚毛を介して神経に伝える．

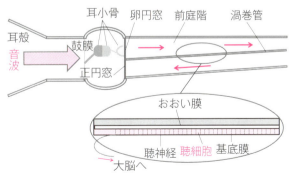

図8.7 ヒトの耳への音波の伝わり方

音の変換

音波（空気振動） → 機械振動 → 波 → 電気信号

　鼻では鼻腔の粘膜から分泌された粘液に溶け込んだ気体中の化学物質が，感覚毛を刺激し嗅細胞を興奮させる．この情報は嗅神経により脳へ伝えられる．舌には味覚芽があり，その中に味細胞がある．口腔内に入った液体に溶けた化学物質を味覚芽上部の味孔部分の受容体が感知し，味細胞を興奮させる．この情報は味神経を通して脳に伝えられる．味細胞の受容体は酸味・甘味・苦味・塩味・うま味のそれぞれ決まった物質と結合することで，味の判断を可能にしている．皮膚には痛点・圧点・冷点・温点があり，それぞれの刺激に対して反応する．

　以上は主に外界からの刺激に対する感覚であるが，他に体の中で起こる刺激を感じる受容器として，筋の緊張感を感じ取る筋紡錘やけん紡錘があり，姿勢保持・運動に重要な役割をもつ．

8.4 脊椎動物の神経のはたらき

　脊椎動物の神経は，中枢神経系と末梢神経系からなる集中神経系のうち，神経管に由来した中空の中枢神経をもつことから管状神経系と呼ばれる．中枢神経系は，神経細胞が集中したもので，脳（大脳・間脳・中脳・小脳・延髄：図8.8）と脊髄からなる．末梢神経系は，外界と中枢神経の連絡を行うもので，体性神経系（感覚神経・運動神経）・自律神経系（交感神経・副交感神経）がある．［哺乳類の中枢神経系の神経細胞はすべて胎児期に形成され，胎児から発達する過程で，中枢神経系から出た末梢神経細胞が神経繊維を伸ばして各部位に達する．］

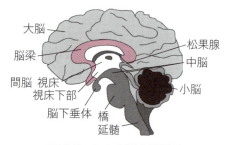

図8.8　ヒトの脳の断面図

★★★
重要

〈チェック！〉　ヒトの神経系をまとめよう

```
集中神経系・・・中枢神経系・・・脳・脊髄
（管状神経系）　・末梢神経系・・・体性神経系（感覚神経・運動神経）
　　　　　　　　　　　　　　　　・自律神経系（交感神経・副交感神経）
```

〈中枢神経系〉

　中枢神経系の各部（図8.8）について解明されている代表的なはたらきを以下に示した．

　大脳・・・表層の皮質には神経細胞体が多く，内部の髄質には神経繊維が多い．皮質には新皮質・古皮質・原皮質があり，後者の2つを合わせて大脳辺縁系という．新皮質は，より良く生きるための意欲的・創造的行為の中枢（前頭葉），よりうまく生きるための経験・学習・適応的行動の中枢（頭頂葉），聴覚・記憶の中枢（側頭葉），視覚の中枢（後頭葉），など多くの感覚の中枢および高度な精神活動の中枢となっている．

古皮質は嗅覚，原皮質は本能行動・情動や欲求の中枢である．
［哺乳類，特にヒトでは大脳の占める割合が非常に大きい．また，高等な動物になるほど新皮質が発達しており，大脳辺縁系の変化は少ない．］

- 小脳・・・手足の随意運動調節の中枢，体の平衡を保持する中枢．［魚類・鳥類で発達］
- 間脳・・・視床と視床下部からなり，視床は嗅覚以外の交感神経と大脳との中継，視床下部は体温や血糖値を調節する自律神経の中枢，およびホルモンの分泌調節による水分や摂食の代謝中枢である．
- 中脳・・・姿勢の保持，眼球反射運動・虹彩収縮調節の中枢．
  ［魚類・両生類・爬虫類で発達］
- 延髄・・・脳とからだの各部分を結ぶ神経繊維の通路で，この部分で左右の交差が起こるものが多い．その他に生きるために重要な呼吸・血管収縮・心拍・唾液分泌・飲み込み反射など多くの中枢で，延髄の破壊は死に繋がる．消化管運動や涙分泌の中枢でもある．
- 脊髄・・・皮質には神経繊維が，髄質には神経細胞体やシナプスが多く，脳へと繋がる神経繊維の通路であり，また，脊髄反射の中枢・排尿や排便の中枢でもある．

〈末梢神経系〉

末梢神経系のうち，感覚神経は，受容器で受けた刺激を中枢へ伝える役割をもち，からだの末端から中枢への神経であるため，求心性神経という．これに対して，運動神経は，脳や脊髄での命令を骨格筋に伝える役割をもち，自律神経は，中枢から内臓や血管などを調節するための神経である．両者は中枢からからだの各部への神経であるため，遠心性神経という．なお，自律神経は大脳の支配を受けない．自律神経には，交感神経と副交感神経があり，ほぼ同器官に分布して，一方がその器官のはたらきを促進し，一方が抑制するというように，対抗的にはたらく（拮抗作用）．大まかに言うと，交感神経は，闘争的な方向に作用し，副交感神経は，休息的な方向へ作用する（表8.2）．また，交感神経の神経末端から分泌される神経伝達物質はノルアドレナリン，副交感神経ではアセチルコリンであり，この違いによって効果器の反応が違ってくる．

表8.2 自律神経のはたらき

	交感神経	副交感神経
瞳孔	拡大	縮小
心拍	促進	抑制
血圧	高くする	低くする
皮下血管	収縮	
呼吸	促進	抑制
消化	抑制	促進
膀胱	拡大	縮小

重要

8.5 神経細胞の構造と情報伝達

1つの神経細胞のことをニューロン（神経単位）という．ニューロンは，細胞体・軸索・樹状突起からなり，軸索部分に髄鞘（ミエリン鞘）と神経鞘（シュワン鞘）が巻き付いた有髄神経と，髄鞘がなく神経鞘だけが巻き付いた無髄神経とがある（図8.9）．ヒトでは，交感神経のみが無髄神経で，他は有髄神経である．有髄神経の外側の神経鞘には，シュワン細胞と呼ばれ

る細胞が集まっており，軸索に栄養を送っている．約2mmごとにシュワン細胞の切れ目があり，この部分をランビエ絞輪という．有髄神経では，ランビエ絞輪部分を情報が飛ぶように伝達される（跳躍伝導）ため，無髄神経よりも情報の伝達速度が速い．

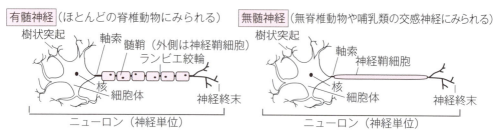

図8.9　有髄神経と無髄神経

　神経はその役割によって形態が異なる．受容器で受けた刺激を伝える感覚ニューロンは，細胞体が脊髄に入る部分（背根）にあり，受容器と連絡する長い突起と次の神経に接続する長い突起の2本の突起が伸びている．脳・脊髄などにあり，感覚ニューロンの情報を受けたり，運動神経に情報を伝える介在ニューロンは，軸索が短い．介在ニューロンからの情報を受け，効果器に伝える運動ニューロンは，片側に長い軸索をもつ．

　神経での情報伝達は図8.10のグラフ，および図のように考えられている．

　1本の神経繊維は他の細胞と同様に細胞膜の選択的透過性によって，細胞膜の内外で各種のイオン濃度が異なる．特に，ナトリウム（Na^+）・カリウム（K^+）ポンプによる能動輸送で，ナトリウムイオンが細胞膜の内側では少なく，外側では多くなっている．このよう

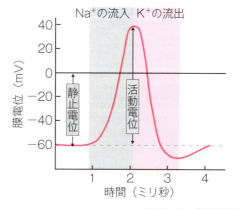

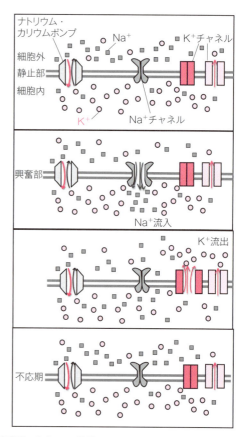

図8.10　神経繊維の興奮とイオンの移動

なイオンの濃度差によって，神経繊維の内側と外側で電位差が生じ，外側に対して内側がマイナス（－）となる．この状態では，内側は外側に対して約70 mVの負の電位（－60～－100 mV）となっており，これを静止電位という．

細胞体や神経繊維を刺激すると，神経繊維の細胞膜のナトリウムイオンに対する透過性が大きくなり（神経繊維の興奮），細胞外のナトリウムイオンが細胞内に急激に流入する．その結果，内側は外側に対して約30 mVの正の電位となり，静止電位と比較して約＋100 mVの変化を起こす．これを活動電位という．

興奮がおさまると，細胞膜のナトリウムイオンに対する透過性は元と同様に低い状態になり，内部に過剰に入り込んだナトリウムイオンは，ナトリウム・カリウムポンプのはたらきにより，徐々に排出され，元と同じイオン濃度に戻る．したがって，電位差も静止電位の状態となる．

神経繊維の一部で生じた興奮は，同じ繊維上の膜の隣接部を刺激し，繊維にそって伝わっていく．これを興奮の伝導という．有髄神経では，脂質とタンパク質でできた髄鞘が絶縁体となるため，活動電位はランビエ絞輪の部分のみで生じる．これを興奮の跳躍伝導という．興奮の伝導は神経繊維の片側を刺激した場合には，逆側へ順次伝わっていくが，途中を刺激した場合には両側へと伝わることになる．

しかし，神経繊維の末端に到達した興奮の伝導は，異なる細胞にそのまま伝えられることはない．図8.11のように，軸索の末端まで伝導された興奮は，神経終末に存在する小胞体（シナプス小胞）から化学物質（アセチルコリンやノルアドレナリン）を細胞外へと放出させる．

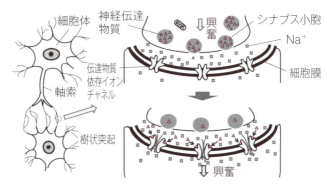

図8.11　シナプスでの情報伝達

この化学物質は，シナプス間隙（次の細胞との隙間）を経て，隣り合う別の細胞（神経細胞や筋肉）の細胞膜に到達し，刺激することで，次の細胞が興奮し活動電位が生じる．この軸索の末端（神経終末）と次の細胞との接触部をシナプスと呼び，神経終末から一方向的な情報の伝達が行われる．

8.6　筋収縮のしくみ

筋肉（骨格筋）は，筋繊維と呼ばれる細胞が多数束になっており，1本の筋繊維は多核であり，多数の筋原繊維と呼ばれる細い繊維が束になっている．1本の筋原繊維は，アクチンフィラメント（細い繊維）とミオシンフィラメント（太い繊維）というタンパク質の繊維が規則正しく交互に並んだ状態になっている．アクチンフィラメントのみの部分を明帯，両者が重なった部分とミオシンフィラメントのみの部分（つまりはミオシンフィラメントのある部分）を暗帯という．ミオシンフィラメントの頭部には多数の突起があり，ATP分解酵素（ATPアーゼ）

の活性中心がある．通常は，この部分とアクチンフィラメントが離れているために，ATP分解酵素は作用しない．

運動神経から筋肉（骨格筋）への興奮の伝達は，化学物質アセチルコリンによって起こる．この物質によって筋肉が刺激されると（図8.12），筋原繊維のまわりにある筋小胞体からカルシウムイオン（Ca^{2+}）が放出される．カルシウムイオンは，ミオシンフィラメント頭部とアクチンフィラメントを接触させ，ATPの分解が起こる．分解によって生じたエネルギーでミオシンフィラメントの頭部が運動し，アクチンフィラメントがミオシンフィラメントの間に滑り込むことで，筋肉が収縮する．このとき，明帯は短くなるが，暗帯の長さは変わらない．また，Z膜とZ膜の間をサルコメア（筋節）というが，収縮時にはこの長さも短くなる．刺激がなくなると，カルシウムイオンは筋小胞体に再び取り込まれ，両フィラメントは離れて元の状態に戻る．

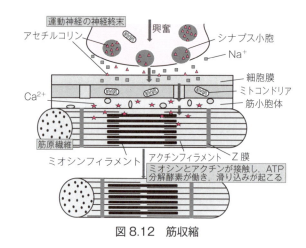

図8.12　筋収縮

重要 ★★★

8.7　ホルモン

動物は，外部環境が変化しても体の内部環境を一定に保つ必要がある．内部環境を調整するホルモンは，動物の内分泌腺で産生され，血管を流れる血液や組織の細胞の間にある組織液などの体液中に分泌され，特定の器官に変化を与える物質のことで恒常性の維持（ホメオスタシス）にはたらく．

内分泌腺は分泌物を体液に分泌させるための腺であり，外分泌腺（体表や消化管などに分布し，汗や消化液などの分泌物を体外に送り出すための腺）とは異なり，分泌物を放出するための特別な管（導管）をもたない．このため，変化を与えたい目的の器官に直接分泌物を送ることはできず，体液を通して全身の器官（細胞）に送り，受け取る側の目的器官がそれを感知するシステムとなっている．したがって，内分泌腺から放出されるホルモンは，比較的低分子で，水に溶け，産生される場所から離れた場所へ輸送され，少量でも他の器官に影響を与えることができる物質である．

ホルモンにはアミノ酸からつくられるものが多く，小さいものでは3アミノ酸（甲状腺刺激ホルモン放出ホルモン），大きなものでは191アミノ酸（成長ホルモン）と，ホルモンによってアミノ酸数は非常に異なる．タンパク質系のホルモンは，細胞膜の受容体と結合する．その結果，細胞内のタンパク質が活性化されて，特定の反応が促進される（図8.13下）．また，コレステロールからつくられた低分子の脂質であるステロイドも，生殖腺や副腎で作用するホルモンとしてはたらいている．ステロイド系のホルモンは，標的細胞の核内の受容体と結合する．その結合によって，遺伝子が活性化され，特定のタンパク質が合成される（図8.13上）．

ホルモンは血液などの体液によって全身に運ばれる．したがって，どのような組織や器官の細胞がホルモンの情報を感知するかは，受け取る側の細胞に受容体が存在するかによる．1つのホルモンに対する受容体をもつ細胞（標的細胞）は広範囲にあり，それぞれに発現する遺伝子が決まっている．これによりホルモンは全身に多くの作用を引き起こすことになる．

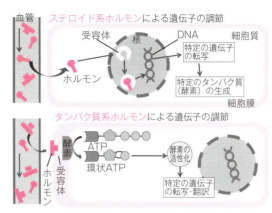

図8.13　ホルモンの作用

ヒトのホルモンは数多く発見されているが，いくつかを表8.3に，内分泌腺を図8.14に示した．脳下垂体（ホルモンの分泌調節による水分や摂食の代謝中枢である間脳の視床下部にぶら下がった部分），特に前葉から分泌されるホルモンは多い．脳下垂体前葉から分泌されるホルモンは，成長ホルモンのように直接各器官に作用するものと，甲状腺刺激ホルモンなど，別の内分泌腺に作用して，別なホルモンを放出させるという間接的なシステムによって，恒常性の維持にはたらくものとがある．

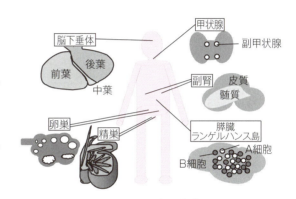

図8.14　内分泌腺

このように，間接的に調節するホルモンが存在することで，ホルモンの量は，主に内分泌腺同士の相互作用によって調節されていることがわかる．その例として，甲状腺ホルモンであるチロキシンについて説明する．

図8.15のように，間脳視床下部の神経分泌細胞から放出される甲状腺刺激ホルモン放出因子（ホルモン）は，脳下垂体前葉にはたらきかけて甲状腺刺激ホルモンの分泌を促進する．分泌された甲状腺刺激ホルモンは甲状腺にはたらきかけてチロキシンの分泌を促進する．チロキシンは全身にはたらきかけて細胞呼吸などを活発にし，代謝量を増加させる．その結果，体温の上昇，心拍数の増

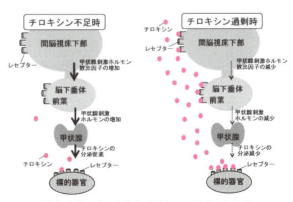

図8.15　チロキシンのフィードバック制御

表 8.3　ヒトのホルモン

感覚受容器		ホルモン	作用器官	はたらき	過剰・欠乏による疾患	区分
脳下垂体	前葉	成長ホルモン	全身	タンパク質合成促進 骨・筋肉などの成長 血糖量の増加	過剰：末端肥大症 過剰：巨人症 欠乏：小人症	ペプチド
		甲状腺刺激ホルモン	甲状腺	甲状腺上皮の増加 チロキシン分泌促進		
		副腎皮質刺激ホルモン	副腎皮質	副腎皮質細胞の増加 コルチコイド分泌促進	過剰：クッシング病	
		ろ胞刺激ホルモン 黄体形成ホルモン	卵巣・精巣	ろ胞・精巣の発育促進 排卵と黄体形成の促進・雄性ホルモンの分泌促進		
		プロラクチン（黄体刺激ホルモン）	乳腺 黄体	乳汁の分泌促進 黄体活動の維持		
	後葉	バソプレシン（抗利尿ホルモン）	腎臓 毛細血管	水分の再吸収促進 血圧上昇（血管収縮）	過剰：高血圧 欠乏：尿崩症	
甲状腺		チロキシン	全身	代謝促進	過剰：バセドウ病 欠乏：クレチン病	＊
副甲状腺		パラトルモン	骨・腎臓	Ca^{2+}の代謝	過剰：繊維性骨炎 欠乏：テタニー症	
すい臓	A細胞#（α細胞）	グルカゴン	肝臓	グリコーゲンの分解促進（血糖量の増加）		ペプチド
	B細胞#（β細胞）	インスリン	全身	糖の消費促進・糖のグリコーゲン化（血糖量の減少）	欠乏：糖尿病	
消化管	十二指腸粘膜	セクレチン	すい臓	すい液の分泌促進 胆汁産生の促進		
	胃粘膜	ガストリン	胃	胃液の分泌促進		
副腎	髄質	アドレナリン	筋肉・肝臓	心拍促進（血圧上昇） 血糖量の増加		＊
	皮質	鉱質コルチコイド	全身	無機塩類（Na^+, K^+）の調節	欠乏：アジソン病	ステロイド
		糖質コルチコイド	全身	タンパク質の代謝促進（血糖量の増加）	過剰：クッシング症候群	
生殖腺	精巣	雄性ホルモン	全身 生殖器	二次性徴・成熟促進 雄性生殖器の発育		
	卵巣	ろ胞ホルモン（エストロゲン）	全身 生殖器	二次性徴・成熟促進 雌性生殖器の発育		
		黄体ホルモン（プロゲステロン）	子宮 乳腺	妊娠の維持 乳腺の発達		

#：ランゲルハンス島の細胞　　＊：フェノール誘導体ホルモン

加，脂肪の分解促進などが起こる．その一方で，体液中のチロキシン濃度が高くなると，この情報が間脳視床下部や脳下垂体前葉に伝えられ，甲状腺刺激ホルモン放出因子（ホルモン）や甲状腺刺激ホルモンの分泌が抑制され，その結果，甲状腺へのチロキシン分泌促進命令がなくなり，チロキシンの分泌が抑えられる．その後，体液中のチロキシン濃度が低くなると，この情報が間脳視床下部や脳下垂体前葉に伝えられ，それぞれのホルモンの放出が起こり，結果としてチロキシンの分泌が促進される．このように，一方が他方の原因となり，また結果ともなるような調節回路をフィードバック制御という．これによって，チロキシンの体液中の濃度はある一定の範囲内で安定することになる．

〈トピックス！〉 バセドウ病

チロキシンのフィードバック制御が何らかの原因によって正常にはたらかなくなると，ホルモン量が過剰になったり，減少したりする．ホルモンの量が一定範囲から外れた場合，体内のバランスが崩れることになる．例えば，チロキシンが過剰に分泌される甲状腺機能亢進症（バセドウ病）では，甲状腺が大きく腫れ，代謝が活発になり過ぎ，エネルギーが消費されて疲れやすくなり痩せてくる．また，神経での代謝が高まり，手先などが震える．心臓への負担による心不全，合併症による高熱などによっては死に至ることがある．バセドウ病の原因は，甲状腺刺激ホルモンと結合する甲状腺の受容体に対する抗体を自己免疫疾患によってつくるものである．抗体が甲状腺刺激ホルモンと同様のはたらきをすることで，チロキシンを常につくらせる．

教養として覚えておこう！！

体液の浸透圧もホルモンによって調節されている．浸透圧の調節ができずに，高くなったり低くなったりすると人体にどのような影響があるのか．

汗をかいたりして水分が失われ体液の浸透圧が高くなると，血液から水分を奪いドロドロの血液になる．ドロドロの血液は血管内を流れにくく，体の組織に新鮮な血液が行き届かなくなり，酸素不足・栄養不足になる．各組織ははたらかなくなり，生物として正常な機能が失われていく．

逆に，水分が体液に多く取り込まれて浸透圧が低くなると，血管内に水分が移動し血液の量が多くなり流れやすくなる．血圧が上昇すると心臓や血管壁に負担が掛かりすぎ，心臓発作や脳溢血の原因となる．このようなことが起こらないように体液の浸透圧は調節されている．

浸透圧が高い場合，間脳視床下部で感知し，間脳に情報を伝え，脳下垂体後葉からバソプレシンを分泌する．バソプレシンは腎臓の集合管で水の再吸収を促進し，体液の水分量が増加し，浸透圧が低下する．

浸透圧が低い場合，血液中のナトリウムイオンが減少すると，腎臓で感知され，副腎皮質から鉱質コルチコイドの分泌が促進される．鉱質コルチコイドは腎細管（細尿管）でのナトリウムイオンの再吸収を促進し，体液の浸透圧を上昇させる．

重要

8.8 血糖量の調節

体内の恒常性の維持には，内分泌系が重要な役割を果たしていることを紹介したが，内分泌

系だけで維持しているわけではなく，神経系の自律神経も調節に加わっている例もある．神経系と内分泌系とは，異なる性質をもつ．神経系は，1つの神経の興奮によって伝えられる情報は，基本的に1つの標的器官にだけ作用し（狭域的），伝達速度が速く（迅速性），伝えた命令は短時間で終了する（一過性）．これに対して内分泌系は，体液を通して全身にホルモンを行き渡らせて情報を伝えるため，複数の標的器官にほぼ同時に作用する（広域的）が，情報を伝えるまでに時間がかかり（遅効性），伝えた命令は長い時間影響を及ぼす（持続性）．それぞれの性質は，体に起こった変化によって利点ともなり欠点ともなりうる．両者は，その場合ごとに，それぞれの利点と欠点を補い合って，より合理的なシステムで体の機能を支えている．両者が関わる恒常性の維持として，血糖量の調節について説明する．

血液は，有形成分である血球（赤血球・白血球・血小板）と，液体成分である血しょうからなる．血しょうは，ほぼ中性のやや黄色みを帯びた透明な液体で，90%が水，8%前後のタンパク質，その他に無機塩類や脂肪，ブドウ糖などを含んでいる．はたらきは，主に物質の運搬で，血球・養分・老廃物・ホルモン・酵素など，取り込み器官や産生器官とは別な場所で必要とされる多くの物質を各部に運ぶ重要な役割を担っている．その他にも，体液のpHや浸透圧の調節・血液の凝固・抗体の存在場所として，多くのはたらきをもつ．

グルコース（ブドウ糖）は体内の各細胞で細胞呼吸の材料となり，この分解によって細胞は代謝などの活動に必要な化学エネルギー（ATP）を得る．その他，ブドウ糖は，核酸やアミノ酸を合成するための原料となる重要な物質である．したがって，血糖量の低下は，心身の衰弱や頭痛・めまいなどを引き起こし，最悪の場合，意識を失わせ死に至らしめるという深刻な状態に生体を陥れる．逆に血糖量が増加した場合には，腎臓でのブドウ糖の再吸収能力を超えてしまうため，尿中に再吸収されなかった糖が放出される糖尿病という病気になる．血糖量の増加が進むと，嘔吐・痙攣が起こり，昏睡状態になり，死亡するという深刻な状態になる．このように，血糖量は多くても少なくても体内の活動に障害を引き起こすため，血糖量の調節（図8.16）は非常に重要である．血糖量の調節にはホルモンと自律神経がはたらいている．

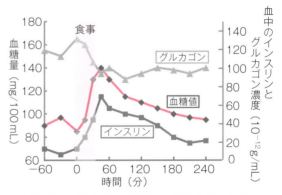

図8.16 すい臓から分泌されるホルモンの変動

〈高血糖の場合〉

図8.17に血糖値調節に関わる内分泌腺や神経について示した．食物を摂取した場合，炭水化物は消化器官で分解され，ブドウ糖の形で小腸から吸収される．このため，食後には血糖量が増加する．血糖量の増加は間脳視床下部で感知される．その情報は，延髄の糖中枢を経由し，副交感神経を興奮させる．副交感神経は直接すい臓のランゲルハンス島のB（β）細胞を刺激し，インスリンの分泌を促す．分泌されたインスリンは，肝臓や筋肉に作用し，ブドウ糖（単

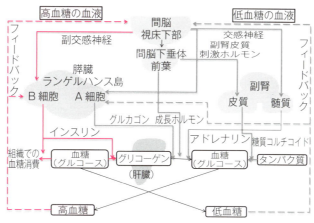

図 8.17 血糖量の調節に関わる神経とホルモン

糖）をグリコーゲン（多糖）へと変化させる．さらに各組織でのブドウ糖の消費（細胞呼吸による分解）を促進し，血糖量を減少させる．

また，間脳視床下部での血糖量増加の感知とは別に，すい臓自身も血糖量の増加を刺激として受け取る機能をもち，副交感神経からの命令を待たずに，B 細胞からインスリンを分泌させることができる．

〈低血糖の場合〉

高血糖による体内への影響はゆっくりと現れるが，低血糖の影響は即座に現れ，非常に危険である．したがって，低血糖の回避には幾つものホルモンがはたらき，何重もの安全がとられている．血糖量の低下も間脳視床下部で感知される．視床下部は交感神経を興奮させ，副腎髄質からアドレナリンを分泌させる．アドレナリンは，肝臓や筋肉に作用し，グリコーゲンを分解してブドウ糖に変える．また，交感神経は，すい臓のランゲルハンス島の A（α）細胞も刺激し，グルカゴンの分泌を促し，グリコーゲンを分解してブドウ糖に変える．間脳視床下部での血糖量増加の感知とは別に，すい臓自身も血糖量の減少を刺激として受け取る機能をもち，交感神経からの命令を待たずに，A 細胞からグルカゴンを分泌させることができる．

間脳視床下部とアドレナリンのはたらきかけによって，脳下垂体前葉からは副腎皮質刺激ホルモンが分泌され，副腎皮質を刺激し，糖質コルチコイドの分泌が促進される．糖質コルチコイドは，組織のタンパク質を分解してブドウ糖に変える．また，脳下垂体前葉から成長ホルモンも分泌され，グリコーゲンを分解してブドウ糖に変える．

血糖量の調節にはたらくホルモン

> 血糖量を下げる（副交感神経の関与）
>   インスリン・・・組織でのグルコース分解促進・肝臓でのグリコーゲン合成
> 血糖量を上げる（交感神経の関与）
>   グルカゴン・アドレナリン・成長ホルモン・・・肝臓のグリコーゲンの分解
>   糖質コルチコイド・・・組織でのタンパク質の分解

教養として知っておこう！！

インスリン依存型の糖尿病患者では，図8.18のように，空腹時の血糖量が多く，さらに食事後に血糖量が減少しくにくい．インスリンの血中濃度を測定すると，健常者では食事をしてすぐに高くなっているが，糖尿病患者では多少増加するものの変化に乏しいことがわかる．このタイプの糖尿病の原因はインスリンの分泌異常であり，インスリン注射が必要となる．しかし，糖尿病にはインスリンが正常に分泌されるが，インスリンの受容体がはたらかないタイプもある．

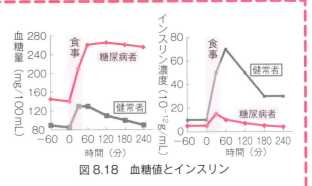

図8.18　血糖値とインスリン

8.9　体温の調節

哺乳類や鳥類は恒温動物であり，外部環境の温度変化に関わらず体温を一定に保たなければ，体内の酵素反応による代謝が正常に行えなくなる．酵素はタンパク質を主成分としているため，高温にさらされると高次構造が変化してしまい（熱変性），機能が失われてしまう（失活）．逆に低温になると，分子の運動が低下するために酵素の活性は低くなる．このため体温調節は非常に重要である．この体温の調節は，細胞呼吸や肝臓での各種の代謝・筋肉の収縮などによって発生する熱エネルギーを，血液と共に体の各部分に運ぶことで行われている．体温を一定に保つには体内での熱の発生量と，体外へ放出される熱量が同じであれば良い．恒温動物の体温調節は，間脳の体温調節中枢での支配による自律神経とホルモンによって行われている．

〈暑いときの調節〉

外気温が高くなったときや病気や急激な運動によって体温が上がると（図8.19），血液も高温になる．皮膚の毛細血管が拡張し，熱をもった血液が毛細血管を流れ，熱が体表から体外へと放出される．また，高温の血液が脳を循環し，間脳視床下部にある体温調節中枢が感知すると，交感神経のはたらき，または脳下垂体前葉からの刺激による副腎皮質刺激ホルモンの分泌を促すことで，発汗量が増大する．汗が出ると，気化する際に体表から気化熱を奪って体温を低下させる．その他に，インスリンの分泌を低下させることで，血糖量を低下させ，細胞の呼吸量を減少させて発熱量を減少させたり，交感神経を興奮させて，肺呼吸の量を増加

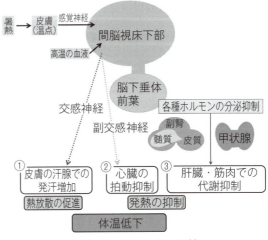

図8.19　暑いときの調節

させ，呼気による熱の放出を促す．

〈寒いときの調節〉

外気温の低下によって，体表面が冷やされる（図8.20）と，血液の温度も低下する．低温の血液が脳を循環し，間脳視床下部にある体温調節中枢が感知し，交感神経を興奮させ皮膚の毛細血管を収縮させる．これによって毛細血管を流れる血液の量を減少させ，体表近くを血液が通らないようにすることで，体外への熱の放出を抑える．また，交感神経は皮膚の立毛筋を収縮させて，毛を立たせ外気と体表の間に空気の層をつくり，体表からの熱の放出を防ぐ．さらに交感神経は副腎髄質からアドレナリンを分泌させ，肝臓のグリコーゲンをブドウ糖に変えて血糖量を増加させることで，組織や細胞での呼吸を盛んにして熱を発生させる．

また，脳下垂体前葉からは副腎皮質刺激ホルモンの分泌が促進され，副腎皮質から糖質コルチコイドが分泌され，骨格筋を収縮させて熱を発生させる．これが寒いときの体のふるえとして現れる．さらに脳下垂体前葉からは甲状腺刺激ホルモンが分泌され，甲状腺からのチロキシンの分泌を促し，肝臓での代謝を促進し，熱の発生を増加させる．

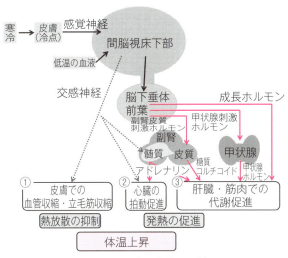

図8.20　寒いときの調節

教養として覚えておこう！！

環境ホルモンと呼ばれる物質はホルモンと似た構造部分をもち，ホルモンと同様の作用を引き起こす内分泌かく乱物質である．例えば，図8.21左のように，あるホルモンのホルモン受容体結合部の構造が同じ物質Aが体内に取り込まれると，ホルモン受容体に結合して，そのタイミングでは発現してほしくない遺伝子からタンパク質をつくってしまう．逆に図8.21右のように，あるホルモンのホルモン受容体結合部の構造が似た物質Bが体内に取り込まれると，ホルモン受容体に結合しても遺伝子発現を引き起こさないまま留まり，ホルモンが分泌されて遺伝子発現を促してもタンパク質が産生されない．

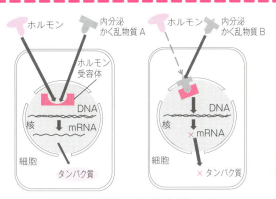

図8.21　環境ホルモンなどによる遺伝子発現調節阻害

環境ホルモンなどは，必要なタンパク質を必要なタイミングでのみ産生し，恒常性を維持しようとするホルモンの役割を阻害する物質であり，受容体をもつさまざまな組織に影響を及ぼす．

Check 8

Q1, 2 に当てはまるものを次の①〜④から選べ．
　　① 探査器（調査体）　② 効果器（作動体）　③ 反応器（活動体）　④ 受容器（受容体）
　　Q1　刺激を受け入れる細胞や器官　　**Q2**　反応を起こす細胞や器官

Q3〜6 のはたらきや特徴をもつものを次の①〜⑦から選べ．
　　① こう彩　② 瞳孔　③ 水晶体　④ 視細胞　⑤ チン小帯　⑥ 毛様体　⑦ ガラス体
　　Q3　ヒトの眼で光を屈折する　　**Q4**　ヒトの眼で光によって興奮し，脳に情報を伝える
　　Q5　ヒトの眼で遠近調節を行う筋肉がある　　**Q6**　水晶体と毛様体を結んでいる

Q7〜9 に当てはまるものを次の①〜⑤から選べ．
　　① 自律神経　② 末梢神経系　③ 運動神経　④ 感覚神経　⑤ 中枢神経系
　　Q7　脳（大脳・間脳・中脳・小脳・延髄）と脊髄からなる神経細胞が集中したもの
　　Q8　ヒトにおいて，外界と中枢神経の連絡を行う神経をまとめて何というか？
　　Q9　Q8で答えたものに当てはまる神経をすべて選べ（Q8での解答は除く）．

Q10, 11 に当てはまるものを次の①〜⑥から選べ．
　　① 間脳　② 大脳　③ 中脳　④ 小脳　⑤ 延髄　⑥ 脊髄
　　Q10　ヒトの脳でもっとも大きな部分はどれか？
　　Q11　生きるために重要な，呼吸・血管収縮・心拍の中枢である脳の部分はどれか？

Q12, 13 に当てはまるのは，① 有髄神経，② 無髄神経のどちらか？
　　Q12　ヒトの神経で多い　　**Q13**　伝導速度が速い

Q14〜16 に当てはまるものを次の①〜⑤から選べ．
　　① ノルアドレナリン　② シナプス　③ アクチン　④ アセチルコリン　⑤ ミオシン
　　Q14　自律神経のうち，副交感神経の末端から放出される神経伝達物質はどれか？
　　Q15　神経終末と次の細胞との接触部を何というか？
　　Q16　筋肉で筋原繊維を構成するフィラメントは何か？　2つ選べ．

Q17　筋小胞体から放出され，結果的に筋肉を収縮させるはたらきをもつイオンはどれか？
　　① ナトリウム　② カルシウム　③ カリウム　④ マグネシウム　⑤ 鉄

Q18　動物の体の内部環境を外部環境の変化にかかわらず一定に保つことを何というか？
　　① フィードバック　② アセチルコリン　③ ホメオスタシス　④ メンテナンス

Q19　ホルモンを産生する器官をまとめて何というか？
　　① 外分泌腺　② 内分泌腺　③ 消化腺

Q20　血しょうに含まれるブドウ糖の濃度（血糖量，血糖値）はどれくらいに保たれているか？
　　① 0.01%　② 0.1%　③ 1%　④ 10%

Q21〜25 のはたらきをもつホルモンとして当てはまるものを次の①〜⑤から選べ．
　　① インスリン　② 鉱質コルチコイド　③ チロキシン　④ バソプレシン　⑤ 糖質コルチコイド
　　Q21　全身にはたらきかけて細胞呼吸などを活発にし，代謝量を増加させるホルモン
　　Q22　腎臓の集合管で水の再吸収を促進させるホルモン
　　Q23　腎細管（細尿管）でのナトリウムイオンの再吸収を促進するホルモン
　　Q24　血糖量を低下させるはたらきをもつホルモン
　　Q25　組織のタンパク質を分解してブドウ糖に変えて血糖量を増加させるホルモン

演習問題 8

1 図1はヒトの眼の断面を模式的に示したものである．図1を見て以下の問いに答えよ．

(1) 図1の ア ～ コ の名称を答えよ．

(2) 近くのものを見るときにどのようにレンズの厚さが調節されるのかを80字程度で答えよ．

(3) 瞳孔の大きさは明るさによってどのように調節されるか．明るい場合と暗い場合の調節についてわかるように，60字程度で答えよ．

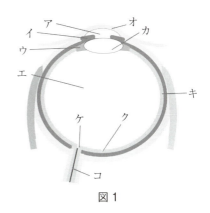

図1

2 下の文中の ア ～ キ に入る語を答えよ．

図2は，神経細胞の一種を模式的に示したものである．1つの細胞は ア とも呼ばれ，隣り合う細胞の末端に達した情報は，細胞体から多数伸びた イ に伝えられ，細胞体から長く伸びた ウ のランビエ絞輪部を伝わって終末へと達する．

図3は，筋細胞の一種を模式的に示したものであり，細長い繊維のような構造が多数平行に存在する．2種類の繊維状のタンパク質が交互に並び，明帯と暗帯が見られる．この明暗の繰り返しの1つの単位を エ といい，規則的な構造をつくっている．また，これらが集まった細胞には，通常の細胞には1つしかない オ が多数存在する．

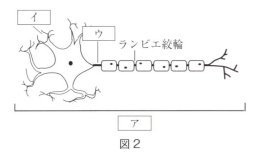

図2

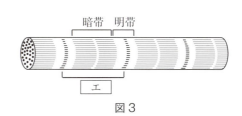

図3

図2, 3を含む細胞が正常にはたらくには，体内でつくり出したエネルギーである カ が大量に必要である．これらの産生・消費には多くの種類の酵素が関わっており，それぞれの酵素は決まった物質にはたらきかける キ をもつ．

3 内分泌系および神経系による恒常性の維持について以下の問いに答えよ．

(1) 食事により，血糖値が上がった際の血糖値調節について120字程度で説明せよ．

(2) 空腹により，血糖値が下がった際の血糖値調節にはたらくホルモンをできる限り答えよ．

(3) 体液の浸透圧が上昇したときの浸透圧調節について80字程度で答えよ．

(4) 体液の浸透圧が低下したときの浸透圧調節について100字程度で答えよ．

(5) 外気の温度が高いときの体温調節について80字程度で答えよ．

(6) 外気の温度が低いときの体温調節について100字程度で答えよ．

9 細胞性免疫と体液性免疫

講義目的
高等動物の身の守り方を理解しよう．

疑問
菌や異物が人体に侵入するとどうなると思いますか？
私たちの身の回りには多くの菌やウイルス，異物があります．
これらが体の中に入ってくるとどうなるでしょう？
菌が侵入した場合，ウイルスが侵入した場合，
異物が入った場合などの危険性について，まずは各自で考えてみましょう．

KEY WORD

【細胞性免疫】　　　　　　　【体液性免疫】
【マクロファージ】　　　　　【リンパ球】
【抗原】　　　　　　　　　　【抗体】

9.1 免疫とは

　地球上に生存する多様な生物は，他の生物と闘いながら生きている．例えば，高等動物は，微生物の感染や寄生を防御し，自身の機能が損なわれないようにしている．高等動物である脊椎動物に備わった特異的な防御システムを免疫といい，非自己成分である異物（ウイルス・病原細菌・カビ・毒素・タンパク質・多糖類・脂質など）が生体に入ったときに抵抗性をもつが，自己の体の構成成分とは反応しない特徴がある．

　異物は，外界との接点である皮膚・気道・消化管・生殖道などから進入してくる．これに対する第一次防御として，皮膚を弱酸性に保ち，涙・唾液・胃液・消化液による殺菌，くしゃみ・せき・気管の繊毛による除去，気道壁粘液による捕捉，腸内常在細菌（あまり害にならない，または常に体内にいる細菌）により対抗する（第一次防衛線）．

　しかし，小さな傷などから体内へ異物が侵入することもある．高等動物では，これに対して第二次・第三次防衛線がはたらく．第二次・第三次防衛線には白血球系の細胞が大きく関わっている．図9.1のように，白血球は赤血球や血小板と同様に骨髄で造血幹細胞からつくられ，3種類の顆粒球，リンパ球，マクロファージになる．

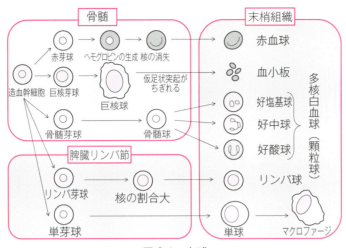

図 9.1 血球

<チェック！>白血球の種類と作用

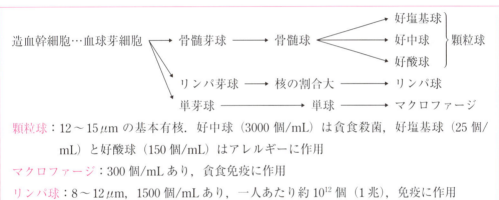

顆粒球：12〜15 μm の基本有核．好中球（3000 個/mL）は貪食殺菌，好塩基球（25 個/mL）と好酸球（150 個/mL）はアレルギーに作用

マクロファージ：300 個/mL あり，貪食免疫に作用

リンパ球：8〜12 μm，1500 個/mL あり，一人あたり約 10^{12} 個（1 兆），免疫に作用
　　リンパ系幹細胞 → 骨髄で B 細胞に分化，一部が胸腺に移動し T 細胞に分化
　　　　　　　　　脾臓で貯蔵され，リンパ腺に入ってリンパ管（リンパ節）に集まる

9.2 自然免疫

第一次防衛線では防げずに，小さな傷などから体内へ侵入した異物に対する第二次防衛線として，自然免疫（食細胞の好中球やマクロファージによる（貪）食作用）がある．この免疫は後天的に獲得したものではないので，先天性免疫ともいう．傷ついた組織での防御機構にかかわる物質を中心に第二次防衛線での防御機構を下に示した．

① 化学物質

　まず，傷ついた組織から血液凝固を引き起こす物質を刺激する化学物質が放出され，血液の凝固によって細菌類などが広がらないように隔離する．

② 補体

　補体と呼ばれる白血球のはたらきを助ける血中タンパク質が細菌類の膜に結合し，異物で

ある印となる．

③ マクロファージ

　白血球の一種であるマクロファージが，補体の付けた印により異物をしっかりと結合し消化していく．この際，体温上昇を促す化学信号も発信する．

④ 好中球

　補体により，白血球の一種である好中球が傷ついた組織へ引き寄せられる．図9.2のように，好中球はマクロファージと共に細胞膜変形による食作用で，正常な自身の細胞以外の異物を細胞内部に取り込む．切り離された細胞膜で包まれた異物と，加水分解酵素を含むリソソームの生体膜を融合する．両者の膜が1つになり，内部で異物と加水分解酵素が出会い，異物の分解が起こる．分解物は生体膜に包まれたまま，細胞膜付近に運ばれ，生体膜と細胞膜の融合によって，分解物を排出する．多くの異物を取り込むと白血球も死に，分解物と共に膿になる．

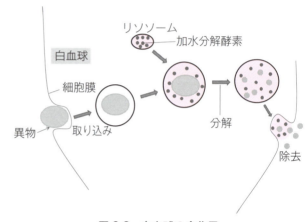

図9.2　白血球の食作用

9.3　細胞性免疫

　それでも防ぎきれずに，体内のさらに奥へ異物が侵入した場合，第三次防御として，獲得免疫（リンパ球による細胞性免疫と体液性免疫）がはたらく．

　抗原異物が細胞（変性細胞・がん細胞・移植片など）の場合，細胞性免疫がはたらく（図9.3）．細胞性免疫はリンパ球による直接攻撃の免疫であり，キラーT細胞とマクロファージが抗原を捕食する．細胞性免疫にかかわる細胞を中心に免疫機構を下に示した．

① 抗原提示細胞

　マクロファージやキラーT細胞などの抗原提示細胞が異物を取り込む．

② ヘルパーT細胞

　マクロファージは，異物を小さくして自己以外の成分を判断し，ヘルパーT細胞（感作Tリンパ球）と接触し，抗原の情報を伝える（抗原提示）．ヘルパーT細胞は活性化され，サイトカイン（情報伝達物質）であるインターロイキンを分泌する．

③ キラーT細胞

　インターロイキンの刺激により，キラーT細胞が増殖し，活性化して直接，抗原を攻撃する．また，インターロイキンによりマクロファージの食作用が活性化され，抗原を捕食する．

④ 記憶細胞

キラーT細胞の一部は記憶細胞として残り，再度同じ細胞が侵入または発生した際に，対応するが，体液性免疫による二次対応と比べて遅く，2〜3日以上要する．

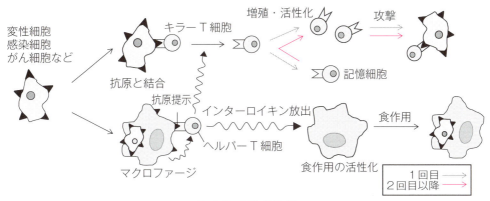

図9.3　細胞性免疫

9.4 体液性免疫

抗原異物が分子量1万以上のタンパク質・多糖類・糖タンパク・リポタンパクの場合，体液性免疫がはたらく（図9.4）．体液性免疫は抗体による免疫であり，B細胞が関与する．体液性免疫にかかわる細胞を中心に免疫機構を下に示した．

① 抗原提示細胞

マクロファージなどの抗原提示細胞が抗原（アンチゲン）を取り込む．

② ヘルパーT細胞

抗原を小さくして自己以外の成分を判断し，ヘルパーT細胞と接触し，抗原の情報を伝える．活性化されたヘルパーT細胞はインターロイキンを分泌する．

③ B細胞

抗原と表面のレセプターが結合できたB細胞（Bリンパ球）は，インターロイキンの助けにより増殖し，プラズマ細胞（抗体産生細胞）となる．

④ プラズマ細胞（抗体産生細胞）

プラズマ細胞が抗体を産生して体液中に放出する．抗体は抗原に結合して（抗原抗体反応），凝集・沈殿させ，抗原の毒性や病原性を失わせる（一次応答）．これにより，白血球やマクロファージの貪食作用を受けやすくし，抗原を捕食させる．

⑤ サプレッサーT細胞

抗原抗体反応に必要な量の抗体が産生されると，サプレッサーT細胞によって，抗体の産生が抑制されるという調節を行う．

⑥ 記憶細胞

抗体産生細胞の一部は分裂を止めて記憶細胞として残り，再度同じ抗原が侵入してきた場合，記憶細胞が増殖を再開し，短時間で多数のプラズマ細胞となり，対応する．

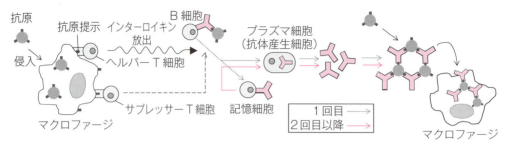

図9.4　体液性免疫

記憶細胞として残った抗体産生細胞は，同じ抗原が進入してきた場合，増殖を再開し，短時間で多数のプラズマ細胞となり，1度目と同じ抗体を多量に生産する（図9.5）．これによって，2度目以降の同じ抗原の進入に，素早く対応できる．この2度目以降の免疫反応を二次応答という．

抗体（図9.6，免疫グロブリン）の基本構造として，γ-グロブリンの一種IgGについて紹介する．IgG分子は，重鎖（H鎖）2本と軽鎖（L鎖）2本のペプチド鎖がS-S結合（システインによるジスルフィド結合）によって連結し構成されている．L鎖はN末端側の可変領域（V_L領域）とC末端側の定常領域（C_L領域）からなり，H鎖はN末端側の可変領域（V_H領域）とC末端方向に3つの定常領域（$C_H1〜3$領域）からなっている．V_L領域とV_H領域は抗原結合部位であり，C_H2領域とC_H3領域はマクロファージ・好中球などの結合部位である．

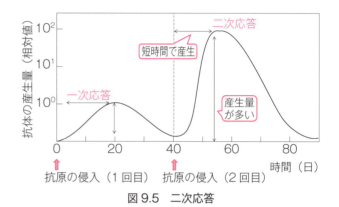

図9.5　二次応答

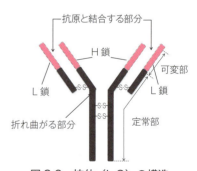

図9.6　抗体（IgG）の構造

生体に進入してくる抗原の種類を考えると，個体あたり10^9種類（10億種類）の免疫グロブリンが必要であるが，ヒトの全遺伝子数は約22,000であり，全てが抗体の作製に使われたとしても，まったく足りない．遺伝子断片を再編成することで多様な抗体をつくり出すことがわかっている．

図9.7のように，IgGのL鎖遺伝子は2番染色体にあり，V領域遺伝子（複数）・J領域遺伝

子（複数）・C 領域遺伝子の 3 領域からな
る．1 つの抗体をつくる際には，V 領域
遺伝子と J 領域遺伝子の各 1 種が選択さ
れ，C 領域遺伝子が連結し，それぞれの
遺伝子の間は脱落する．例えば，V 領域
遺伝子が 150, J 領域遺伝子が 5 であった
場合，$150 \times 5 \times 1 = 750$ 種類の抗体の作製
が可能である．さらに，連結部の複雑性
により，7000 通りもの抗体の作製が行える．

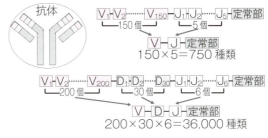

図 9.7　抗体の遺伝子

H 鎖遺伝子は 14 番染色体にあり，V 領域遺伝子・D 領域遺伝子・J 領域遺伝子・C 領域遺伝子の 4 領域からなる．V 領域遺伝子・D 領域遺伝子・J 領域遺伝子の各 1 種が選択され，C 領域遺伝子が連結し，それぞれの遺伝子の間は脱落する．例えば，V 領域遺伝子が 200 個，D 領域遺伝子が 30 個，J 領域遺伝子が 6 個であった場合，$200 \times 30 \times 6 \times 1 = 36,000$ 種類の抗体の作製が可能である．さらに，連結部の複雑性により，240 万通りもの抗体の作製が行える．

抗体は，L 鎖と H 鎖の結合によるため，両者によって，7000×240 万＝約 170 億通りもの抗体の作製が行える（ただし，遺伝子の種類数に関しては，多少異なる記載のものもある）．このように，遺伝子を再構成することで可変部の異なる免疫グロブリンが多数作製でき，図 9.8 のように，それぞれの抗体は特定の抗原や特定の領域を認識し結合する抗原抗体反応を示す．例えば，抗原 A の細胞表面にあるタンパク質と結合する抗体 a は，2 か所の結合部分が別々の抗原 A の細胞表面にあるタンパク質と結合するが，抗原 B の細胞表面にあるタンパク質とは結合できない．

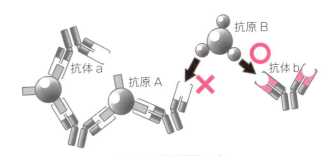

図 9.8　抗原抗体反応

［1 度目の異物の侵入時に，抗原の一部に B 細胞のレセプターが結合する．このため，B 細胞が結合した場所によって，産生する抗体の種類が異なる．つまり，1 つの抗原に対して，認識部分の異なる抗体を作製する何種類ものプラズマ細胞ができあがり，それぞれが，1 種類ずつ抗体を作製するのである（モノクローナル抗体）．したがって，1 つの抗原に対して各プラズマ細胞からつくられた何種類もの抗体が，それぞれの抗原領域と反応する（ポリクローナル抗体）．また，グロブリンは H 鎖の微妙な構造の違いにより，IgG，IgD，IgE に分類され，いくつかが連結した IgM，IgA もある．これらは，はたらきが異なり，IgG は二次免疫反応で血清中に含まれ，IgA は粘膜・分泌体液に含まれ，IgE はアレルギー反応を起こし，IgM は抗原刺激初期の自然抗体である．］

9.5 免疫と病気

体液性免疫は，1度体内に侵入した異物に対して，2度目以降の侵入時に素早く対応するための記憶細胞を残す．この異物の侵入が人為的ではなく自然感染などによって細菌類やウイルスなどが感染して病気にかかり，回復した場合には，その病原体に対する免疫が得られる．その例として，チフス菌・天然痘ウイルス・水疱瘡・おたふく風邪などが知られており，2回目に同じ病原体に感染しても発症が抑えられる．弱毒化した病原体や毒素菌（ワクチン）を投与し，1度目の異物侵入を人工的に起こし，これによって免疫を得るのが予防接種である．

このように，免疫の確立が有利にはたらく場合もあれば，逆にアレルギーのように生体に不利にはたらくこともある．このアレルギーには，抗体が関与する体液性免疫によるものが多く知られているが，細胞性免疫過剰の例もある．

重要

〈アレルギー〉

花粉や化学物質などに対して免疫ができてしまう体質の人がいる．1度免疫ができると，同じ物質の侵入に対して過敏な反応が現れてしまうのが，即時型反応のⅠ型アレルギーである．アレルギーを引き起こす抗原となる物質をアレルゲンという．例えば，図9.9のように，スギ花粉が目や鼻などの粘膜に付くと，花粉に含まれている物質が抗原となり，B細胞に花粉に対する免疫グロブリン（IgE）を産生させる（産生され

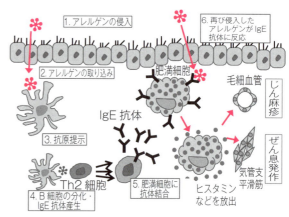

図9.9 アレルギー反応

ない人は花粉症にはならない）．IgEは，肥満細胞（マスト細胞）に結合する．これが，2度目以降のスギ花粉の侵入に対して，抗原抗体反応を起こし，その際に肥満細胞はヒスタミンなどの物質を放出する．ヒスタミンは粘膜細胞を刺激して鼻水，神経細胞を刺激してくしゃみなどを引き起こす．卵などの食品やダニなどが原因となる場合には，じん麻疹やぜん息が起こることもある．

アレルギー体質になるかならないかは遺伝的な原因の場合もあるが，乳幼児期までに接触した異物の質と量によって決定する場合もある．図9.10に示したように，生まれて間もない新生児の時に体内に存在するヘルパーT細胞はナイーヴ・ヘルパーT細胞と呼ばれる．ナイーヴ・ヘルパーT細胞は乳幼児期に細菌由来のエンドトキシンが体内に侵入してマクロファージなどから抗原提示を受けるとTh1細胞に，エンドトキシンとの接触がないとTh2細胞になる．Th1細胞はナイーヴ・ヘルパーT細胞がTh2細胞になるのを阻害し，Th2細胞はナイーヴ・ヘル

パー T 細胞が Th1 細胞になるのを阻害するため，乳幼児期にエンドトキシンとの接触が多い環境で成長したヒトは，Th1 細胞が多くなり害のない物質への攻撃を抑制する制御性 T 細胞も増えるが，逆ならば Th2 細胞が多くなる．その後，異物と接触したマクロファージなどは Th1 細胞に抗原提示し，B 細胞はプラズマ細胞（抗体産生細胞）になり IgG 抗体をつくらせるようにはたらく．しかし，Th2 細胞が抗原提示を受けると，インターロイキン 4 を分泌し，B 細胞から IgE 抗体をつくらせてしまい，IgE 抗体によりアレルギーが引き起こされる．

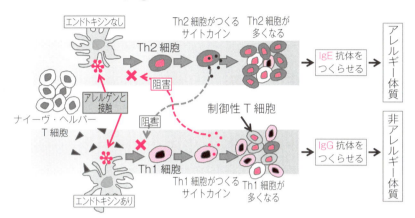

図 9.10　アレルギー反応

また，細菌などを取り込んだマクロファージは抗原提示の対象となるヘルパー T 細胞として Th1 細胞と反応しやすい性質に変化する．しかし，細菌ではなくスギ花粉や卵の成分などを取り込んだマクロファージは Th2 細胞と反応しやすい性質に変化してしまい，次回以降も同様のアレルギーを引き起こすことになる．

教養として覚えておこう！！

> アレルギーを起こしにくい体質になるかは，乳幼児期までに決まる！
> ・衛生的な環境で育てられるとアレルギー体質になりやすい．
> ・エンドトキシンを分泌する細菌は牛や馬などの糞に含まれている．
> ・子供が 3 歳くらいまでに，牧場や動物園などに頻繁に連れて行こう．

抗生物質であるペニシリンに対して抗体をつくってしまう体質の人もいる．1 度目のペニシリン投与ではそれほどの問題はないが，2 度目以降ではアレルギーを起こし，ショック死することもある（ペニシリンショック）．ペニシリンの投与の際には，まず少量を皮下に行い，赤くならないか確認する必要がある．

ペニシリンに限らず，過度のアレルギー反応によって呼吸困難などが引き起こされる状態をアナフィラキシーショックという．よく知られるところでは，蜂アレルギーがあり，1 度目に蜂に刺された際に IgE 抗体をつくりやすくなり，2 回目に蜂に刺された際に全身の血管が拡張し血圧が急激に低下してしまう．対応としては，早急に血管収縮剤を投与することになる．また，ソバや卵などでもアナフィラキシーショックを起こす人が知られている．

以上の例は，稀な体質によるものだが，明らかに異物（非自己）に対する免疫の確立である．
しかし，近年悩まされる人が多くなった自己免疫疾患は，必要のない抗体をつくってしまうことで起こるⅡ型アレルギーである．自分自身のからだの正常な細胞や成分に対して非自己成分のように認識する抗体（自己抗体）をつくる．関与する抗体はIgGとIgMであり，自身の体内の細胞表面の標的に結合し，白血球のはたらきを助ける血中タンパク質である補体のはたらきを高め，標的を破壊させる．例えば，標的が赤血球膜上の物質であれば赤血球を破壊し自己免疫性溶血性貧血となる．外からの異物の侵入では，その物質が体から排出されれば症状も治まるが，自分自身の細胞や成分を非自己と見なした場合には長期的な治療が必要となる．自己免疫疾患の例を下に示した．

> 関節リウマチ・・・全身の関節に炎症を起こす
> 多発性筋炎・・・・・全身の筋肉に障害が起こり，痛みや筋力低下を起こす
> 1型糖尿病・・・・・インスリンが分泌されなくなり，高血糖となる
> 橋本病・・・・・・・甲状腺の炎症により甲状腺機能低下を起こす

〈人工免疫〉

病原体や毒素を，殺したり，毒性を弱めたりしたものをワクチンという．ワクチンを注射や内服によって投与すると，これを抗原として抗体を作製する記憶細胞がつくられる．実際に生きた病原体や毒性を有した毒素が体内に入り込んだ場合，素早く記憶細胞から抗体が産生され，対抗するので，病気の予防や症状の軽減ができる．

大きく分けて，生ワクチン・不活化ワクチン・トキソイドの3つがある．生ワクチンは，生きているウイルスや細菌を弱らせて注射するため，感染する可能性もある．はしか・風しん・おたふく風邪・ポリオ・水疱瘡などのワクチンが生ワクチンとされている．不活化ワクチンは，殺菌処理して感染力や毒性をなくした病原体や抽出成分を使うため，感染力はなく安全である．しかし，1回の予防接種では十分な免疫が得られず，数回投与しなければならない．日本脳炎・DPT三種（ジフテリア・百日咳・破傷風）混合・インフルエンザなどのワクチンが不活化ワクチンである．トキソイドは，免疫ができる部分だけ取り出した不活化ワクチンの一種で，毒性のない，もっとも安全な方法である．DT二種混合（ジフテリア・破傷風）などのワクチンがこれにあたる．

また，ヒトの体内での抗体の作製ではなく，他の動物で抗体を作製させて，抗体の入った血清を注射する血清療法も免疫を利用した治療方法である．ウマなどの動物にヘビ毒などを注射し，大量の抗体を作製させて，これを含む血清を取り出す．実際にヘビにかまれた場合に，血清を注射すると，血清中の抗体とヘビ毒が抗原抗体反応を起こし，毒素を凝集・沈降させ，毒性を失わせる．ヒトの体内に入った抗体は，1週間程度で分解されていく．

ただし，長期的に血清療法を行うと，血清中に含まれるウマなどのタンパク質をヒトが異物と認識して抗体を作製するようになり，治療目的とは別の抗原抗体反応が起こる．その抗原と抗体の結合物質が溜まり，血管を詰まらせるなどの副作用が出る．また，結合物質が沈着した細胞を好中球などが攻撃し破壊することで，自身の組織に傷害が生じることもある．これはア

ルッス反応と呼ばれるIII型アレルギーに分類されるもので，非常に危険である．

9.6 移植と拒否反応

成長したある系統のハツカネズミ（A系統マウス）に，別な系統のハツカネズミ（B系統マウス）の皮膚片を移植すると，移植片は10日前後で脱落する（図9.11）．

しかし，A系統マウスの胸腺を除去しておくと，移植片の脱落は起こらない．胸腺は，T細胞が分化・成熟する器官であるため，この自己・非自己の認識は，T細胞によることがわかる．また，移植片の脱落は，キラーT細胞などによる細胞性免疫による．これは，ヒトでの臓器移植や骨髄移植でも同様に起こる拒否反応であり，IV型アレルギーに分類される．

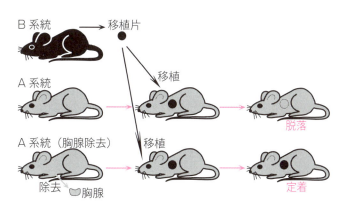

図9.11　拒絶反応

移植臓器中，または骨髄液中のリンパ球表面に存在するHLA抗原が，移植する側（ドナー）と移植される側（レシピエント）で異なる場合，臓器移植ではレシピエント側のキラーT細胞による移植臓器への攻撃が起こり（図9.12のように，長期的にみるとさらにB細胞による抗体作製も起こる），また，骨髄移植ではドナー側のT細胞がレシピエント側の臓器を攻撃する．これによって，移植臓器，またはレシピエント側の臓器が正常にはたらかなくなる．

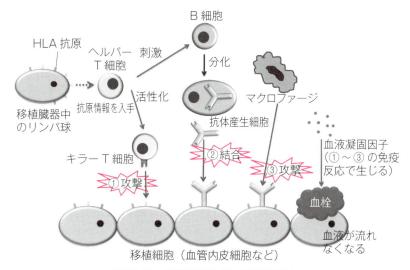

図9.12　臓器移植に対する拒絶反応

したがって，臓器移植の場合には，なるべくHLA抗原が一致しているドナーを選んで，さらに免疫抑制剤で拒絶反応を抑える必要がある．また，骨髄移植の場合は，完全にHLA抗原が一致しているドナーを選んで行われる．さらに，HLA抗原以外の成分に対しても，拒絶反応を起こす可能性があるため，レシピエントの骨髄細胞やリンパ球をあらかじめ取り除き，ドナーの骨髄液細胞との間で拒絶反応が起こらないようにする．

〈BCGとツベルクリン反応〉

移植片の拒否反応と同様のⅣ型アレルギー反応を利用した検査がある．結核菌に対する細胞性免疫が確立しているかどうかをツベルクリン反応を指標に検査する．結核菌の予防接種（BCG：ウシ型結核菌から無毒化した菌株をつくり接種）を受けた人に対して，細胞性免疫が増加しているかをみるために，図9.13のように，ツベルクリンと呼ばれる結核菌を培養した濾過液や結核菌から抽出したタンパク質など（図9.13ではまとめて弱毒化した結核菌とする）を注射する．マクロファージやリンパ球が注射箇所に集まり，炎症（ツベルクリン反応）を起こせば，結核菌に対する細胞性免疫が増加しているが，炎症を起こさなければ結核菌への免疫がないことになる．

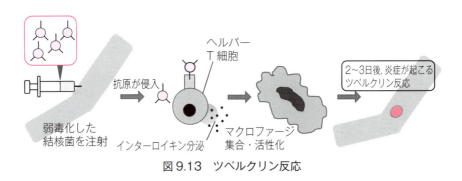

図9.13　ツベルクリン反応

9.7　血液に関する免疫

輸血による血液の凝集（凝血）もある種の拒否反応である．ヒトの血液型は100種類以上あるとされているが，輸血に特に重要であるのはABO式血液型とRh式血液型である．

〈ABO式血液型〉

ABO式の遺伝子からできた酵素によって，赤血球の表面に付けられる糖鎖が合成される．この糖鎖は凝集原（抗原）となるが，図9.14に模式的に示したように，A遺伝子によってつくられる凝集原Aと，B遺伝子によってつくられる凝集原Bは，異なる物質である．また，O遺伝子はフレームシフト突然変異によって正常な酵素ができないため，余分な糖鎖を合成しない．したがって，A型（AAまたはAOの遺伝子型）のヒトは凝集原Aのみ，B型（BBまたはBOの遺伝子型）のヒトは凝集原Bのみ，AB型（ABの遺伝子型）のヒトは両方の凝集原，O型（OOの遺伝子型）のヒトは凝集原なし，という赤血球をもつことになる．

血液の血清部分（血しょう中）には，凝集素と呼ばれる抗体が存在する．この抗体をつくる細胞は，発生初期にまだ出会っていない凝集原Aまたは凝集原Bに対抗するために作製される

が，発生初期の段階ではこの細胞が弱いため，自己の凝集原と触れ合って自分のつくる凝集原に対する抗体を作製する細胞だけが破壊されてしまい，非自己の凝集原に対するものだけが残って，抗体をつくるようになる．したがって，A型のヒトは凝集素βのみ，B型のヒトは凝集素αのみ，AB型のヒトは凝集素なし，O型のヒトは両方の凝集素，を血清中にもつことになる．

そして，凝集原をもつ血液が，輸血などで体内に入ったとき，輸血された側の体内では抗体によって対抗するため，抗原抗体反応で凝集反応が起こってしまう．つまり，凝集原AをもつA型の血液は，凝集素αをもつB型とO型のヒトには輸血不可能だが，同じA型や凝集素αをもたないAB型のヒトには輸血できる．同様に，B型の血液は，A型とO型のヒトには輸血不可能だが，B型やAB型のヒトには輸血できる．AB型の血液はAB型のヒトにだけ輸血できるが，他は不可能であり，O型の血液はすべての血液型のヒトに輸血できる．しかし，現在では，より安全を考え，異なる型の血液を輸血することはない．

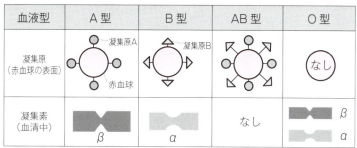

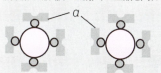

図9.14 ABO式血液型による凝集反応

〈Rh式血液型〉

アカゲザルのRh因子をウサギに注射して得られた血清中にはRh因子に対する抗体が存在する（図9.15）．

このウサギ血清（抗D血清）とRh因子を作製するための遺伝子をもったヒト（遺伝子型Rh^+Rh^+またはRh^+Rh^-）の血液を混ぜると，抗原抗体反応による凝集反応が起こる．つまり，ヒトのRh因子はアカゲザルのRh因子と非常に良く似ており，同じ抗体によって認識されるのである．ところが，このウサギ血清と混ぜても凝集反応が起きない血液型のヒトがおり，Rh因子を作製するための遺伝子をもたない（遺伝子型Rh^-Rh^-）ことがわかる．

ヒトにおいて，Rh因子に対する抗体は，ABO式のように前もって作製されない．したがって，Rh^+型の血液をRh^-型のヒトに輸血しても1度目ならば特に問題はない．しかし，1度目の輸血によってRh因子を異物と見なしたRh^-型のヒトの体内で抗体を作製するための記憶細

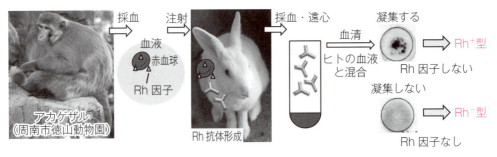

図 9.15 Rh 式血液型の判定 [口絵参照]

胞がつくられると，2度目の輸血では素早い抗体作製の結果，体内で凝集反応が起こり危険になる．現在では，輸血に限らず，何らかの原因で Rh^+ 型の血液が Rh^- 型のヒトの体内に入る可能性を考え，1度目であっても Rh^+ 型の血液を Rh^- 型のヒトに輸血することはない．

Rh 式血液型における凝集反応は，輸血以外に，妊娠時で問題になってくる．図 9.16 のように，Rh^+ 型の父親と Rh^- 型の母親の間で，Rh^+ 型の子供ができると，1回目の妊娠の分娩時に Rh 因子が母親に移行し，母親の体内で Rh 因子に対する抗体を作製するようになる．2度目の妊娠においても Rh^+ 型の子供ができると，この抗体を含む血しょうが胎児側へ移行し（母親の血球は胎児に移行しないが，血しょう成分は移行する），胎児の体内で Rh 因子をもつ血球と抗原抗体反応を起こす．その結果，血液が凝集し，マクロファージなどのはたらきによって分解され，溶血する．

このように，Rh^+ 型の父親と Rh^- 型の母親の間での2度目以降の妊娠は危険を伴う．現在では，1回目出産後に，母体が抗体をつくらないように処理するのが普通である．母体に強力な Rh 抗体を注入して，抗原である Rh 因子を結合させて取り除くことで，抗原情報を与えない方法で，血液型不適合による溶血性貧血症を起こすことを防いでいる．

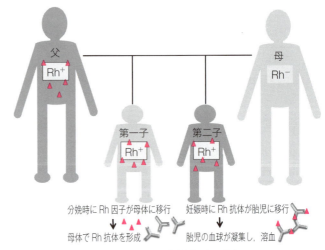

図 9.16 Rh 式血液型不適合

9.8 後天性免疫不全症候群（エイズ）

後天性免疫不全症候群（エイズ）は，ヒト免疫不全ウイルス（HIV）が，免疫機構の上位に位置するヘルパー T 細胞を攻撃・破壊するため，細胞性免疫や体液性免疫がはたらかなくなる病気である．HIV は，感染者の血液・精液・膣分泌物・母乳中に含まれ，性交渉・出産・授乳などによって感染する．HIV は，遺伝情報として RNA だけをもつレトロウイルスで，タンパ

ク質の殻や脂質二重膜で覆われた内部には，RNAと逆転写酵素（RNAからDNAを合成する酵素）をもつ．

図9.17のように，HIVがヒトの体内に入り，①ヘルパーT細胞の表面に結合すると，②ウイルスの内部物質であるRNAと逆転写酵素だけを侵入させる．細胞内部で，③逆転写酵素はウイルスのRNAを鋳型にDNAを合成する（逆転写）．このDNAは，ヘルパーT細胞の核内に入り込み，④染色体中のDNAに組み込まれる．⑤この状態で平均10年間潜伏し，ヘルパーT細胞が活性化してDNAの複製を始めると，ウイルスのDNAはヘルパーT細胞の遺伝子のはたらきを抑制しながら，⑥次世代のRNAを転写し，また，タンパク質の殻を合成する．さらに，逆転写酵素も作製し，⑦新しいウイルスの中心部をつくり，それらを集めて，⑧ヘルパーT細胞の細胞膜を利用して外に出る．これによって，ヘルパーT細胞は破壊され，新しくできたウイルスは次のヘルパーT細胞へと感染していく．

図9.18のように，ヘルパーT細胞はマクロファージなどからの抗原提示を受けて，体液性免疫や細胞性免疫に刺激を与える重要な役割をもつので，ヘルパーT細胞が破壊されるにつれて，ヒトの免疫系は機能しなくなり，カビや細菌の感染によって，感染症を引き起こし，死にいたる．

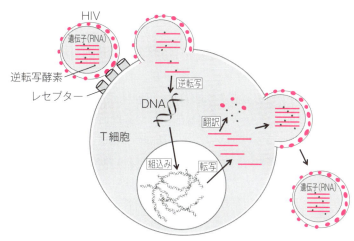

図9.17 HIVの増殖

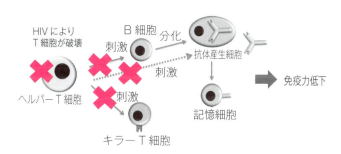

図9.18 HIVによる免疫系の崩壊

［RNAは非常に変異を起こしやすい物質であり，一度体内の細胞に感染した後に増殖したウイルスは外殻の構成が異なってしまうために，レトロウイルスに有効な薬剤は開発しにくい．ウイルス特有の逆転写酵素の活性や合成を阻害するなど，ヒトの細胞内の物質や機構とは異なる特徴に対して，薬剤の開発が行われている．］

Check 9

Q1 高等動物である脊椎動物に備わった特異的な防御システムを何というか？
　　① 闘争　　② 代謝　　③ 反射　　④ 免疫　　⑤ 逃避

Q2～6 に当てはまるものを次の①～⑤から選べ．
　　① B細胞　　② キラーT細胞　　③ ヘルパーT細胞　　④ マクロファージ
　　⑤ サプレッサーT細胞

　Q2 細胞性免疫の機構で抗原異物を最初に取り込むのはどれか？
　Q3 細胞性免疫の機構で抗原提示を受ける細胞はどれか？
　Q4 細胞性免疫の機構で最終的に直接，抗原を攻撃するリンパ球はどれか？
　Q5 体液性免疫の機構でインターロイキンの助けにより増殖する細胞はどれか？
　Q6 体液性免疫の機構で抗体を産生するプラズマ細胞の元はどれか？

Q7 細胞性免疫の機構でマクロファージの食作用を活性化する物質は何か？
　　① インターロイキン　　② グロブリン　　③ プロリン　　④ ホルモン

Q8 体液性免疫の機構で2度目以降の同じ抗原の進入に対抗する機構を何というか？
　　① 二次防衛　　② 二次応答　　③ 二次作用　　④ 二次誘導

Q9 抗体であるγ-グロブリンの一種IgGを構成しているペプチド鎖はどれか？ 2つ選べ．
　　① リーディング鎖　　② H鎖　　③ A鎖　　④ L鎖　　⑤ ラギング鎖

Q10 抗体であるγ-グロブリンの一種IgGの抗原結合部位を示す名称はどれか？
　　① 定常部　　② 合体部　　③ 常識部　　④ 可変部　　⑤ 抗体部

Q11 同じ物質の侵入に過敏に反応し，鼻水などを引き起こすことを何というか？
　　① アレルギー　　② ワクチン接種　　③ 病原体の感染　　④ 抗生物質の投薬

Q12 人工的に免疫を獲得させる目的で投与するものとして，**当てはまらないもの**はどれか？
　　① トキソイド　　② 不活化ワクチン　　③ アレルゲン　　④ 生ワクチン

Q13～16 に当てはまるものを次の①～⑤から選べ．
　　① グロブリン　② ワクチン　③ アナフィラキシーショック　④ 肥満細胞　⑤ アレルゲン

　Q13 アレルギーを引き起こす抗原となる物質を何というか？
　Q14 アレルギーの抗体である免疫グロブリン（IgE）が結合する細胞はどれか？
　Q15 過度のアレルギー反応によって呼吸困難などを引き起こす状態を何というか？
　Q16 予防接種に用いる，病原体や毒素を殺したり，毒性を弱めたりしたものを何というか？

Q17 毒ヘビにかまれた場合などに，抗体の入った液体を注射する治療方法を何というか？
　　① ワクチン療法　　② 化学療法　　③ 血清療法　　④ 投薬療法

Q18 非自己の認識によって，移植された他者の細胞を攻撃することを何というか？
　　① 拒絶反応　　② 過剰反応　　③ 抵抗反応　　④ 呼応反応

Q19 臓器移植や骨髄移植で重要なリンパ球表面に存在し抗原となりうる部分は何というか？
　　① UV　　② FIV　　③ HLA　　④ IAA　　⑤ HIV

Q20 輸血の際に重要となるABO式血液型で問題になる抗原を何というか？
　　① Rh因子　　② 凝集素　　③ アレルゲン　　④ 凝集原

Q21 A型の血液を輸血してはいけないヒトの血液型はどれか？ すべて選べ．
　　① A型　　② B型　　③ AB型　　④ O型　　⑤ Rh⁺型　　⑥ Rh⁻型

演習問題 9

1 (1) 細胞性免疫に関わるリンパ球の名称を2つ挙げよ．
(2) 体液性免疫に関わるリンパ球の名称を2つ挙げよ．
(3) ヒト免疫不全症を引き起こす HIV ウイルスが感染する細胞の名称を1つ挙げよ．

2 (1) 次の①～⑧より，初めて体内に侵入した異物に対する体液性免疫の過程に含まれるものを7つ選び，過程の順に並べよ．
① 進入後すぐの異物をマクロファージが食作用によって取り込み，分解する．
② インターロイキンが他のリンパ球を刺激する．
③ B細胞が分化し，プラズマ細胞となり，一部は保存される．
④ マクロファージが抗体ごと異物を取り込み，分解する．
⑤ 抗体を放出し，異物（抗原）に結合させる．
⑥ ヘルパーT細胞がマクロファージから異物の情報を受け取る．
⑦ キラーT細胞が活性化され，異物を直接攻撃する．
⑧ ヘルパーT細胞が，インターロイキンを分泌する．

(2) 問(1)の③において保存される細胞を何と呼ぶか．名称を答えよ．
(3) 問(1)の⑥のようにマクロファージが情報を与えることを何と呼ぶか．名称を答えよ．
(4) 初めて体内に侵入した異物に対する細胞性免疫の過程に含まれるものを上の①～⑧より5つ選び，過程の順に並べよ．

3 表の①～④のヒトの血液を採取して，血清と混ぜ合わせた結果を表1に示した．

(1) 表の①～④のヒトの ABO 式血液型を判定し，答えよ．

(2) 次のうち，Rh式血液型不適合が起こると考えられるものを選べ．なお，妊娠者は過去に輸血などは受けていないものとする．

表1 凝集反応（○凝集した，×凝集しない）

	抗A血清	抗B血清	抗D血清
①	○	○	○
②	×	○	×
③	×	×	×
④	○	×	○

(a) Rh^+型の父親と Rh^-型の母親の間で，初めて Rh^+型の子供ができた
(b) Rh^-型の父親と Rh^-型の母親の間で，初めて子供ができた
(c) Rh^-型の父親と Rh^+型の母親の間で，Rh^-型の子供ができた
(d) Rh^-型の子供を出産した Rh^+型の母親が，再度 Rh^-型の子供を妊娠した
(e) Rh^+型の子供を出産した Rh^-型の母親が，再度 Rh^+型の子供を妊娠した
(f) Rh^-型の子供を出産した Rh^+型の母親が，今度は Rh^+型の子供を妊娠した

(3) Rh式血液型不適合が起こるメカニズムを120字程度で答えよ．

第5部　生物の機能と生物多様性

動物クイズ！

①世界には約18種類のペンギンがいますが，日本の水族館などで見ることができるのは11種類です．寒さに強いイメージですが，温暖なオーストラリアに棲むものはどれでしょう？

②写真の動物の体で，砂漠や寒い地域での生活に適した部分はどこでしょう？
考えられるだけ挙げてみましょう．

10 生態系

講義目的
生物の関係と生態系について理解しよう．

疑問

ヒトと他の生物はどのように関わっているのでしょうか？
ヒトと関係のある生物は何種類いるのでしょうか？
ヒトを取り巻く環境には何があるのでしょうか？
生態系や環境問題を学ぶ前に，私たちヒトが何によって生かされているのか．
生物や環境について，衣・食・住に分けて，各自で考えてみましょう．

KEY WORD

【食物連鎖】　　　　　　　　　　【炭素循環】
【窒素循環】　　　　　　　　　　【食料となる生物】
【衣類の材料となる生物】　　　　【建築物の材料となる生物】

10.1　生物群集の構成

　生物は，陸上や水中などで，それを取り巻く光・温度・湿度・二酸化炭素・酸素・水・土壌などの無機的環境，および，同種の生物や他種の生物（有機的環境）とのさまざまな関係の中で生息している．図 10.1 には生物として，光合成を行う生産者，他の生物を食物とする消費者，生産者や消費者の遺体や排出物を無機物にする分解者を示した．

　無機的環境のうち，生物に何らかの影響を及ぼす要因を環境要因といい，無機的環境要因が生物に与える影響（例えば，光が当たることで植物が光合成を行えるなど）を作用，逆に生物が生活することによって無機的環境に影響を与えること（例えば，生物の呼吸による二酸化炭素濃度の変化や森林の形成による林内の気温や湿度の変化を起こすなど）を反作用，生物同士で互いに影響を及ぼし合うこと（例えば，動物が植物を食べて育つなど）を相互作用，と呼んでいる．現存の生物は，作用・反作用・相互作用のバランスが取れた状態に適合して進化してきた結果であり，このバランスの崩壊は生物の生存を脅かす．

　ある地域に生息する同種の生物は特に結びつきが強く，その集団を（同種）個体群と呼ぶ．その地域に生息するさまざまな個体群が集まって構成されている生物集団を生物群集といい，

生物群集とそれを取り巻く無機的環境を合わせて，生態系と呼ぶ．

図 10.1　陸上と水界の生態系

10.2　種内関係

個体群を構成する同種の個体は，同じ生活要求をもつため，食物や生息空間・配偶者などをめぐる競争や，食物の発見や防衛・繁殖などを目的とした協力が見られる．個体群内全体，または個体群を構成している個体間における関わりを種内関係という（表 10.1）．表中の種内関係は，個体または個体群にとって何らかの利益（表中の目的部分）が得られるものを挙げたが，その他に，光・水・養分・食物・配偶者・生活空間を巡る競争（種内競争）など，集団をつくることが必ずしも利益に結びつかない関係もある．この種内競争は，動物だけでなく，植物に

表 10.1　生物の相互作用（種内関係）

種内関係	説明	目的	例
群れ	統一的な行動をとる同種個体の集まり	個体あたりの捕食者警戒時間の削減，狩の成功率の増加	ハトなどの鳥類の群れ・リカオンなどの肉食動物の群れ
縄張り	動物が侵入者を排除し占有する空間	食物・巣・配偶者などを確保する条件の良い場所の確保	アユの採食縄張り・ホオジロの配偶縄張り
順位制	個体間に確定する優劣の順位	無用な争いが避けられ，秩序が保たれる	ニワトリのつつきの順位・イヌやオオカミの服従ポーズによる順位
リーダー	群れを統率する 1 個体	ボス（リーダー）を中心に統制のとれた行動をする	ニホンザルの第 1 位のオス（?）・メスと子のアフリカゾウの群れの年配の個体（?）
社会性昆虫	分業が進み，形態的分化もみられる集団生活する昆虫	効率よく，採餌・防衛・育児などを行う	ミツバチ・シロアリ・アリの社会

おいても同様であり，早くに生長した個体が光を遮り，その後に発芽した個体に光が当たらないなどがある．

〈群れ〉

群れをつくる動物には，比較的小さな魚類や鳥類，草食動物や肉食動物などさまざまな生物が見られる．群れる大きな目的の1つに，捕食者から身を守ることが挙げられる．大きな群れは捕食者に見つかりやすいが，各個体が捕まる確率は低くなる．また，周辺に捕食者が近づいているかを交替で警戒するため，各個体が要する警戒時間を減らすことができる．このような理由から，イワシやニシンなどの比較的小さな魚類や，スズメやハトなどの鳥類は群れを形成する．群れをつくるもう一つの目的として，狩の成功率を高めることが挙げられる．アフリカのサバンナに生息するリカオン（図10.2）は体長30〜40 cm，体重17〜35 kgでそれほど大きくないが，数頭から30頭くらいの群れで，大きなヌーをも襲う．狩を目的の中心とする群れをつくる生物はいくつかみられるが，リカオンの狩の成功率は80％と非常に高い．時速60 kmで30分続けて走ることができる脚力とスタミナをもち，チームワークを活かした持久戦で狩をする．また，母親以外の個体も子の面倒をみるというのもリカオンの群れの利点の一つである．

図10.2 リカオン（富士サファリパーク）

〈縄張り〉

縄張りは，食物や配偶者などを確保するために，ある空間を占有し侵入者を排除することで，アユ（図10.3）などの魚類やホオジロなどの鳥類，トラなどの哺乳類でも見られる．川に棲むアユは，川底の石についたケイ藻やラン藻などを餌とする．日当たりの良い場所では藻がよく育つが，日当たりの悪い場所では川底の面積に対して藻の量が少なくなる．豊富な藻を占有するためにアユは縄張りをもち，侵入しようとする個体を追い払う．

図10.3 アユ

森などに棲むホオジロ（図10.4左）は，繁殖時期になると"さえずり"によって縄張りを主張し，縄張りに侵入するオスの個体に対して攻撃をする．春に，ホーホケキョと鳴くウグイス（図10.4右）もオスで，繁殖期に他のオスに対して縄張りを宣言し，つがいのメスに安全を知らせているとされる．

図10.4 ホオジロ（左）とウグイス（右）

〈順位制〉

　群れをつくる動物では，個体間の順位制が見られることが多い．順位を決めることで，無用な争いを避け，秩序を保つのが目的である．ニワトリを1つの鶏舎に数匹入れると，突き合いによって順位を決定する．順位が決定すると個体同士の関係が安定する．オオカミやイヌでも順位が決定され，下位の個体は上位の個体に対して仰向け状態で腹を見せる服従のポーズをとる（図10.5）．

図10.5　タイリクオオカミ
（東京都多摩動物公園）

〈リーダー〉

　「ニホンザルやオオカミは，群れを統合・統率・誘導するボス（リーダー）を中心に統制のとれた行動をする」とされてきた．しかし，近年ではどちらもボスが絶対的に統率しているような関係ではないといわれている．ニホンザルの群れでは最上位のオスと最上位のメスがあり，順位がはっきりとしているが，最上位のオスは入れ替わることもある．また，自然界におけるパックと呼ばれるオオカミの群れは，強いオスとメスのつがいと，前年に生まれた子からなる基本的に血縁によるもので，父親と母親が中心に家族を纏めているため，リーダーには当てはまらないとの説がある．

〈社会性昆虫〉

　ここまでは，脊椎動物における種内関係を取り上げたが，無脊椎動物である昆虫でも種内関係は見られる．ミツバチ・シロアリ・アリなどは社会性昆虫と呼ばれ，集団生活する昆虫の中で，分業が進み形態的分化もみられる．これにより，効率よく採餌・防衛・育児を行う．ミツバチは産卵を行う女王バチと，花の蜜を集めたり育児をしたり巣の防衛をしたりするはたらきバチは有性生殖によって同様に誕生したメスであるが，与えられる餌の違いによって異なる成長をする．一方，オスは女王バチから単為生殖によって生じ精子を提供する．これらの社会性は，女王との血縁により，近い遺伝子をもつ集団で行われる．

　哺乳類でも社会性をとり，分業による生活を行うハダカデバネズミ（図10.6）が知られている．東アフリカで地中生活をするハダカデバネズミは体毛がほとんどなく，上下の門歯が出っ張り口唇がその後ろで閉じることで土が口の中に入らないようになっており，特徴的な形態をしている．群れの最優位である1匹のメスが繁殖を担当し，数匹のオスが生殖に参加する．他のオスと，繁殖メスに尿をかけられて個体繁殖を抑えられているメスは，イモの塊茎などの食料を運搬したり，トンネルを掘って土を運んで巣穴を整備したりする．また，ヘビなどの敵が巣穴に侵入した場合に，命を犠牲にして巣を守る防衛担当の個体もいる．巣部屋では女王を中心に重なって寝る（図10.6下）．

図10.6　ハダカデバネズミ
（恩賜上野動物園）［口絵参照］

10.3 種間関係

個体群間の相互作用を種間関係ともいい，さまざまな係わり合いがある．表10.2には種間関係における利害とそれぞれの例を示した．ただし，利害については個体にとって直接もたらされる利害であり，種全体として，または個体群として見た場合には違った面もある．

表10.2 生物の相互作用（種間関係）

種間関係		利害関係		例
捕食-被食関係		＋（捕食者）	－（被食者）	ライオンとシマウマ，ニホンリスとドングリ
競争		－	－	ライオンとハイエナ，スギとヤマフジ
共生	相利共生	＋（共生者）	＋（共生者）	アリとアブラムシ，レンゲソウと根粒菌
	片利共生	＋（共生者）	０（宿主）	コバンザメとジンベエザメ，カクレウオとフジナマコ
寄生		＋（寄生者）	－（宿主）	ヤドリギとミズナラ，ギョウチュウとヒト
中立		０	０	キリンとシマウマ，シマウマとツル
片害作用		－（被害者）	０（妨害者）	アオカビのペニシリン，放線菌のストレプトマイシン，セイタカアワダチソウのDME

〈捕食-被食関係〉

捕食-被食関係（図10.7）は，食う-食われるの関係であり，食う側を捕食者，食われる側を被食者という（ただし，捕食は基本的に動物を捕らえて食べる場合に使用し，植物を食べる場合には植食というように分けることもある）．光合成や化学合成を行わない生物にとって，生体の活動を維持するために捕食は非常に重要であり，我々ヒトも含めて多くの生物間でこの関係がみられる．

図10.7 ハチを捕食するカマキリ

〈競争〉

競争は，生活要求の似た種の間で起こる，食物・生活空間などを争いあう関係である．競争関係にある両種を人工的な閉鎖環境で飼育した場合には，ほとんどの場合，劣位種が全滅する．

しかし，自然環境においては，棲む地域を多少ずらす（すみわけ）・食物を違える（食いわけ）などの工夫により，両種の生存を可能にする例もある．よく知られているすみわけの例として，魚類のイワナ・ヤマメ・オイカワ（図10.8）が共に生息する川では，水温の低い上流にイワナ，中流にヤマメ，温かい下流域にオイカワが生息することが挙げら

イワナ

ヤマメ

オイカワ

図10.8 川に棲む魚

れる．食いわけの例としては，ヒメウとウミウ（図10.9）という鳥が同じ場所に生息する場合，ヒメウは海の浅い部分にいるイカナゴやニシンを，ウミウは底の方にいるヒラメやエビを食べることが挙げられる．

このように，自然界では争いを避けて異なる種がともに生き残れる方法がとられている．

〈共生〉

相利共生は，2種類の生物が共存することで双方に利益を与え合える関係である．良く知られている例として，図10.10のアリとアリマキ（アブラムシ）がある．アリがアブラムシの腹部から分泌される液を食し，アブラムシの周りにアリが生息することでアブラムシを外敵から保護する．このような関係は植物でも見られる．根粒菌がマメ科植物の根に入り込み，マメ科植物のつくる炭水化物などの栄養を貰い，マメ科植物は自分では取り込めない空気中の窒素を根粒菌に取り込ませて利用する．農閑期の田畑に咲かせているマメ科植物のレンゲソウ（図10.11）は土壌に窒素を取り込ませる工夫である．

図10.9　ウミウ（桐生が岡動物園）

図10.10　アリとアリマキ

図10.11　レンゲソウ

［完全な共生というわけではないが，植物が花を咲かせて昆虫に花粉や蜜を与えて受粉を媒介させたり，種子に果肉（子房）を付加して鳥や哺乳動物に食べさせて他の地域に散布させたりする例も一種の相利共生と考えられ，植物は昆虫や動物を集めるための匂いを分泌したり，花の色を工夫したり，蜜をつくったりと戦略的に進化してきた．］

片利共生は，2種類の生物が共存するが，片方だけが利益を得て，もう片方には利益も害もない関係である．良く知られている例として，水族館でも見られるが，サメやウミガメなどの大きな海洋生物の腹部などにコバンザメ（図10.12）が頭部の吸盤を利用して付着している．これによってコバンザメは外敵から身を守ることができ，移動の労力も減るなどの利益を得る．

図10.12　コバンザメ（背側）（のとじま水族館）

〈寄生〉

寄生は，寄生者側が他の生物（宿主）の体内や体表で生活することで，宿主に害を与える関係をいう．良く知られている例として，ヒトの腸管に棲み栄養を横取りするカイチュウやサナダムシなどが挙げられる［しかし，昨今のダイエット手段としてサナダムシを体内で飼い，栄養を取らせるという例では，ダイエットしたい人の利益になるので，寄生というより相利共生ということになってしまう］．

〈中立〉

中立は，どちらの種にも有利・不利の影響のない関係である．例えば，餌となる植物が豊富にあるとき，樹木の葉を食物とするキリンと同じ場所に棲むシマウマ（図10.13）は，地面から生えている草を食物とするため利害関係がない．また，昆虫などを食べる鳥類と草食動物も利害関係がないことが多い．このような関係が中立の例とされる．

図10.13 中立の関係（いしかわ動物園）

〈片害作用〉

片害作用は，ある種の生物が分泌する物質が，他の生物には不利に作用する関係をいう．ヒトを含む動物が細菌類に感染した場合に病院で処方される抗生物質は片害作用を起こす物質である．例えば，アオカビの一種が分泌するペニシリンは，アオカビの周りの細菌類を殺す．同様に，ある種の放線菌はストレプトマイシンを分泌し，周りの細菌類を殺す．このように，微生物がつくり，他の微生物（細菌類）に害をなす物質を抗生物質という（ただし，近年は天然の抗生物質を人工的に模倣したり，改変したりして販売されている）．

片害作用の一種で他感作用（アレロパシー）をもつ植物としてセイタカアワダチソウ（図10.14）がある．根

図10.14 セイタカアワダチソウ

から分泌する化学物質（DME：cis-dehydro matricaria ester）はイネの発芽や生育を阻害し，またススキやブタクサの生長を阻害する作用をもつ．これを分泌することで自身の生活場所を確保する（しかし，セイタカアワダチソウ自身にも作用することがある）．

10.4 物質の循環とエネルギーの流れ

生態系内では，緑色植物などの生産者が光合成により無機物から有機物を作り出し，植物を食物とする一次消費者（植物食性動物）がこの有機物を取り込み，動物を食物とする二次消費者（動物食性動物）に有機物が移り，さらに植物の落葉や枯死・動物の排出物や死体などを食物とする分解者に有機物が取り込まれ，無機物に還元される．このような物質の流れを物質循環と呼ぶ．

地球上に存在し，成層圏から外への放出が起こらない物質は，すべて循環または停滞することになるが，生物の体内の成分として特に重要な炭素（C）および窒素（N）について紹介する．

重要

〈炭素（C）の循環〉

大気中の炭素は主に二酸化炭素（CO_2）として存在し，その濃度は約 0.03〜0.04％である．図 10.15 に炭素の循環を示した．

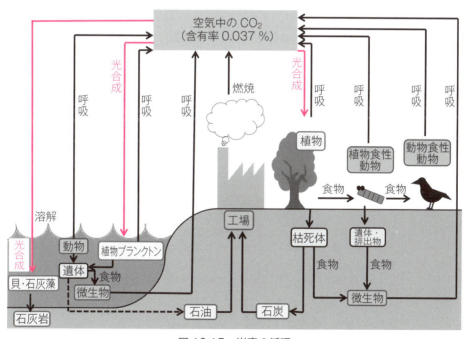

図 10.15 炭素の循環

大気中の二酸化炭素は生産者である緑色植物の気孔から取り込まれ，主に葉の同化組織（柵

状組織や海綿状組織）の葉緑体内で行われる光合成によって同化（炭酸同化）され，有機物である炭水化物（糖類）となる．同化された炭水化物の一部は，植物自身の呼吸によって分解され，無機物である二酸化炭素として空気中に放出されるが，残りは植物体を構成する成分となる．その他に光合成を行う生産者として，植物プランクトンや光合成細菌がある．

植物体を一次消費者である植物食性（草食）動物（昆虫や哺乳類など）が摂取すると，有機物は一次消費者に移動する．一部は動物の呼吸によって分解され，二酸化炭素として空気中に放出されるが，残りは動物体を構成する成分となる．一次消費者には動物プランクトンも属する．

一次消費者である動物を摂取する動物食性（肉食）動物（大型昆虫や哺乳類など）を二次消費者という．一次消費者が二次消費者に摂取されると，有機物は二次消費者に移動する．一部は動物の呼吸によって分解され，二酸化炭素として空気中に放出されるが，残りは動物体を構成する成分となる．さらに高次消費者の摂取によって，同様な有機物の移動が起こる．

また，生産者の枯死体や落葉など，一次消費者・二次消費者・さらに高次の消費者の遺体や排出物などは，土壌中の分解者である細菌類や菌類に取り込まれ，有機物は分解者の呼吸によって分解され，二酸化炭素として空気中に放出される．そして，再び植物体へと吸収されていくことになる．

このように，炭素は捕食-被食の関係を中心に生態系中を循環する．

〈窒素（N）の循環〉

大気中の窒素は主に窒素ガス（N_2）として存在し，その濃度は約80%であるが，二酸化炭素の場合と異なり，多くの植物は窒素ガスをそのまま利用することができない．大気中の窒素ガスは，表10.3に示した根粒菌（マメ科植物に共生する細菌）・アゾトバクター（通気性のよい土壌に棲む好気性菌）・クロストリジウム（酸素の乏しい土壌に棲む嫌気性菌）などの空中窒素固定細菌や，ネンジュモなどラン藻類の一種によって取り込まれ，アンモニア（NH_3）に還元される．または，自然現象である放電によって還元される場合もある．図10.16に窒素の循環を示した．

表10.3 窒素固定する生物

		生物名	生活場所など
細菌類	好気性	アゾトバクター 根粒菌 放線菌	土壌中や水中に生息．好気呼吸を行う． マメ科植物の根に根粒をつくり共生する． ハンノキなどの根に根粒をつくり共生する．
	嫌気性	クロストリジウム	酸素の少ない酸性の土壌中に生息．
		紅色硫黄細菌 緑色硫黄細菌	光合成細菌．酸素の少ない土壌中や水中に生息．
ラン藻類	好気性	アナベナ ネンジュモ	水中や湿地に生息．アナベナにはソテツやアカウキクサに共生するものもある．

還元されたアンモニアは土壌中の水に溶けると一部はアンモニウムイオン（NH_4^+）になる．NH_4^+は，そのままアンモニウムイオンの形で植物の根から吸収される場合もあるが，硝化細菌（亜硝酸菌・硝酸菌）によって硝酸イオン（NO_3^-）に酸化されてから取り込まれることもある．

　植物体内に取り込まれた窒素は，タンパク質や核酸などの有機窒素化合物に同化され，植物体を一次消費者である植物食性動物が摂取することで，一次消費者に移動する．同様に，一次消費者を二次消費者である動物食性動物が摂取することで，二次消費者に移動する．さらに高次消費者の摂取によって，同様な有機物の移動が起こる．

　生物体を構成していた窒素は，生産者の枯死体や落葉など，一次消費者・二次消費者・さらに高次の消費者の遺体や排出物として，土壌中の分解者である細菌類や菌類に取り込まれ，アンモニウムイオンとして土壌中などに移動する．それらは再び植物体へと取り込まれていくことになるが，一部は脱窒素細菌によって窒素ガスとして空気中に放出される．

　このように，窒素は捕食−被食の関係を中心に生態系中を循環する．

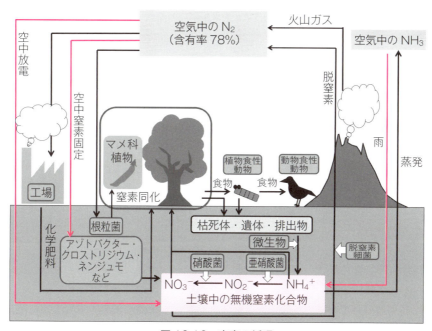

図 10.16　窒素の循環

〈エネルギーの流れ〉

　炭素や窒素などの物質とは別に，エネルギーも移動する（図 10.17）．生産者である緑色植物などの光合成には，光エネルギーが必要である．植物は，光エネルギーを用いて無機物である二酸化炭素から有機物である糖類などを合成し，これを細胞（内）呼吸によって分解することで，生体内での活動エネルギーである化学エネルギー（ATP）を作り出す．しかし，有機物合成のために用いた光エネルギーと等量の化学エネルギーを作り出すことはできず，一部は呼吸の際に，熱エネルギーとして植物体内から外へと出て行く．また，生産者の構成成分であった

有機物は，一次消費者に摂取されることで移動し，同様に分解されるが，一部は熱エネルギーとして外へ出て行く．二次，さらに高次の消費者でも同様である．また，生産者の枯死体や落葉など・一次消費者・二次消費者・さらに高次の消費者の遺体や排出物などは，土壌中の分解者である細菌類や菌類に取り込まれ，同様に分解され，熱エネルギーの形で外へ出て行く．

このように，生物体内に入ってきたエネルギーは，最終的に大気中などに熱エネルギーとして，放出され，再び生物体に取り込まれることはない一方向への移動をする．

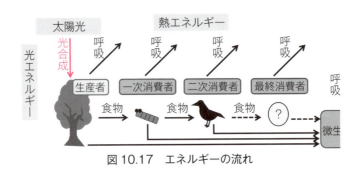

図 10.17　エネルギーの流れ

物質は循環するが，エネルギーは循環しない

10.5　ヒトの生活と生物

生物界における生物の関係を示したが，我々ヒトと生物の関連も同様なのだろうか．衣食住にどのように生物が関わっているのか，またはどのように生物を利用しているのかを考えてみたい．他の生物同士の関係から最もわかりやすいのは，"食"におけるヒトと他の生物との関係である．ただし，ヒトの場合には野生生物と異なる食の供給もされているので，下記の5つのパターンに分けた．

① 漁や狩により自然生物を食料とする．
② 栽培や畜産・養殖によりヒトの手で育てた生物を食料とする．
③ 交配や遺伝子組換えなどにより品種改良をして食料となる生物を増加させる．
④ 発酵を利用して生物に変化を加えて食料とする．
⑤ 生物の成分を抽出し，食料とする．

縄文時代の日本人は，狩猟によって食料を得ていた．現在でも僅かではあるが，青森県や秋田県などにはマタギと呼ばれる狩猟を職業とする人がおり，主にクマ（カモシカの狩猟は禁じられた）を獲物としている．全国にクマ肉を提供している飲食店はいくつかあり，捕食–被食の関係としては最も明らかな関連の例であるが，クマ肉を食べる機会は少ないだろう．自然生物を食す身近な例として，サンマやマグロなどの魚，山菜やキノコなどの山の幸がある．上記の①～⑤のうち，①は生物の成長・生育にヒトの手が加えられていないという点で，それ以外の4つとは異なる．

ヒトは山菜などの植物を食べる点からは植物食性動物（第一次消費者）であり，藻を食べて成長するアユや草を食べて成長するウシの肉を食べる点からは動物食性動物（第二次消費者）となり，小魚を食べて成長するマグロを食べる点からはより高次の消費者でもある．基本的にヒトを食べる動物がいないこと，また，生息している地域（生態系）を越えて食料を得ていることを考えると，ヒトは全生態系の頂点に立つ生物の1種である．

ヒトは自然界からそのまま食料を得るだけでなく，より低コストで大量に食料を得るために，植物の栽培による農作物の獲得，ウシやブタを育てる畜産による食肉の獲得，生簀などで魚や貝類を育てる養殖による海産物の獲得を行ってきた（②）．さらに，より効率よく味の良い食料を得るために，品種改良が加えられた（③）．また，食材をそのまま用いるだけでなく，微生物の分解能力を利用して新たな成分を生み出す発酵技術により，酒や調味料，乳酸製品や納豆などを手に入れ

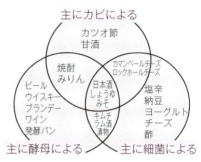

図 10.18　発酵食品に使用される微生物

た．これらは，元となる穀物や牛乳などを特定の微生物でのみ分解させ，エタノールや乳酸，酢酸，アミノ酸などの物質を多く作り出させたものである（④）．そして，キク科植物のステビアからステビオシドなどのテルペノイド配糖体を抽出しダイエット甘味料に，カバノキやシラカンバから得られる糖アルコールのキシリトールを虫歯予防ガムに用いるなど，有用な物質だけを取出し，それを利用した製品を作製することもできるようになった（⑤）．

それらは②～⑤に当たり，生物の成長や繁殖にヒトの手が加えられているため，これらの技術をまとめてバイオテクノロジーと呼ぶことができる．バイオテクノロジーとは生物と技術からなる言葉で，生物を扱うすべての事柄が相当する．

> バイオテクノロジー　＝　バイオロジー（生物）　＋　テクノロジー（技術（工学））
> 　　栽培・畜産・養殖（穀物・野菜・果物・肉・魚・花）
> 　　　　植物の栽培や畜産・養殖により安定した供給
> 　　品種改良（人工交配・接木）
> 　　　　原種や野生種からより良い作物や家畜をつくり出す
> 　　発酵食品
> 　　　　微生物による分解能力を利用した食品
> 　　有用物質（低カロリー甘味料・キシリトールガム・抗生物質）
> 　　　　物質を取り出して，製品をつくる

さらに，微生物や酵素を固定化して利用しやすくしたバイオリアクターによるビールや食品の生産が行われている（図10.19）．バイオリアクターは小さな生物や物質をゲルや膜に固定して，溶液や代謝産物と接触できるようにしつつ，液体との分離が容易になるようにしたものである．

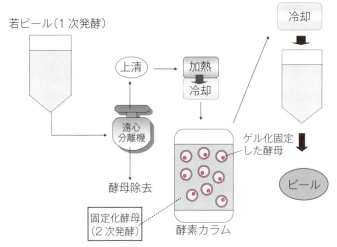

図 10.19　バイオリアクターによるビールの作製

　ヒトは"衣"においても他の生物を利用してきた．寒い地域に棲むヒトは古くからクマやアザラシなどの毛皮を防寒に利用してきた．現在ではミンクやビーバーなどの毛皮，ガチョウやアヒルなどの水鳥の毛（羽毛；ダウン，羽根；フェザー）も珍重されている（図10.20）．また，ヒツジの毛やカシミアヤギの毛などの動物性の繊維を糸状により合わせて編み上げ衣類としている．これらの主成分はタンパク質である．毛皮や毛以外の動物性タンパク質繊維として絹（シルク）がある．昆虫のカイコガ（図10.21）の幼虫は蛹になるときに糸を吐き，繭をつくってその中で蛹に変態する．絹糸は繭の繊維を解き糸状によったもので，これを織って布にする．絹は保温性・保水性が高く，発散性もよい．何よりも美しい光沢をもつことが古くから珍重されてきた理由である．

　天然素材として知られる綿はアオイ科ワタ属の植物の実が裂けた際に種子の表面に見られる繊維で，主成分はセルロースである．セルロースは植物の細胞壁の主成分でもある糖質で，木綿は伸びにくく丈夫で，吸水性があり肌触りが良い．麻はアサ科アサ属の植物を密集させて育て，長く生長させた茎を包む皮から採れる繊維で作られる．ワタと同様に主成分はセルロースであるが，通気性がよいため汗を蒸発させ，ワタよりも伸

図 10.20　衣類に利用される動物例

図 10.21　カイコガの幼虫・蛹・繭・成虫

びにくく光沢があり，ざらざらとした手触りである．

また，ポリエステルやナイロンなどの化学合成により作られる化学繊維に分類されるが，レーヨン・キュプラ・アセテートなどは，植物を化学的に加工して作製される（表10.4）．

表10.4　繊維の種類と特徴

分類	種類	長所	短所	備考	主な用途
動物性繊維	羊毛（ウール）	保温性・伸縮性・弾力性が高く，撥水性・吸湿性がある．シワになりにくい．	毛玉ができやすい．縮みやすい．フェルト状になる．虫がつきやすい．	羊の種類は3,000種以上．	セーター，毛布，ラグマット
	絹	美しい光沢があり，肌触りが良い．保温性・保湿性・発散性が高い．	シミになりやすい．酸・アルカリに弱い．縮みやすい．汗・雨に弱く色落ちしやすい．熱に弱い．虫がつきやすい．	1粒の繭から約1500mの細く長い糸が取れる．	ネクタイ，和服，ブラウス，スカーフ
植物性繊維	綿	肌触りが良く涼しく，吸水性が高い．熱に強く丈夫である．	縮みやすい．シワになりやすい．黄変しやすい．	綿花は世界60カ国以上で栽培	下着・タオル，シャツ，ハンカチ，浴衣
	麻	通気性・吸水性・発散性が高い．肌触りが良い．水に濡れると強くなる．	シワになりやすい．毛羽立ちやすい．保湿性が低い．白く変色しやすい．	麻の種類は約20種．	夏物衣料，ハンカチ
化学繊維	レーヨン	吸湿性・吸水性が良い．光沢があり着心地が良い．	水に弱く洗濯で縮みやすい．シワになりやすい．摩擦に弱い．水ジミができやすい．	木材パルプからセルロースを取り出して糸とする．	裏地，下着，カーテン
	キュプラ	吸湿性が良く，静電気が発生しにくい．滑りが良く，光沢がある．強度もあり，縮みにくい．	摩擦により毛羽立ちやすい．	綿の実から綿花をとったあとに残った短い繊維	裏地，ブラウス，ふろしき
	アセテート	吸湿性が良く，静電気が発生しにくい．円形断面の繊維などで滑りが良く，光沢がある．強度もあり，縮みにくい．	シンナー・除光液などに溶ける．	リンターや木材パルプからとった繊維素（セルロース）と酢酸からつくる．	裏地，婦人フォーマルウエア，カーテン

さらに，"住"においてもヒトは他の生物を利用してきた．特に日本は長い間，木造建築が主流であり，ヒノキ・スギ（図10.22）・マキなどを栽培し柱や梁に使用している．またサクラやケヤキなどの天然木を天板に用いた机や棚も利用されている．

また，純和風建築は少なくなってきたが，障子や襖紙の原材料も植物である．古代エジプトにおいて，紙はカヤツリグサ科カヤツリグサ属パピルス（図10.23）で作られていた．パピルス紙は茎の皮を剥いで得られる髄を薄く切り，細長くしたものを水につけた後，縦横に重ねて重りを掛けてシート状にしたものである．日本古来の和紙は，クワ科

図10.22　スギ林

のコウゾやジンチョウゲ科のミツマタやガンピの茎を蒸して皮を剥ぎ一番外側の黒い部分を取り除いた白皮を水酸化ナトリウムなどのアルカリ液で煮込み，冷水に浸して綺麗にした後，叩いてある程度の大きさにまで繊維を砕く．これを水に入れ，アオイトロロなどの植物から抽出した粘液を加えて混ぜながら，薄く漉いて重りを掛けて水分を抜き乾燥させる．和紙に限らず，現在ヒトが使用している紙は基本的に植物から得られた繊維で作られている．

図 10.23　パピルス（左）とゴムノキ（右）

　自動車のタイヤなどゴム製品も生活には重要である．現在は化学合成されたゴムが多く使用されているが，もともとはゴムノキ（総称）（図 10.23）の樹皮にナイフで切り込みを入れ，しみ出た樹液を採集した生ゴムに硫黄または硫化硫黄を混ぜて弾力を上げて使用されていた．ゴムの主成分は cis-ポリイソプレン $[(C_5H_8)_n]$ で，これが重合して生成される．

　このように，ヒトは他の動物などと比較して，多くの生物を，さまざまな方法で利用している．

Check 10

Q1〜3 に当てはまるものを次の①〜⑥から選べ．
　　① 生態系　　② 相互作用　　③ 作用　　④ 生物群集　　⑤ 反作用　　⑥ 個体群
　　Q1 ある地域に生息する同種の生物の集団を何と呼ぶか？
　　Q2 その地域に生息するさまざまな個体群が集まり構成される生物集団を何と呼ぶか？
　　Q3 生物群集とそれを取り巻く無機的環境を合わせて何と呼ぶか？

Q4〜8 に当てはまるものを次の①〜⑥から選べ．
　　① 縄張り　　② 群れ　　③ リーダー　　④ 順位制　　⑤ 社会性　　⑥ 競争
　　Q4 個体間に優劣の順番を決める種内関係を何と呼ぶか？
　　Q5 同種個体の集まりが統制された行動をとるとき，その中心となる個体を何と呼ぶか？
　　Q6 動物が侵入者を排除し占有する空間のことを何と呼ぶか？
　　Q7 主に捕食者から身を守るために同種の多数の個体が集まった集団を何というか？
　　Q8 集団生活する昆虫の中で，分業が進み，形態的分化もみられるものを何昆虫と呼ぶか？

Q9〜13 に当てはまるものを次の①〜⑥から選べ．
　　① 相利共生　　② 片利共生　　③ 競争　　④ 捕食-被食　　⑤ すみわけ　　⑥ 寄生
　　Q9 2種類の生物が共存することで双方に利益を与え合う種間関係
　　Q10 生活要求の似た種の間で起こる争いを回避する工夫
　　Q11 他の生物（宿主）の体内や体表で生活することで，宿主に害を与える関係
　　Q12 生活要求の似た種の間で起こる，生活空間や食料を取り合う関係
　　Q13 2種類の生物が共存し，片方は利益を得るが，もう一方は利益も損もない種間関係

Q14〜20 の生物間の関係を次の①〜⑦から選べ．
　　① 相利共生　　② 片利共生　　③ 競争　　④ 捕食-被食　　⑤ すみわけ　　⑥ 寄生　　⑦ 中立
　　Q14 シマウマとキリン　**Q15** コバンザメとジンベイザメ　**Q16** ヒトと肉牛
　　Q17 イネと雑草　**Q18** イワナとヤマメ　**Q19** アリとアブラムシ　**Q20** ヒトとカイチュウ

Q21〜23 の大気中の濃度はどれくらいか？　当てはまるものを次の①〜⑥から選べ．
　　① 約80%　　② 約20%　　③ 約1%　　④ 約0.2%　　⑤ 約0.03%　　⑥ 約0.005%
　　Q21 二酸化炭素　　**Q22** 窒素ガス　　**Q23** 酸素

Q24 空気中の二酸化炭素を取り込み，炭水化物を合成する生物はどれか？　2つ選べ．
　　① 根粒菌　　② タブノキ　　③ ヒト　　④ 紅色硫黄細菌　　⑤ バッタ

Q25 空気中の窒素ガスを取り込み，固定する生物はどれか？　2つ選べ．
　　① 根粒菌　　② タブノキ　　③ ヒト　　④ 紅色硫黄細菌　　⑤ バッタ

Q26, 27 に当てはまるものを次の①〜⑤から選べ．
　　① 化学エネルギー　　② 光エネルギー　　③ 熱エネルギー　　④ 電気エネルギー　　⑤ 核エネルギー
　　Q26 生態系内のエネルギーの元となるものはどれか？
　　Q27 生体内の活動のエネルギーはどのような形で存在するか？

Q28 炭素は大気中ではどのような物質として存在するか？
　　① 窒素ガス　　② ブドウ糖　　③ 二酸化炭素　　④ アンモニウムイオン　　⑤ デンプン

Q29 植物が直接空気中から取り込めるのはどちらの物質か？
　　① 窒素　　② 炭素

演習問題 10

1 生物の種間関係について示したa～fのうち，捕食-被食，相利共生，競争の関係はどれか．すべて選べ．

(a) ダイズと根粒菌　　(b) オオヤマネコとウサギ　　(c) 栄養段階が1段階異なる2種類
(d) 生態的地位が似た2種類　　(e) 体がほぼ同じ大きさで同じようなものを餌とする2種類
(f) 助け合う関係にある2種類

2 炭素の循環を示した次の模式図について，以下の問いに答えよ．なお，矢印は炭素の移動を示す．

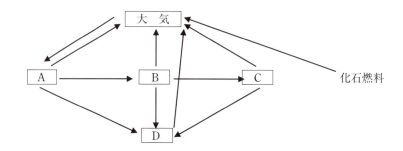

(1) A～Dに当てはまる生態系での役割を示す名称（～者）を答えよ．
(2) AからB，BからCへの矢印は，後者によるどのような行動によるものと考えられるか答えよ．
(3) Dへの矢印は何であると考えられるか答えよ．
(4) A～Cから大気への矢印はどのような行動によるものと考えられるか答えよ．
(5) 大気への矢印において炭素はどのような物質として移動すると考えられるか答えよ．
(6) 化石燃料から大気への矢印はヒトによるどのような行動で起こるか答えよ．
(7) 図に関する記述として正しいものはどれか答えよ．
　① エネルギーと同じように炭素も一部は循環せずに熱として失われる
　② 光が届かない深海では光合成ができないので炭素を同化する生物は存在しない
　③ 炭酸同化によって無機物から有機物を合成できる生物を生産者という
　④ 植物は大気中の炭素を直接取り込むことができない．
　⑤ 分解者は炭素化合物を光合成によって分解する．

3 窒素の循環について，以下の問いに答えよ．
(1) 大気中の窒素を土壌中に固定する自然現象を挙げよ．
(2) 大気中の窒素を土壌中に固定する微生物の例として当てはまるものを次のうちから2つ選べ．
　① 亜硝酸菌　　② 根粒菌　　③ クロストリジウム　　④ 硝酸菌　　⑤ 酵母菌
(3) 植物は土壌中の窒素をどのような形で吸収すると考えられるか答えよ．
(4) 植物によって合成される窒素有機化合物を3つ答えよ．
(5) 土壌中から大気へ窒素を移動させる生物の総称を答えよ．

11 生物の多様性と環境問題

講義目的

生物にとっての環境の大切さについて理解しよう．

疑問

絶滅の危機に瀕している生物はどれくらいいるのでしょうか？
生物はさまざまな環境に適応して生息しています．
しかし，近年，生物の生息環境が変化し絶滅の危機にある生物は増えています．
その原因としてどのようなことが考えられるのでしょうか？
まずは各自で絶滅が危惧されている生物を挙げ，原因を考えてみましょう．

KEY WORD

【生物多様性】　　　　　　　【COP10】
【種の多様性】　　　　　　　【遺伝子の多様性】
【生態系の多様性】　　　　　【環境汚染】

11.1　生物多様性とは

　生物種内・生物種・環境を含む生態系の多様性を"生物多様性"という．地球上に生息する3000万種ともいわれる生物は，さらに同種であっても遺伝子にわずかに違いがみられる．また，生物を取り巻く環境も森や林，海や川の中，砂漠など多様であり，その環境に適した生物が生息している．しかし，現在，絶滅の危機にある動植物は20000種以上ともされる．2010年10月に名古屋市で生物多様性条約第10回締約国会議；COP10（Conference of the Parties 10）が開かれた．その際"生物多様性"として，地球上にさまざまな環境がある「生態系の多様性」，さまざまな生物が生息している「種の多様性」，それぞれの種の中でも個体差がある「遺伝子の多様性」の3つのレベルを挙げている．

11.2　生態系の多様性

　生態系は食物連鎖による物質の移動を中心に成り立っている．陸上の生態系では，太陽の光エネルギーによる光合成で，植物は水と二酸化炭素から炭水化物をつくり，根から吸収した物質を利用して生長する．植物を昆虫や草食動物が捕食することで，物質と共にエネルギーが移

動する．さらに草食性の昆虫や動物を肉食動物が捕食する．枯死した植物や動物の排泄物や死骸を微生物が分解し，物質が移動するだけでなく，分解物が土壌に入り，やがて植物に吸収される．海でも基本的な物質とエネルギーの移動は同じであるが，光合成を行う生物が植物プランクトンであり，これを捕食するのが動物プランクトンやプランクトン食の魚類など，そしてこれらを捕食するのが肉食性の魚類などである．

このように，生態系内の基本的な構造はどの生態系でも同様であるが，それぞれに生息する生物種は，生態系を取り巻く，光・温度・水・大気・土壌などの無機的環境によってさまざまである．例えば，気温についてみてみると，動物は寒い地方に生息しているものほど大きくなる．これをベルクマンの法則といい，大形になると体積当たりの表面積が小さくなり，放熱量が少なくなるためであるとされる．図 11.1 のように，ホッキョクグマ（*Ursus maritimus*）は体長約 2.5 m，体重約 300 kg でクマ科の中でも最大の大きさで，冬の平均気温 −40℃ の極寒の北極に生息し，冬眠しない．日本の北海道に生息するエゾヒグマ（*Ursus arctos yesoensis*）は体長約 2 m，体重約 160 kg であり，本州に生息するニホンツキノワグマ（*Ursus thibetanus japonicus*）は体長約 1.5 m，体重約 100 kg で，日本国内でも大きさに差がある．日本に生息するクマは餌が少なく寒い冬を冬眠によりわずかなエネルギーでやり過ごす．東南アジアに生息するマレーグマ（*Helarctos malayanus*）は体長約 1.3 m，体重約 70 kg と細身でよく動きまわり，冬眠しない．

ホッキョクグマ（名古屋市東山動植物園） エゾヒグマ（札幌市円山動物園） ニホンツキノワグマ（よこはま動物園ズーラシア） マレーグマ（豊橋総合動植物公園（のんほいパーク））

図 11.1 気温の異なる地方に生息するクマ

同様に，気温について，寒い地方に生息する動物ほど突出部が小さいとするアレンの法則がある．図 11.2 のように，北極に生息するホッキョクギツネ（*Alopex lagopus*）の耳は小さく，日本に広く生息するホンドギツネ（*Vulpes vulpes japonica*）はそれよりも大きく，アフリカ北部の砂漠に生息するフェネックギツネ（*Vulpes zerda*）は極端に大きな耳をもつ．耳には多くの血管が体表に近い部分を通っているため，耳が大きいと熱の放散が多くなり，体温が失われる．寒い地域に棲む生物はできる限り熱を奪わ

ホッキョクギツネ（宮城蔵王キツネ村） ホンドギツネ（長野市茶臼山動物園） フェネックギツネ（二見シーパラダイス）

図 11.2 気温の異なる地方に生息するキツネ

れないように突出部を小さくし，逆に暑い地域に棲む生物は突出部を大きくして体温の上昇を防いでいる．

　植物にとっても気候は重要である．適度に気温が高く降水量も多い地域では太陽の光を浴びて多種多様な植物が育つ．それらは森林となり，動物に食糧と棲みかを与える．豊富な植物の落ち葉などは土壌中の微生物に分解されるが，適度に高い気温では分解速度が速いため，分解物を植物が再度利用するまでに時間が掛からない．このような理由から，森林には多くの動植物が存在する．日中の気温が極端に高く降水量が少ない砂漠では，多くの動植物を支えられるような生態系は成立しないが，その環境に適応した植物や動物が生息し，関係している．同様に寒い地域や海，湖沼，河川などさまざまな条件の環境に適応した生物が生息し生態系をつくり上げている．

　さらに無機的環境がよく似ていても長い年月をかけて成立した生物間の関係は地域によって異なる．孤島では地理的な隔離によって独自の進化を遂げた生物が数多くみられる．それらはその島の固有種であり，ガラパゴス諸島やマダガスカル島は固有種が多いことで知られている．日本も島国であり，固有種が多く生息している．特に小笠原諸島では陸上だけでなく近海に生息する生物にも固有種が多く見られる．

　以上のように，生態系は無機的環境と地理的隔離，生物間の関係によって成り立ち，長い時間をかけてそれぞれの地域で均衡を保つまでになった．

11.3　種の多様性

　長い時間をかけてそれぞれの生態系での役割が確立した生物は，その生態系の均衡を保つ一員である．近年，ヒトによるさまざまな行為がある種の生物を減少させたり増加させたりしている．そして，その生物種の増減が他の生物へも影響している例もある．

〈日本で絶滅した，または絶滅の危機にある生物〉

　近年になって絶滅した動植物，絶滅が危惧される動植物の一覧をレッドリストといい，これを掲載した本をレッドデータブックという．日本のレッドリストにある生物をいくつか紹介する．

　1905年にニホンオオカミ（*Canis lupus hodophilax*）（図11.3）の若いオスの個体が奈良県で捕獲された．この個体を最後にニホンオオカミは絶滅したと考えられているが，絶滅の理由は特定されていない．ニホンオオカミが絶滅したことが一因となり，奈良県から三重県に跨る大台ケ原では餌であったニホンジカの数が増え樹木が食い荒らされている．林床の若い植物が食べつくされ次世代の樹木が育たず，ウラジロモミやトウヒなどの樹皮が食べられることにより大きく生育した植物も枯れてきている．また，北海道に生息していたエゾオオカミは家畜を襲うという理由で1888年まで駆除され，1900年頃に絶滅したと考えられている．これにより日本にはオオカミがいなくなっ

図11.3　ニホンオオカミ
（剥製：国立科学博物館）[口絵参照]

たとされる.

1981 年, 日本に生息する野生のトキ (図 11.4) が佐渡ヶ島の 5 羽を残すのみとなり, 新潟県佐渡市の佐渡トキ保護センターによりすべて捕獲された. 2003 年には最後の保護鳥が死亡し, 日本産の野生のトキは絶滅した. 野生のトキが減少した原因は生息していた山間部の自然が失われ, 餌となるカエルや水生昆虫が少なくなり営巣する大木もなくなりつつあることなどがいわれている. トキは学名を *Nipponia nippon* といい, 日本にとって特別な鳥であると認識されて

図 11.4 トキ
(剥製:いしかわ動物園)

いる. 現在, 佐渡トキ保護センターでは日本産のトキと生物学的に同一であると推察される中国産トキから人工繁殖を盛んに行い, また, トキが感染症など何らかの要因で全滅した際に再度絶滅するのを避けるために, 分散飼育している. 2007 年には東京都の多摩動物公園, 2009 年には石川県のいしかわ動物園, 2010 年には島根県の出雲市トキ分散飼育センター, 2011 年には新潟県の長岡市トキ分散飼育センターで非公開での飼育が始まり, それぞれで繁殖に成功している. 既に 2008 年から野生下に放鳥も行い, 日本に再びトキを生息させようとしている.

ニホンコウノトリ (*Ciconia boyciana*) (図 11.5) も 1971 年に国内で繁殖していた野生個体群は絶滅し, 1986 年には飼育されていた個体も死亡した. 絶滅の原因は, 乱獲, 巣をつくるための樹木の伐採, 農薬による生息環境悪化などとされている. そこで, 大陸から渡来し保護された個体をもとに人工繁殖し, 2005 年以降放鳥している. 既に放鳥したつがいからの自然繁殖も確認され, 計 40 羽以上が兵庫県但馬地方に生息している.

図 11.5 ニホンコウノトリ
(東京都多摩動物公園)

ニホンカワウソ (*Lutra lutra whiteleyi*) (図 11.6) は鼻先から尾の先端までで約 1.5 メートルもの大きさで, 九州以北のほぼ日本全土に生息していたが, 1979 年以降はっきりとした観測例がない. 工事や開発で生息場所を奪われたと考えられている. 日本の広い地域に生息していたニホンカワウソが短期間で減少し, 絶滅したと考えられているが, 生息地域が広かったため, どこかで生息する個体が存在する可能性を考慮し, 2011 年まで絶滅危惧種とされてきた. 見直しにより 2012 年に絶滅種に指定された.

図 11.6 ニホンカワウソ
(剥製:愛媛県立総合科学博物館)

1967 年に新種として認定されたイリオモテヤマネコ (*Prionailurus bengalensis iriomotensis*) (図 11.7)

図 11.7 イリオモテヤマネコ
(剥製:国立科学博物館)

は沖縄県西表島にのみ生息し，特別天然記念物に指定されている．生息数は1994年当時の調査で約100頭とされ，現在減少していると推定される．西表野生生物保護センターでは調査・保護活動を行っているが，交通事故により死亡するケースもある．

長崎県対馬にのみ生息するツシマヤマネコ（*Prionailurus bengalensis euptilurus*）（図11.8）は，天然記念物に指定されている．1930年代の約300頭から1997年には70〜90頭へと減少している．原因は猟犬の移入・広葉樹林の減少・ネコ免疫不全症（FIV）などのイエネコからの伝染病などと考えられている．現在，調査・保護活動が行われている対馬野生生物保護センターの他に，環境省により保護増殖事業計画の1つとして福岡市動物園や九十九島動植物園などの国内9施設で分散飼育・繁殖が行われている．

図11.8 ツシマヤマネコ
（よこはま動物園ズーラシア）

鹿児島県奄美大島と徳之島にのみ生息するアマミノクロウサギ（*Pentalagus furnessi*）（図11.9）は原始的なムカシウサギの仲間とされ，特別天然記念物に指定されている．奄美大島で数千匹，徳之島で約200匹が生息していると推定されているが，野生化したイヌやイエネコ，ハブ退治のために持ち込んだマングースなどにより捕食されたり，自動車事故にあったりしている．環境省奄美野生生物保護センターで調査・保護が行われている．

図11.9 アマミノクロウサギ
（剥製：国立科学博物館）

沖縄県北部のやんばる地域にのみ生息するヤンバルクイナ（*Gallirallus okinawae*）（図11.10）は，1981年に登録された新種で，日本では唯一の飛べない鳥であり，天然記念物に指定されている．森林の伐採による生息場所の減少や人為的に持ち込まれたマングースによる捕食が原因で減少している．沖縄県のやんばる野生生物保護センターで調査・飼育・繁殖が行われている．

図11.10 ヤンバルクイナ
（ネオパーク国際種保存研究センター）

日本の広い地域に生息していたニホンカワウソとは異なり，上記の4種のように特定の地域にのみ生息する生物は元の個体数が少なく絶滅が危惧されている．また，他の地域での生活には馴染まない可能性が高いため生息域の環境保全が重要となる．

特別な環境を有する地域として2011年に世界遺産に登録された小笠原諸島がある．小笠原諸島は大陸と陸続きになったことがなく独自の生態系が存在する亜熱帯気候の地域であり，本土には生息しない貴重な生物がいる．天然記念物に指定されているオガサワラオオコウモリ

(*Pteropus pselaphon*)（図 11.11）は，果実や蜜を餌とする翼長 80 cm の大型のコウモリで，南硫黄島に数百頭が生息している．また，既にオガサワラカラスバト（*Columba versicolor*；1889 年），オガサワラガビチョウ（*Cichlopasser terrestris*；1828 年）など多くの生物が絶滅した．人為的に移入したネズミやブタ，イエネコなどによる捕食が絶滅の原因ともなっている．

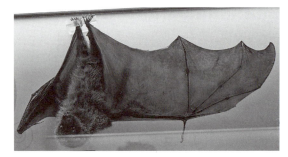

図 11.11　オガサワラオオコウモリ
（剥製：国立科学博物館）

　レッドリストに入る生物は既に絶滅したか，もしくは非常に数が少なくなっている生物であり，これらが絶滅したとしても直ぐには生態系のバランスが崩れるとは考えにくい．しかし，それらの生物が絶滅に向かった要因を追求し，環境保全を考えていかなければ，今後，短期間で絶滅する生物が増加する可能性がある．それらの生物の絶滅により生態系のバランスが崩れ，ヒトの生活にも大きな影響を及ぼすことが懸念される．

重要 ★★★

〈外来種の危険性〉

　生態系のバランスを大きく変える要因の一つに，ヒトによる外来種の持ち込みが挙げられている．日本に海外から持ち込まれた植物や動物が数多く見られる．日本本土に生育するシダ植物・種子植物は約 4000 種と考えられているが，このうち海外から人為的に持ち込まれた植物は 1200 種とされる．これらは既に野生で生育するようになったもので，帰化植物（図 11.12）と呼ばれる．

　アサガオは熱帯アジア原産で平安時代に渡来した帰化植物であり，既に長く日本にある．オ

図 11.12　帰化植物

オイヌノフグリは西アジア原産で明治初期に帰化したとされるが，春に他の植物が成長する前に花を咲かせるからか，草丈が低いためか，他の植物を駆逐するような印象はあまりない．近年問題視されている帰化植物には，近縁の在来種よりも厳しい環境に強く繁殖力が高いヨーロッパ原産のセイヨウタンポポ（*Taraxacum officinale*）や北アメリカ原産のオオキンケイギク（*Coreopsis lanceolata*），アレロパシー物質を放出し他の植物の生育場所を奪う北アメリカ原産のセイタカアワダチソウ（*Solidago canadensis var. scabra* または *Solidago altissima*）やヒメジョオン（*Erigeron annuus*）などがあり，特にオオキンケイギクは特定外来生物とされる．特定外来生物とはもともと日本にいなかった外来生物で，生態系に被害を及ぼすものとして，法律により飼育・栽培・保管・運搬・販売・譲渡・輸入を原則禁止されている生物である．

外来動物（図11.13）の持ち込みも大きな問題となっている．本来生息していた環境と異なる日本で野生化した帰化動物は，生きる力が非常に強く，在来種の生活場所を奪い絶滅させる危険性が高い．アライグマ・キョン・タイワンザルなど30種程度の哺乳類やカミツキガメ（*Chelydra serpentina*）・カダヤシ（*Gambusia affinis*）・ブルーギル（*Lepomis macrochirus*）など多くの生物が特定外来生物に指定されている．

図11.13　特定外来生物

北アメリカ原産のアライグマ（*Procyon lotor*）はペットとして飼育していた個体の放棄などにより自然繁殖した．捕食対象が広く固有在来種の捕食も報告されており，また農作物や人家への被害が問題となっている．中国東部や台湾に自然分布しているシカ科のキョン（*Muntiacus reevesi*）は，動物園などで飼育されていた個体が逃げ出して自然繁殖したと考えられている．千葉県では1990年頃から生息し，2007年には4000頭に達していると推定される．キョンはイネやトマト，スイカなどの農作物を食べ，自生植物も食害にあっている．タイワンザル（*Macaca cyclopis*）は台湾の固有種で，日本では1930年頃に動物園などから脱走した個体や放獣した個体が繁殖している．和歌山県や下北半島ではニホンザルとの交雑個体が見つかっており，ニホ

ンザルの遺伝子汚染が起こっており，農作物の食害や人家への被害もある．また，特定外来生物には指定されていないが，今後同様の害をもたらす可能性を含む要注意外来種も多い．

〈世界で絶滅した，または絶滅の危機にある生物〉

世界でも多くの生物が絶滅の危機にある．哺乳類約5500種のうち約1100種，鳥類約10000種のうち約1300種，両生類約6400種のうち約1900種が絶滅危惧種とされており，それぞれ1/5，1/8，1/3を占める．

タスマニアでは1770年以降移民によるヒツジやニワトリの飼育が盛んであり，家畜を襲うフクロオオカミ（*Thylacinus cynocephalus*）（図11.14）を駆除した結果，1936年にフクロオオカミは絶滅した．近年ではこのように駆除が原因となり絶滅の危機に陥る生物は少なくなってきている．個体数が減少する原因として，ヒトによる森林の破壊や水質汚染で生息場所がなくなること，毛皮やペットとして売るためにヒトに捕獲されること，ヒトが持ち込んだ生物による捕食，ヒトが持ち込んだ生物との餌の奪い合いなどが挙げられる．

生息場所の減少；オランウータンはマレー語で"森の人"を意味するように，森の木の上で生活する．材木や紙の原料を得るために森林の伐採が進み，さらに森を切り開いて大きな農園がつくられたことにより，ボルネオオランウータン（*Pongo pygmaeus*）とスマトラオランウータン（*Pongo abelii*）は共に生息場所が失われている（図11.15上）．ドゥクラングール（*Pygathrix nemaeus*）はカンボジアやベトナムに棲む世界で最も美しいサルと呼ばれている（図11.15左下）．1960年頃からのベトナム戦争で森林が爆破されたり化学薬品で汚染されたりして生息場所を奪われている．ウーパールーパーとも呼ばれるメキシコサンショウウオ（*Ambystoma mexicanum*）はメキシコのソチミルコ湖周辺にのみ生息する両生類である（図11.15右下）．ヒトの生活域に近い湖では生活排水などが流れ込み，水質汚染が進んでいる．サンショウウオは綺麗な水を好むため，生息場所が少なくなっている．

密猟；アフリカ中西部に生息するクロサイ（*Diceros bicornis*）の角は薬になるとされ，また短剣の柄の材料になるため狩猟の対象にされている．自然界においてクロサイを襲う動物は少

図11.14　フクロオオカミ
（剥製：国立科学博物館）[口絵参照]

ボルネオオランウータン　　スマトラオランウータン
（いしかわ動物園）　　　（名古屋市東山動植物園）

メキシコサンショウウオ
（魚津水族館）

ドゥクラングール
（よこはま動物園ズーラシア）

図11.15　生息域を失った絶滅危惧種

なく，クロサイの子（図 11.16 左）は無事に成長できたため，たくさんの子を産む必要性がなく，クロサイが産む子の数は少ない．ヒトによる密猟で死亡していく個体数が生まれる個体数を上回るようになり，数が減少していった．また，スマトラ島にしか生息していないスマトラトラ（*Panthera tigris sumatrae*）は（図 11.16 右），ヒトの増加により森林が伐採され，生息場所を失い数が減少している．それに加えて，美しい毛皮を目当てとした密猟が行われている．自然保護区の内部にも密猟者が入り込み，スマトラトラが安心して住める地域を奪っている．東南アジアからインド東部に生息するスローロリス（*Nycticebus coucang*）は，のんびりとした動きと大きな目でペットとして人気が高い．ヒトに簡単に捕まってしまい，野生での数を減少させている．

クロサイ
（広島市安佐動物公園）

スマトラトラ（恩賜上野動物園）

図 11.16　密猟される絶滅危惧種

外来種による捕食；カグー（*Rhynochetos jubatus*）はニューカレドニア島だけに生息する飛べない鳥である（図 11.17 左）．島にはカグーを捕食するような天敵はいなかったため，飛んで逃げる必要がなく飛ばない鳥に進化したと考えられる．しかし，ヒトが外からイヌなどを持ち込んだことにより襲われ，個体数が減少している．さらに，カグーは 1 年に 1 個の卵しか産まないため，繁殖力が弱い．ヒトが外部から持ち込んだブタはこの数少ない卵を食べてしまう．

外来種との競争；インド・インドネシア・マレー半島の森林に生息するガウル（*Bos gaurus*）はウシの仲間で最も大きい（図 11.17 右）．肉や角を目当てとしたヒトによる狩猟で数を減らし，さらに家畜牛の増加により餌を奪われている．

以上に挙げた生物の他にも多くの生物が人的被害によって絶滅の危機に瀕している．哺乳類や鳥類は比較的個体数が推定しやすく，減少しているかどうかわかりやすいが，魚類や昆虫など個体数の推移が詳細に調べられていない生物種もあり，絶滅に瀕した生物は想像以上に多いと考えられる．

カグー　　　　　　ガウル
（横浜市野毛山動物園）　（横浜市金沢動物園）

図 11.17　外来種の被害にあう絶滅危惧種

11.4 遺伝子の多様性

同種の生物であっても地理的に隔離された状態で交雑が起こらない期間を経ると，DNA塩基配列に違いが見られるようになる．DNAは紫外線や放射線などによって変異が起きやすく，基本的にその変異はランダムである．生存に支障をきたすような変異が生じた場合には，その個体は失われていくが，その地域で生殖や生存に有利な変異を起こした個体は次世代を多く残していく．このようなことが繰り返されると，ある地域と別な地域ではDNA塩基配列の違いが蓄積し，遺伝子の多様性が生じる．

同種生物に遺伝子の多様性があることは，種の保存においても有利である．何らかの環境の変化や病原性ウイルスなどの脅威にさらされた場合，全滅を免れる可能性が高くなると考えられる．

重要

11.5 自然環境の汚染

生態系の物質循環について前章で述べたが，この物質循環のバランスを崩したことによって，自然環境の汚染が問題となっている．バランスの崩壊は，物質の増減，および，生物の増減の大きく2つの原因に分類される．物質の増減は，地球温暖化・酸性雨・光化学スモッグ・オゾン層破壊を，生物の増減は，森林の減少・砂漠化・水質汚染を引き起こしているが，両者は密接に関係しあっている．

〈森林の減少と砂漠化〉

緑色植物は，光エネルギーを利用して大気中の二酸化炭素（CO_2）を固定し，炭酸同化を行い，その際に水（H_2O）を分解して酸素（O_2）を放出する．したがって，森林は二酸化炭素の吸収および酸素の供給という大きな役割を担っている．また，植物が土中に根を張ることで，土壌中に水分を溜め，土砂崩れの防止，河川の水量調節，水質浄化などにも貢献している．さらに，森林は，太陽光や風雨をさえぎることで，ある種の草本植物や小動物の生息場所を供給している．したがって，生態系において多くの役割を担う森林の減少は，多様な生物の生活に大きな影響を及ぼすことになる．

森林の減少の原因は，建築資材としての商業伐採および薪炭材の伐採・アフリカで多くみられる熱帯林の焼き畑農業・南アメリカで多い放牧地への転用や農地への転用・大規模な森林火災などが挙げられる．森林火災は自然発火の場合もあるが，これらの原因のほとんどがヒトによって引き起こされた生物（植物）の減少である．

樹木の伐採や焼き畑農業による森林の減少は，土地の砂漠化を招いている．砂漠化は，自然現象である風食や水食による砂の流入や，ヒトによる不適切な灌漑による塩害，過放牧による草本植物の減少によっても引き起こされている．砂漠化した土地では，栄養分や保湿力が低下しているため，植物の生育が難しい．

以上のような，森林の減少および土地の砂漠化による植物の減少は，地球温暖化に繋がる．

〈地球温暖化〉

　地下に埋蔵されたエネルギーの1つに化石燃料がある．石炭は主に3億年もの昔の大きなシダが，長い間高温高圧に晒されて出来上がった．一方，石油や天然ガスは恐竜が歩き回っていた時代の動物の死骸からできている．長い間眠っていたこれらの物質は，どちらも現在，ヒトの生活には欠かせない重要なエネルギーとなっている．石油も石炭も炭素が主成分であり，これら化石燃料の燃焼によって放出される二酸化炭素は，森林の伐採などによる光合成植物の減少もあり，年々大気中の濃度が増加している［ただし，植物の二酸化炭素の吸収速度が季節によって変動するため，1年の間で二酸化炭素濃度が高くなる時期（冬）と低くなる時期（夏）がある］．スプレーや冷媒，半導体の洗浄に使用されるフロン，水田や家畜・し尿処理場などから発生するメタン，雷や紫外線によって酸素分子から変化するオゾンも温室効果の原因となる物質（温室効果ガス）である．

　これらの気体は，地球の地面が太陽の光で暖められて放出する赤外線を吸収し，地球の外へ向かう熱の放出を妨げることで，大気を暖めてしまう．したがって，温室効果ガスの増加に伴い，地球上の平均気温も年々高くなっている．気温の上昇は，森林の生態系では植生の移行（冷温帯のブナ林がミズナラ林に変わるなど）を招き，マツ材線虫病の被害が拡大し，また，低温域に適応して生息する生物に影響を与える．さらに，高山の永久凍土の氷が融解したり南極の氷が融けたりすることで海面の上昇を招き，海岸線付近で適応して生活する生物の生息地を奪うことになる．他に，気温の上昇によって滞留エネルギーが大きくなり，ハリケーンや台風が増発するとされる．

　20世紀の100年間で地球の平均気温は0.6℃，平均海水面は10～20cm上昇したと2001年に報告された．今後の100年では，気温が2.5℃も上昇すると予想されている．

〈酸性雨と光化学スモッグ〉

　大気中の雨には，二酸化炭素が大気中から溶け込んでいるため，pH5.6となる．pH5.6未満の降雨を酸性雨という．酸性雨によって，河川や湖沼の酸性化による魚類の死滅・土壌の酸性化による森林植物の枯死・建造物の劣化が懸念されている．

　酸性雨の原因は，図11.18に示したように，工場や自動車などによる化石燃料の燃焼で放出

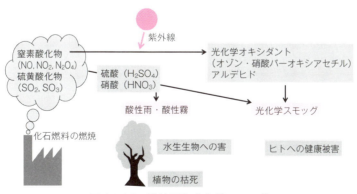

図11.18　酸性雨と光化学スモッグ

された窒素酸化物（NOx）や硫黄酸化物（SOx）から，大気中で硫酸イオンや硝酸イオンが生成され，雨水に溶け込むとされている．

また，窒素酸化物（NOx）は，紫外線の照射によって光化学分解され，オゾン（O_3）を発生するとともに，他の物質と結合してアルデヒドや硝酸パーオキシアセチル（PAN）をつくる．これらは酸化力が強く光化学オキシダントという．硫黄酸化物（SOx）は，大気中の水と光化学反応し，硫酸ミストとなる．光化学オキシダントと硫酸ミストは，光化学スモッグ（スモークとフォッグの合成語）を形成し，地上に降るとさまざまな生物に大きな影響を与える（図11.18）．ヒトにおいては，目の痛みや呼吸困難など健康への影響がある．

〈オゾン層の破壊〉

生物の遺伝子の変異は，活性酸素やニコチンなどいろいろな物質によって引き起こされるが，紫外線もその要因の1つである．これはDNAが260 nmの紫外線を吸収するためである．通常は，紫外線の影響を減少させるために，皮膚細胞はメラニン色素を合成して防御している．しかし，紫外線が強くなると，対応が難しくなる．

地球の地表付近への紫外線放射量を減少させているのがオゾン層である．オゾンは，光合成の副産物として放出された酸素が紫外線の照射を受けて変化したものである．図11.19のように，オゾン層では，オゾン（O_3）と酸素（O_2）が紫外線の力でくっ付いたり離れたりしていて，そのときに紫外線を吸収している．オゾン層の破壊の原因の主な物質は，冷媒やスプレーガスとして使用されるフロンなどであり，フロンは化学的に安定な物質で上空まで壊れずに上がり，紫外線照射によって分解される．このときに外れた塩素原子が次々とオゾンを破壊するのである．地球の自転の関係で，南極上空でオゾンが急激に減少し，オゾンホールが広がっている．

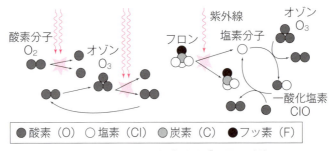

図11.19　フロンによるオゾン層の破壊

〈水質汚染〉

河川や湖沼に流入した有機物は，水中の微生物によって無機物に分解され，水は浄化され（自然浄化），浄化された水は海へと流れ込む．しかし，有機物が自然浄化能力を超えるほど大量に放出されたり，微生物によって分解されにくい物質が放出されたりした場合には，水質が汚染され，生物の異常発生や死滅が起こる．

生物が分解しにくい物質は，細胞質のタンパク質や体脂肪に溶けやすく，排出されにくいため，水中に放出されると，水中にすむプランクトンや植物の体内にこの物質が蓄積される．蓄積された物質は，それを食料とする生物に移行し，さらに蓄積される．このように，食物連鎖

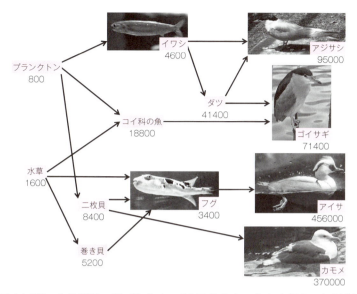

図 11.20　生物濃縮の例（海水中の DDT 濃度を 1 とした場合の相対値）

を通して特定の物質を濃縮していく現象を生物濃縮という（図 11.20）．生物濃縮で問題となった物質には，水銀（Hg）・カドミウム（Cd）・ポリ塩化ビフェニル（PCB）・ジクロロジフェニルトリクロロエタン（DDT）・ベンジルヘキサクロライド（BHC）・放射性核種などがある．それぞれの発生源と影響を表 11.1 に示した．生物濃縮される物質は，少量の放出でも生態系にとって非常に危険である．

表 11.1　生物濃縮により問題となった物質

物質	発生源	影響
水銀	工業排水中のメチル水銀	水俣病などの中枢神経疾患
カドミウム	亜鉛精錬所の排水・排煙，電池の焼却	腎障害・イタイイタイ病（カルシウム欠乏による骨異常）
PCB	インク・絶縁油の使用，工業排水・ごみ処理水	皮膚肝臓障害・四肢脱力
DDT	有機塩素系殺虫剤・農薬・衛生害虫の駆除剤	毒性・環境ホルモン？
BHC	有機塩素系殺虫剤・イネ害虫の駆除剤	イネおよび母乳での高濃度濃縮，神経毒性・造血障害
放射性核種	核爆発後の放射性降下物・放射性廃棄物	がん・造血障害・免疫障害

　微生物が分解可能な有機物が，河川などに放出されると，有機物の増加によって細菌類が増殖し，呼吸により酸素を大量に消費して水中の溶存酸素量が少なくなる．その後，細菌類を捕食する原生動物が増殖し，細菌類が減少する．アンモニウムイオンは硝化細菌のはたらきによって硝酸イオンへと硝化される．有機物が分解されて無機塩類が増加すると，珪藻や緑藻が増加し，光合成により酸素が放出され，水中の溶存酸素量は増加する．藻類の吸収によって無機塩類が減少すると，藻類も減少し，河川が元の状態に戻る．

以上のことから，水質の汚染の指標として，水中に解けている酸素量である溶存酸素量（DO）・水中の有機物が細菌類の呼吸で分解されたときに消費される酸素量である生物化学的酸素要求量（BOD）・水中の有機物を化学的に分解するときに必要な酸素量である化学的酸素要求量（COD）・そこに棲みついている生物の種類を探る生物学的水質判定が主に用いられる．生物学的水質判定における指標生物には表 11.2 のような生物がみられる．

表 11.2 水質判定の指標生物の例

水質階級	水の状態	指標生物
Ⅰ	きれい	カワゲラ・サワガニ・ヒラタカゲロウ・ブユ・ヘビトンボ　など
Ⅱ	少しきたない	カワニナ　ゲンジボタル　オオシマトビゲラ・スジエビ　など
Ⅲ	きたない	タニシ　ミズマキリ　タイコウチ　ミズムシ　など
Ⅳ	大変きたない	アメリカザリガニ　サカマキガイ・セスジユスリカ　など

　自然浄化能力を超える大量の有機物が放出された場合，河川や湖沼は栄養塩類（N・P・K など）が増加して，富栄養化し，植物プランクトンが繁殖し，アオコ（水の華）が発生する．アオコはミクロキリティスという藍藻類の一種である．富栄養化が沿岸部や内海で起こると，植物プランクトンの渦べん毛藻類が異常発生する赤潮を引き起こす．富栄養状態では，栄養塩類が豊富になり，植物プランクトンが増殖することで，それを食料とする動物プランクトンや魚類も豊富になるが，水の透明度を小さくし，pH をアルカリ性に傾け，深層部での溶存酸素が欠乏し，底生生物の種類を少なくする．水の華や赤潮の発生は，植物プランクトンの夜の呼吸量の増加によって，酸素を欠乏させ，魚類などの死滅を招き，これを分解する微生物の異常発酵により水を腐敗させる．

11.6 自然環境の保全

さまざまな自然環境の汚染が進んでおり，生物への影響が懸念されている．森林の減少は，生物の生息場所の減少によって種の多様性を損ない，樹木などの根によって守られていた土壌の流出や保水能力の減少を招き，光合成による二酸化炭素の吸収を減少する．土地の砂漠化は，生態系の荒廃や気候の変動を招く．地球温暖化は，海面の上昇による低地の水没で生物の生息域を狭め，また低温帯の森林生態系を崩壊させる．オゾン層の破壊は，紫外線によるDNAの破壊から哺乳類では皮膚がんや白内障の原因となり，また他の生物の生存を脅かす．酸性雨は，水を酸性化し，金属イオンが溶け出すことで有毒化させ，また森林の植物の枯死を招き，光化学スモッグは生物の健康を害する．水質汚染は，生物濃縮による中毒症状，環境ホルモンの増加，赤潮や水の華の発生を引き起こす．

安定した生態系には多くの種類の植物があり，その植物群落に応じた一定量の動物が生息している．環境汚染が起こると，生態系の平衡が崩れ，大きく破壊されると，自然の力による平衡の回復が難しくなる．生態系の崩壊を防ぐために，自然環境の保全対策が必要である．

〈環境保全〉

森林の減少および土地の砂漠化を防止する対策として，国際的な森林造成計画がとられ，このための人材育成や森林関係教育が行われている．

地球温暖化防止には，二酸化炭素の排出量を減少させる対策がとられている．自動車からの排出に対しては，エンジンの改良による少燃料での高エネルギー取得，エンジンとモーターなどの複数のシステムによる車輪の回転方法，植物材料から取得したエタノールなどのバイオ燃料などの使用が行われている．また，発生した二酸化炭素に対して，海洋生物や植物による吸収，化学的分解による固定化・再資源化技術が検討されている．

オゾン層の破壊防止に対しては，フロンやハロンの使用規制を行い，塩素を含まない代替フロンの使用が進められ，既に製造された冷蔵庫やエアコンの冷媒であるフロンが大気中に漏れないように使用後の回収が行われている．

酸性雨や光化学スモッグなどの大気汚染の防止対策として，大気汚染防止法があり，窒素酸化物・硫黄酸化物・じんばいなどのばい煙発生施設（ボイラーやディーゼル機関）に対して排出規制をとっている．窒素酸化物は，高温で多量に発生するため，空気量を制限した燃焼やアンモニアなどの還元剤を加えた窒素ガスの除去法などが開発されつつあるが，主に2段燃焼法・排ガス再循環法・低NO_xバーナーなどの低NO_x燃焼技術によって排出を減少している．硫黄酸化物は，燃焼中の硫黄分を除去する重油脱硫，燃焼後の排ガス中の亜硫酸ガスを除去する脱煙脱硫が行われている．じんばいに対しては，フィルター・水洗・電気集じん器などが使用されている．

水質汚染の防止対策としては，排水量と排水濃度の減少のために，排水の再利用および排水の種類による分類・副産物の回収・原料の変更などが行われている．

以上のような，社会的・国際的な取り組みと共に，個人レベルでの対策も地球環境の汚染を防止するためには重要である．日々の生活の中で何ができるのか考え，行動する必要がある．

Check 11

Q1～3 に当てはまるものを次の ①～④ から選べ．
　　① 種の多様性　　② 科の多様性　　③ 生態系の多様性　　④ 遺伝子の多様性
　Q1　生物多様性のうち，地球上にさまざまな環境があることを何というか？
　Q2　生物多様性のうち，地球上にさまざまな生物が生息していることを何というか？
　Q3　生物多様性のうち，それぞれの種の中でも個体差があることを何というか？
Q4　Q3 の多様性が重要とされる理由を説明せよ．
Q5　生態系における無機的環境に**当てはまらないもの**はどれか？
　　① 大気　　② 温度　　③ 水　　④ 土壌　　⑤ 生物　　⑥ 光
Q6，7 に当てはまるものを次の ①～④ から選べ．
　　① ハーディ・ワインベルクの法則　　② アレンの法則　　③ メンデルの法則
　　④ ベルクマンの法則
　Q6　動物は寒い地方に生息しているものほど大きくなる法則を何と呼ぶか？
　Q7　寒い地方に生息する動物ほど突出部が小さいとする法則を何と呼ぶか？
Q8　Q6 の法則は生物にとってどのように有利かを説明せよ．
Q9　Q7 の法則は生物にとってどのように有利かを説明せよ．
Q10～13 に当てはまるものを次の ①～④ から選べ．
　　① 帰化植物　　② 特定外来生物　　③ レッドデータブック　　④ レッドリスト
　Q10　近年になって絶滅した動植物，絶滅が危惧される動植物の一覧
　Q11　Q10 の動植物を掲載した本
　Q12　海外から人為的に持ち込まれた植物が野生で生育するようになったもの
　Q13　もともと日本にいなかった生物で，生態系に被害を及ぼすものとして，法律により飼育や輸入などの規制を受けた生物
Q14　森林の減少の原因はどれか？　すべて答えよ．
　　① 焼き畑農業　　② 二酸化炭素の過剰放出　　③ 地球温暖化　　④ 酸性雨
Q15　地球温暖化によって懸念される環境や生態系への影響はどれか？　すべて答えよ．
　　① 土砂崩れ　　② 植生の移行　　③ 台風の増発　　④ 海面の上昇
Q16　地球温暖化の原因はどれか？　すべて答えよ．
　　① 生物濃縮　　② 森林の伐採　　③ 化石燃料の燃焼　　④ 水質汚染
Q17　地球温暖化ガスによって，地球の地面から外への放出を妨げられるものは何か？
　　① 赤外線　　② X 線　　③ 紫外線　　④ 可視光線　　⑤ 温室効果ガス
Q18　酸性雨・光化学スモッグによる環境や生態系への影響はどれか？　すべて答えよ．
　　① 森林植物の枯死　　② オゾン層の破壊　　③ 台風の増発　　④ 魚類の死滅　　⑤ 健康被害
Q19　酸性雨・光化学スモッグの原因はどれか？　すべて答えよ．
　　① 硫黄酸化物（SOx）　　② メタン　　③ 窒素酸化物（NOx）　　④ フロンガス
Q20　オゾン層の破壊によって増加し，生物の DNA に損傷を与えるものはどれか？
　　① 赤外線　　② X 線　　③ 紫外線　　④ 可視光線　　⑤ 温室効果ガス
Q21　オゾン層の破壊によって発生したオゾンホールはどこの上空で拡大しているか？
　　① 赤道　　② 南極　　③ 北極　　④ 太平洋

演習問題 11

1 地球温暖化の原因について，以下の文章を読み，問いに答えよ．

　地下に埋蔵されたエネルギーである　ア　や石炭の主成分は炭素であり，これら化石燃料の燃焼によって二酸化炭素が大量に放出されるようになった．二酸化炭素は，　イ　などによる光合成植物の減少もあり，年々大気中の濃度が増加している．

　また，二酸化炭素の他に，スプレーや冷媒，半導体の洗浄に使用される　ウ　，水田や家畜・し尿処理場などから発生する　エ　も温室効果の原因となる物質（温室効果ガス）である．これらの気体は，地球の地面が太陽の光で暖められて放出する　オ　を吸収し，地球の外への熱の放出を妨げることで，大気を暖めてしまう．したがって，温室効果ガスの増加に伴い，地球上の平均気温も年々高くなっていると言われている．

(1) 文中の　ア　〜　オ　に当てはまる語を答えよ．
(2) 石油とは何か30字程度で答えよ．
(3) 石炭とは何か30字程度で答えよ．
(4) 　ウ　の物質は地球温暖化以外にも地球上の生物に害を与える現象を引き起こす．その現象とはどのようなものか30字程度で答えよ．
(5) 地球温暖化は，生物にどのような影響を与えると考えられるか．3点挙げよ．
(6) 光合成植物の減少について，その原因を3つ挙げよ．

2 地球上には，多種多様な生物が生息し，それらの生物は森や林，海や川の中，砂漠など生物を取り巻く多様な環境に適応している．生物多様性について，以下の問いに答えよ．

(1) 生物多様性の3つのレベルを答えよ．
(2) ベルクマンの法則とは何か50字程度で答えよ．
(3) アレンの法則とは何か50字程度で答えよ．
(4) 次の行為によって自然界にどのような影響があるかを示せ．また，その影響が生物多様性のどのレベルに当たるかを答えよ．
　① 日本の動物園で飼育していたタイワンザルが逃げ出した．
　② 日本の動物園で飼育していたニホンジカが逃げ出した．
　③ ゲンジボタルを飼育し繁殖させて放流した．
　④ 国定公園に本来そこには生育していないバラを植えた．
　⑤ 国定公園に本来そこには生育していないハクサンチドリを植えた．
　⑥ ペットとして飼育していたミシシッピアカミミガメを川に捨てた．
　⑦ ペットとして飼育していたアライグマを林に捨てた．

12 生物機能の工学的応用

講義目的
生物の形態や機能の工学的模倣について理解しよう．

疑　問

生物を模倣した製品などを知っていますか？
生物は，空を飛ぶ，水中を泳ぐ，速く走るなど，
生息環境に適した素晴らしい能力をもっています．
それらを模倣して機械や繊維など多くの優れた製品が開発されています．
生物の形状や機能を模倣した製品をどれくらい知っていますか？
身の回りの製品などについて，まずは各自で挙げてみましょう．

KEY WORD

【相同器官】　　　　　　　【相似器官】
【適応放散】　　　　　　　【バイオミメティクス（生物模倣）】

12.1　環境に適応した生物

　見かけの形態やはたらきは異なるが，発生学的な起源が同じ器官を相同器官という．これに対して，見かけの形態やはたらきは似ているが，発生学的な起源が異なる器官を相似器官という．

　例えば，哺乳類の前脚について比較すると，ヒトの腕は，イヌやネコなどの陸上四足歩行の動物では前脚，イルカやクジラなど水中で生活する哺乳類は胸びれ，空中を飛ぶことができるコウモリでは翼が相同器官（図12.1）となる．これらはヒトの指と同様の骨をもち，手首や肘にあたる部分には関節がある．外見上は異なっているが，骨のつくりは長さの差があるものの同様である．コウモリと同じように空中を飛ぶ鳥類の翼にも骨があり，基本的な構造は同様である．起源の同じ器官からそれぞれの生物が生活場所として選択した環境に合わせて進化したことがわかる．

　しかし図12.1右のように，コウモリや鳥類と同じように空を飛ぶ昆虫の翅には骨はない．外見上は翼と同じような形をもつが，共通の祖先から進化したのではなく，別々な生物から環境

図 12.1　相同器官と相似器官

に適応して進化し，その結果，似た形態と機能に収束していった．これを収束進化と呼ぶ．起源が異なるにも拘らず，「空を飛ぶ」や「水中を泳ぐ」などの目的に応じて，よく似た形態へと収束進化していることは，その形態が機能的に優れていると考えられる．

〈水中（海・河川）に適応した生物〉

　水中を泳いで生活する魚類は，水の抵抗を受けにくい流線型の体で，水の抵抗を少なくして推進力を得るための尾びれと，水の抵抗を利用して進む方向を調整するための胸びれ・背びれ・腹びれをもつ．マグロは水中を速く泳ぐことで大量の海水を口から取り込み酸素を得る．泳ぐのを止めると酸素欠乏により細胞内での好気呼吸ができず，体の各部での生命活動に必要なATPを十分に得られなくなり死んでしまう．マグロの形態は頭から尾にかけて流線型で上下の長い尾びれが強力な筋肉の先に繋がっている．高速で泳いでいるときは背びれや腹びれを畳み，胸びれも体に密着させて（図12.2）水の抵抗を受けないようにし，時速80〜90kmで泳ぐことができるといわれている．方向転換や減速するときは，これらのひれを広げて水の抵抗を利用する．このように魚類は基本的に水中生活に適した形態をしている．

　哺乳類で水中生活に適した進化を遂げたイルカ（図12.3）もよく似た形態をしている．体は流線型で，左右のバランスを取って体を安定させる背びれがあり，前脚は進む方向を調節するための胸びれ（5本の指の骨をもつ）となり，後肢は退化し，推進力を得るための尾びれがある．尾びれは魚と異なり横方向に平たく，上下に激しく動かして時速40〜60kmで泳ぐことができる．酸素を得るための鼻は頭の上の1つの呼吸孔となり，海面で空気と触れやすい位置にある．

図 12.2　クロマグロ（東京都葛西臨海水族館）

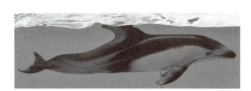

図 12.3　カマイルカ（下田海中水族館）

また，水中で餌を求める哺乳類のアシカやアザラシ，鳥類のペンギン（図12.4）なども陸上である程度活動できる機能を残しながら泳ぐことに適した形態に進化した生物である．陸上では速く動くことができないが，水中では流線型の形態によって水の抵抗を少なくし，胸びれの代わりに前脚や翼で方向を調節し，後脚で推進力を得ている．また，体毛や羽毛も水の抵抗を減少させ，体温の低下を防ぐために皮膚まで濡れないように水をはじきやすく構造になっている．

図12.4　泳ぐオウサマペンギン
（横浜・八景島シーパラダイス）

水を弾くことを撥水と呼ぶが，撥水構造をもつのは動物だけではない．泥の中から花を咲かせるハス（図12.5）の葉の表面には微細な凹凸があり水を弾く．また，酸素を取り入れるために，葉の中心部から葉柄を通り，地下茎に繋がる大きな孔をもち空気の通り道をつくっている．

このように，水中で生活する生物は水中に適した形態や機能をもつように進化している．

図12.5　ハスの花と地下茎

〈空中を飛ぶことに適応した生物〉

空中を飛ぶ鳥類（図12.6）は，前脚が翼に変形し，そこに繋がる発達した胸筋により羽ばたく．筋肉を動かすために必要なATPを得るために大きな心臓をもち効率よくガス交換できる呼吸器を備え酸素を取り込んでいる．翼を支える骨は大きく，内部は中空で強度を保つ筋交いがあり，歯もないことで体が軽くなっている．翼を構成する風切羽と呼ばれる大きく硬く特殊な形の羽と，尾羽により飛翔する．これらを含み羽毛は哺乳類の体毛と同様にケラチンというタンパク質でできている．また，高速で飛ぶために体のバランスを司る小脳が発達し，視覚と聴覚に長けている．鳥類の飛び方は主に3種類あり，カラスのように羽ばたきにより翼を打ち下ろす力で前進する力と浮く力を得てまっすぐに飛ぶもの，セキレイのように間をおいた羽ばたきにより翼を閉じたときには下降し翼を広げた勢いで上昇し波形に飛ぶもの，トビのように翼を広げたまま上昇気流に乗って飛ぶものがある．

図12.6　トビ

哺乳類で飛翔生活に適応したコウモリ（図12.7）は，前脚の指を柱としてその間に大きく繋がった膜をもち，その膜は後脚を経て尾まで達している．このため，前脚の爪は親指1本のみだが，後脚の爪はまとまって5本ある．膜は皮膚でできており，体長に対して大きく，空気を捉えやすくなっている．空中を滑空するムササビやモモンガも皮膚でできた飛膜をもつが，この飛膜は前脚と後脚，尾の付け根付近の間にあり，羽ばたける構造にはなっていない．それでも飛膜を広げて，木から木へと40m程度滑空する．

一時的ではあるが，水中で生活する生物にも空中を飛ぶものがある．トビウオは大きな魚などに襲われると，海面から飛び出し空中を滑空して遠くまで逃げる．グライダーの翼の役割を担うのは左右の胸びれで両方を広げた長さは体長を超える．さらにグライダーの尾翼と同じように，胸びれよりも小さな腹びれを左右に広げて水平尾翼とし，バランスを保っている．空中に飛び出す前に水中で尾びれを激しく振って泳ぎ助走をつけることで，100m以上も飛ぶことができる．

図12.7　インドオオコウモリ（京都市動物園）

動物だけでなく植物も空中を移動することで拡散範囲を広げるための戦略をもつ．セイヨウタンポポ（*Taraxacum officinale*）は種子を成熟させると綿毛を開き，パラシュートのように空中に飛ばす（図12.8）．在来種と比較して約半分の重さの種子をつけるセイヨウタンポポではより遠くへ飛ばすことができ，非常に広範囲に移動し，生息する範囲を広げる．

図12.8　セイヨウタンポポの花と綿毛

このように，空を飛ぶ生物は飛行を可能とするさまざまな機能をもつように進化している．

〈砂漠での生活に適応した生物〉

日中の気温が非常に高く，乾燥した砂漠は，生物の生活には不適な条件である．しかし，砂漠には過酷な環境に適応した生物が生息している．ラクダ（図12.9）は砂漠を時速4kmの速さで1日に100km以上も歩き続けるこ

図12.9　フタコブラクダ（天王寺動物園ほか）
太陽に向かって座るラクダ，顔，足と足の裏

とができ，水をまったく飲まなくても1週間生き続けることができる．草を食べることができれば，水を飲まなくても6か月もの間生き続けられる．ラクダの体は水分を体組織に溜め，また呼気などにより水分が出ていくのを抑える機能が発達している．一度に100l近い水を飲み，筋肉などの体組織に水分を蓄えている．さらに，通常37℃程度に保たれ，それ以上の気温になると汗をかくことで体温の上昇を抑えるが，砂漠を渡り水分を得られない状態になると体温が40℃くらいになっても汗をかかずに水分の蒸発を防ぐ．呼吸も1分間に20回程度までしか上げずに呼気として水分が出ていくのを避けている．こぶには脂肪を50〜80kgも溜め，食べ物が不足した際には分解して利用するだけでなく，歩いているときにも上から照りつける太陽を遮る役割を果たす．座る際も太陽側に顔を向け太陽に照らされる表面積を小さくする．また，砂埃や砂嵐によって舞い上げられた砂が目に入らないように，長いまつげをもち，耳にも長い毛をもち耳の中に砂が入るのを防いでいる．さらに鼻の穴も自由に閉じられる．足も裏が広く厚くなっており，土に埋もれず焼けた砂の熱さに耐えられるようになっている．

小さな動物でも砂漠への適応がみられる．北アフリカの砂漠に生息するフェネックギツネ（*Vulpes zerda*）（図12.10）は強い暑さを避けるために日中は巣穴で過ごし夜間に活動する．水は飲まずに昆虫などの食べ物から水分を取り，水分が体から失われるのを抑える仕組みをもつ．大きな耳に血液を送ることで熱を放出している．体長に対する耳の長さの比率としては哺乳類で最も大きいとされる．足の裏に毛が多く，暑い砂で肉球が妬けるのを防ぎ，砂の上での滑り止めの役目もしているようである．体毛の色は砂漠の砂とよく似た色で，保護色になっている．

植物も砂漠に適応した形態をとる．アメリカ大陸に自生するサボテン（図12.11）は緑色で厚みのある茎に，葉が変形して針状になった多くのトゲをもつ．茎の内部はスポンジ状で水を溜める構造になっており，雨が降った時に水を十分に貯えて乾燥時に徐々に使用していく多肉植物である．また，光合成過程においても砂漠に適した機能がみられる．サボテンはCAM植物で，日中は気孔を開かず夜間のうちに内部に蓄えた二酸化炭素を用いて炭酸同化を行うことで気孔からの水分の放出を防いでいる．

図12.10 フェネックギツネ
（東京都井の頭自然文化園）

図12.11 砂漠に適応した植物

〈寒冷帯（北極・南極）での生活に適応した生物〉

寒い地域に適応した生物もいる．北極に生息するホッキョクグマ（*Ursus maritimus*）はクマ科最大で容積に対する表面積を小さくし，突出部である耳も小さくすることで，熱の放出を抑えている．厚い毛皮と皮下脂肪をもち，足の裏（図12.12左）にも毛があり体温が奪われるの

を防ぐとともに氷の上で滑らないようになっている．被毛は透明で内部は中空になっている．光を集めて皮膚まで届け熱を得る役割をし，中空部分は体温で暖められた空気を溜めることで保温の効果をもつ（図12.12右）．皮膚は黒く太陽光の熱を吸収しやすくなっている．

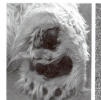

図12.12　ホッキョクグマの足の裏（左），イエネコ（中左）とホッキョクグマ（中右）の被毛比較，被毛の断面（右）[口絵参照]

北極圏の海に生息するベルーガ（*Delphinapterus leucas*）（図12.13）はシロイルカと呼ばれ，生まれたときはグレーだが成長すると次第に全身白くなる．氷の下の海中で生活し，浮上したときに氷にあたらないように背びれがなく，厚い皮下脂肪をもち寒さに強い．息継ぎのための氷の隙間を見つける能力に長けている．前頭部にはメロンと呼ばれる脂肪組織があり，形を変えてエコロケーション（音を発して反響音を聞き，物の形や位置を知ること）の精度を上げているとされる．

北極圏にも鳥類が生息している．シロフクロウ（*Bubo scandiacus*）は雌雄で羽毛の色が異なり，オスは黒い部分が少なく，メスは顔から首は白く他の部分には細かな黒い模様が入る（図12.14）．足の指まで羽毛が生え，嘴も羽毛に覆われ，厳しい寒さで体温が奪われるのを防いでいる．

図12.13　ベルーガ（名古屋港水族館）

図12.14　シロフクロウ（静岡市立日本平動物園）

南極大陸に生息し繁殖するペンギンはコウテイペンギン（*Aptenodytes forsteri*）とアデリーペンギン（*Pygoscelis adeliae*）である．コウテイペンギンは平均気温−20℃となる冬に繁殖するため，厚い皮下脂肪を蓄える．メスが産卵すると，オスは卵を温めるために脚の甲に乗せて皮下脂肪の多い腹の皮で上から覆う．約60日後に孵化した雛に，食道からペンギンミルク（タンパク質と脂肪が多く含まれた食道からの分泌液で，胃液と胃粘膜からなる白い液体）を出して与え，同様に温めて体温が奪われるのを防いでやりながら餌を食べに行ったメスの帰りを待つ．このように，オスは2か月以上の絶食と寒さに耐えられる皮下脂肪を蓄えている．

寒い地域に適応したのは動物だけではない．ウメノキモドキやサルオガセなどの地衣類は菌類と緑藻類またはラン藻類が共生したもので，菌類は菌糸によって他の生物が付着できない場所に定着することを可能にし，水分を得る役割を果たしている．緑藻類やラン藻類は光合成に

よりエネルギーを得ている．地衣類は乾燥や凍結に強く，一度乾燥しても水分を得ると光合成を始める．

このように，寒い地域に生息している生物は，僅かな太陽の光でも吸収し，皮下脂肪や空気層により体温を逃がさないさまざまな機能をもつように進化している．

12.2　生きるためのさまざまな能力

環境に適応した生物の構造や機能について示したが，特殊な環境への適応以外にも生物には生きていくためにさまざまな機能や能力が備わっている．

〈繁殖に関連した機能〉

子を産み次世代の個体を得ることは生物として重要である．カルガモ（*Anas poecilorhyncha*）やニワトリ（*Gallus gallus domesticus*）などでは，孵化した雛が親鳥の後をついて歩く"刷込み（インプリンティング）"と呼ばれる現象が観察される（図12.15）．刷込みとは生後の早い時期にある認識や行動を簡単に学習することをいい，孵化後間もない雛が初めて見た動くものを親と認識してついて歩く例が知られている．手や嘴で子を抱きかかえたり持ち上げたりすることができない鳥類にとって，このように親を認識する学習は種の繁殖において重要な能力である．刷込みは安全だけでなく，食の好みや種の認識など生きていくための能力を身に着けさせるために重要である．

図12.15　カルガモとその雛

有袋類は約270種で，約5500種の哺乳類の5％である．胎盤ができないカンガルーは体長約2.5cmで体重約1gの子を出産し，羊膜に包まれた状態で生まれた子は膜を脱ぎ，かぎ爪を使って母親の腹を這い上がり，育児のうと呼ばれる袋に入る．袋の中には4つの乳頭があり，このうちの1つに吸い付いて約8か月成長し，袋から出た後も頭だけを突っ込み乳を吸う（図12.16）．カンガルーのように胎盤が発達していない動物にとって育児のうは安全な保育施設である．カンガルーの育児のうは前側に入り口をもつが，穴を掘って生活するウォンバット（図12.17）では土が入らないように後ろ側に入り口がある．

有袋類に対して胎盤が発達した動物を真獣類と呼

図12.16　カンガルーの親子
（上：豊橋総合動植物公園（のんほいパーク），下：札幌市円山動物園）

図12.17　穴を掘るコモンウォンバット
（名古屋市東山動植物園）

ぶ．育児のうも胎盤も安全に子を育てるために発達した．有袋類は北アメリカで，真獣類はヨーロッパあたりで同時期に現れたが，真獣類の分布が広がり追われた有袋類はオーストラリアに生息するようになり，真獣類がいない環境で増えたと考えられている．

有袋類はさまざまな生活環境に適応した形態や食性などを具えるようになっていった．このようにある系統から多様化することを"適応放散"という．適応放散した動物はよく似た環境で似た生活をする動物と形態や習性などが類似していく．このような現象を"収れん現象"といい，有袋類と真獣類もよく似た生物が存在する．

植物にも繁殖に関する発達した機能がみられる．土に根をはり水分を得る植物は，一度定着した土地から動くことはできない．そのため，受粉の機会は重要であり，種子を拡散する工夫も多く見られる．虫や風を利用した受粉・鳥類や哺乳類，風を利用した種子の拡散など，さまざまな進化が見られる．

〈エネルギー取得に関連した機能〉

肉食動物にとってどのようにして獲物を得るかは生きていくために重要である．

チーター（*Acinonyx jubatus*）（図12.18）は時速110kmを超える速さで走り，地上で最も速く走れる生物とされる．チーターは，長い脚，しなやかな背骨，スパイクとなる爪，バランスをとる長い尾，発達した胸部など，

図12.18 チーター（東京都多摩動物公園）

速く走るために適した体をしている．しかし，チーターが全速力で走れる時間はわずかであり，狩は20秒以内，距離にして平均170m程度の短い時間で行う．

獲物を得るために何かに似た形をとって待ち伏せる擬態は昆虫でよく知られている．東南アジアに生息するハナカマキリ（*Hymenopus coronatus*）（図12.19）は花びらに似せた幅のある肢と腹で白色に桃色や緑色を配して，ランの花の中で動かずに虫が来るのを待つ．

図12.19 ハナカマキリ
（東京都多摩動物公園）[口絵参照]

他の生物が食べない植物を餌にする進化を遂げた生物もある．コアラ（*Phascolarctos cinereus*）は毒のあるユーカリの葉を餌としている（図12.20）．ユーカリの葉を消化するのに必要な微生物を長い盲腸の中に共生させている．コアラの盲腸は約2mあり，腸の長さの20％に達する．長い盲腸をユーカリの葉が通過していく間に微生物が葉を発酵させてセルロースおよび有毒な油を分解する．エネルギー効率は悪く，大量の葉を食べても僅かなエネルギーしか得られないため，エネルギーの消費を抑えるためにコアラは1日20時間も眠る．なお，ユーカリの毒を分解する微生物は

図12.20 コアラ
（名古屋市東山動植物園）

コアラが生まれつきもっているものではなく，コアラの子は母親の糞を食べることで微生物を得て，盲腸に定着させる．

食虫植物は栄養の乏しい土壌にも生息することができる．窒素など土から十分に得られない分を虫を捕えて消化することで補う．ウツボカズラ（図12.21左）は葉の中央の葉脈が伸び先端に落とし穴式の捕虫のうをつくり，内部に入り込んだアリやハエを加水分解系の酵素を含んだ酸性の消化液を分泌して消化する．ハエトリグサ（図12.21右）はわな式の捕虫器をもつ．葉が真ん中で折りたためる形で，虫が葉の表面に乗ると素早く閉じて捕獲する．開いた葉の内側から虫を誘引する蜜が分泌され，その葉の内側に3本ずつある感覚毛に入ってきた虫が2回触れると葉が閉じる仕組みになっている．

図12.21　ウツボカズラ（左）とハエトリグサ（右）

以上のように，餌を得るためのさまざまな進化がみられる．

〈身を守るための機能〉

生物はエネルギーを得るためにさまざまな機能をもつ．一方で自分が他の生物のエネルギーとして取り込まれる危険にさらされている．

鋭いトゲを纏うことで身を守る生物がいる．アフリカタテガミヤマアラシ（*Hystrix cristata*）は頭から背中まで全身で約3万本もの多数のトゲを付けている（図12.22上）．トゲの直径は最も太い部分で7mm程度，長さは30cm以上ある（図12.22下）．敵が近づくと皮膚の筋肉によってトゲを逆立てて脅し，後ろ向きにぶつかってトゲを刺す．トゲの根元は細くなっていてヤマアラシの体からは簡単に抜ける．このトゲは毛が変化したものだが，非常に硬い．

攻撃力はないが身を守る硬い鎧で覆われた生物としてアルマジロが知られている．特にミツオビアルマジロ（*Tolypeutes tricinctus*）は敵に襲われるような危険を感じると体を丸めてボール状になり，腹などの柔らかい部分を内部に隠してしまう（図12.23）．この鎧は皮膚が変化したもので，骨のような状態になっている．

図12.22　アフリカタテガミヤマアラシ（よこはま動物園ズーラシア）

図 12.23　ミツオビアルマジロ（伊豆アニマルキングダム）

　身を守るために毒をもつ生物も多く見られる．ヤドクガエルには神経毒であるアルカロイド系物質を皮膚から分泌する種がいる．襲われたときに天敵の体を痺れさせたり死なせたりする．キオビヤドクガエルやコバルトヤドクガエルなど，派手な色をもつものが多く（図 12.24），天敵に対する警戒色であるとされる．警戒色とは危険色ともいい，捕食者などの自分に危害を加える生物に対する警告のための生物の派手な体色のことで，主に毒のある生物に見られる．テントウムシや一部の毒ヘビ，チョウやガなどにも見られ，無毒な種がそれらに似せて天敵の攻撃を避けようとするベンツ型擬態（標識的擬態）も見られる．

キオビヤドクガエル　　コバルトヤドクガエル

マダラヤドクガエル　　アイゾメヤドクガエル

図 12.24　ヤドクガエル（名古屋市東山動植物園）[口絵参照]

　動物にとって捕食される危険が多いのは食事中と睡眠中である．キリンの睡眠時間は 1 日 5 分または 20 分と，短いことで知られているが，実際にはレム睡眠をせずに，立ったまま直ぐに逃げられる状態で 10 分以下の断続的な浅いノンレム睡眠を取ることで約 4.5 時間寝ていると算出されている．レム睡眠は筋肉が弛緩し体を動かせなくなるが脳は覚醒に近い状態にある睡眠で，ノンレム睡眠は筋肉の活動は停止せずに脳が休息状態になる睡眠である．水中で生活する哺乳類で息継ぎが必要なイルカや，長時間海の上を飛び続ける渡り鳥などは，大脳の左右を交互に眠らせる半球睡眠によって脳も筋肉も活動させながら眠っている．

　以上のように，生物には身を守る特殊な形態や機能をもつように進化してきたものもいる．

重要 ★★★

12.3　生物の構造や機能の産業への応用

　生物はそれぞれの生活環境に適応した進化を遂げ生き抜いてきた．それぞれの生物の生活を

支える特殊な構造や機能は，ヒトが考えるより遥かに巧妙で理に適ったものである．バイオミメティクス（生物模倣）と呼ばれる生物を真似ることで新たな製品が開発され，生物から得られる物質を生活に役立てている．

教養として覚えておこう！！

- バイオリアクター（生物反応器）：微生物や酵素を固定して利用し，有用な物質を生産する装置
- バイオセンサー：生物由来の分子などに測定対象物質を認識させる検出装置
- バイオマス：太陽エネルギーを貯えた生物体
- バイオエネルギー：バイオマスを利用して変換する化学的エネルギー
- バイオチップ：生体分子を電子化し，人工脳などに応用したもの
- バイオニクス：生活の質を向上させる先端的・包括的科学技術の総称
- バイオリサイクル：バイオマスなどの利用による二酸化炭素を介した生物への物質循環
- バイオレメディエーション（生物浄化）：微生物などを使って環境汚染物質を取り除くこと
- バイオインフォマティックス（生物情報学）：核酸配列データベースからタンパク質の機能などを類推する学問
- バイオエレクトロニクス：化学，生物学，物理学，エレクトロニクス，ナノテクノロジー，材料科学の要素を含む学際的な研究分野
- バイオリファイナリー：再生可能資源バイオマスからの大規模な化学品・エネルギー生産を意味する新規造語
- バイオコミュニケーション：生物が出す情報の意味を感知するシステムで生物同士の情報伝達をはかること
- バイオメトリクス（生物測定学）：人間の生物的な特徴を用いた個人特定・識別技術
- バイオサイエンス（生物科学）：生物の重要構成要素を明らかにし，そのはたらきを生命現象の各階層において探求・統合し，生命現象を理解する科学

〈接着〉

　ヤモリの足裏の構造；屋内でヤモリを見かけることがある．壁にぴったりと張り付いたヤモリを捕まえようとすると，ヤモリは素早く壁やガラスを移動し，天井を逆さまに歩くこともできる．ヤモリ（図12.25）の足の裏（図12.26）を見ると，5本の指には30〜130 μmの細い毛が数十万本あり，それぞれの先端が約1000に分かれて0.2〜0.5 μmの太さになっている．電気的に中性の分子同士は相互作用によって引き合うため，ヤモリの足裏の細い毛はガラスや壁と引き合い張り付くことができる．この構造を真似て，強力な粘着力をもち簡単にはがせて接着面を傷付けたり汚したりしない接着剤が開発されている．カーボンナノチューブを用いて石や木材にも使える接着剤ができるかもしれない．

図12.25　逆さに貼り付くヤモリ

図12.26　ニホンヤモリの足裏

フジツボの接着タンパク質；空気中で接着したものを水中に入れると徐々に剥がれてしまう．接着剤は物質に結合する力が強く，空気中では物質と物質の間に入りそれぞれと結合することで結果的に物質と物質を接着している．しかし，水は接着剤よりも物質と結合する力が強く，接着剤から物質を奪うように結合するため，結果的に接着剤で付けられていた物質と物質は剥がれてしまう．したがって，水中で使える接着剤を開発するには，水分子よりも物質に結合しやすいものを探さなければならない．

フジツボ（図12.27）は海の防波堤のコンクリート面や船の側面に貼り付き，簡単には剥がれない．フジツボが接着のために分泌しているのは主にタンパク質で，このタンパク質には，システインというアミノ酸同士によるジスルフィド結合や，電荷をもつアミノ酸が多く含まれていることがわかってきた．水に強い接着剤が開発されれば，水産関係だけでなく，ヒトの病気の治療にも使える可能性がある．

図12.27　フジツボ

〈撥水〉

ハスの葉の構造；ハス（図12.28）は泥の中から芽を出して水上に葉を広げて光合成をする．葉に泥がついた状態や水にぬれた状態では光が葉肉組織に届きにくく，また細菌の繁殖によって葉が腐敗する可能性がある．それらを防ぐためにハスの葉は水を弾く．水を弾く性質を撥水性（水に濡れる性質を親水性）といい，その強さは表面の形と物質がもつ表面エネルギーによって決まる．

図12.28　ハスの葉

ハスの葉の表面の構造を見てみると，5〜15 μm の高さの突起が 20〜30 μm 間隔にある．さらに，その表面は植物が合成した脂質のろう（ワックス）で覆われている．ハスは表面の凹凸とワックスの相乗効果で水滴との接触面を小さくして，水を玉のように転がす．ハスの葉の構造を参考にした加工が既に行われている．アルミニウムに化学的な処理と物理的な処理を施し，ハスと同様の間隔と大きさで凹凸をつけ，フッ素系イソシアネート単分子膜を表面につけると，水を弾いて汚れが付きにくい金属が得られる．また布に応用して，細い糸と太い糸を組み合わせて織り凹凸をつくり，水を弾く傘やコートなど，多くの製品の素材に使われている．布以外にもメガネのレンズ表面を加工して曇らないようにしたり，船の底に用いて水の抵抗を抑えてスピードを上げたりするなどの応用がされている．

バラの花弁の構造；バラ（図12.29）の花びらもハスの葉と同様に高い撥水性をもつ．しかし，ハスの葉が水滴を転がすのに対して，バラの花びらは水滴を吸着する性質をもつ．バラの

花びらの表面の凹凸はハスの葉の凹凸よりも粗く，大きな溝や小さな溝がある．水滴は小さな溝には入れずに大きな溝に入り，10 μl までの大きさの水滴であれば，花びら表面の凹凸のバランスが，親水性を与えることになる．バラの花びらの構造を真似たフィルムを用いると，砂漠など水の貴重な地域で霧を水滴にして得ることも可能になる．

図 12.29　水滴が残るバラ［口絵参照］

　カタツムリの殻表面の構造；カタツムリ（図 12.30）の殻は常にきれいな状態を保っている．カタツムリの殻はタンパク質と大理石の成分と同じアラゴナイトでできている．タンパク質は脂質と結合しやすい性質をもつため，成分から考えると殻は汚れやすい性質をもつことになる．カタツムリの殻の表面には薄い膜と細かな

図 12.30　汚れない殻をもつカタツムリ

凹凸と溝があり，常に溝に水がたまる仕組みになっていて，油を寄せ付けないようにしている．つまり，物質の表面に常に水の層をつくることで汚れが付かない．カタツムリの機能を参考に，建築物の外壁材の表面に空気中の水分と強く結びつく性質をもつシリカ成分を塗ることで，常に水の層をつくる発想に至っている．

〈発色〉

　ヒトは赤・緑・青色を感知する錐体細胞によって色を識別することができる．例えば，植物の葉が緑色に見えるのは，葉に注がれた紫から赤まで（実際にはヒトの目には見えない紫外線や赤外線も含む）のたくさんの波長の光が葉に当たり，葉を構成し光を吸収する成分（主にクロロフィル）が，たくさんの色の中で緑色を跳ね返し，他の色の光を吸収する（図12.31）．したがって，人の目には跳ね返った光（主に緑）だけが見える．つまり，眼の前にある物質が特定の波長の光を吸収してしまい，跳ね返した波長の色を見ているだけで，物質自身が色を発しているわけではない．しかし，生物には特定の波長を吸収する以外の方法で色を得ているものがいる．

　モルフォチョウの翅の構造；モルフォチョウ（図 12.32）の翅のりん粉には畝のように規則性がある細かなひだ状のタンパク質が多数ある．タンパク質の層と空気層が幾重にも

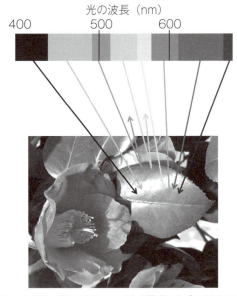

図 12.31　葉での光の反射（模式図）［口絵参照］

図12.32　青い翅が美しいモルフォチョウの標本（長崎バイオパーク）[口絵参照]

重なり，その一つ一つで反射した光が強め合ったり弱め合ったりする．このような色を構造色という．モルフォチョウでは，層の間隔が青色の波長の半分であるため，青色だけが強調される．色素や顔料の塗布による発色では，紫外線などにより脱色するが，構造色は紫外線による劣化はない．また，染色時に多量の水を使わず，化学物質も使わないという利点がある．

〈自動車〉

　ハコフグの骨格の構造；魚類の多くは流線型の水の抵抗を受けにくい形をしている．ハコフグ（図12.33）は魚類の中では角ばっており，水の抵抗を受けやすい形態に見える．ハコフグは皮膚の下に硬い骨格をもち，体をしならせて泳ぐことができず，ひれを動かすことで泳ぎまわっている．ひれの力だけで泳

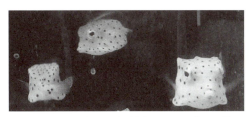

図12.33　水の抵抗が低いハコフグの形態

ぐことができるのは，体の形や表面構造が水を受け流しやすいからである．口が尖っていて，尾の方も細くなっていて，体の表面には小さな突起がある．これらが水を受け流して水の抵抗を受けにくくしている．ハコフグの構造を参考に，四角くて強く，空気の抵抗を受け流す自動車が開発されている．車内が広くて安全で燃料が節約できる車である．

　アメンボの肢の構造；アメンボ（図12.34）は陸上では3対の足で地上を動き，水上では主に後ろの2対の足の先端を水に接触させて浮かび，表面を素早く動き回る．水面と接触する足には細かい毛が数多くあり，空気の層をつくり，さらにその毛に油を分泌している．これにより足の先が濡れにくくなっている．そして，表面張力を利用して浮き，移動時は水面を押した反動を利用して毎秒1mの速さで進む．アメンボの構造と動き

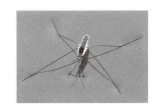

図12.34　水に浮くアメンボ

を参考に，転覆しにくい水陸両用で水上での作業が可能なロボットが開発されている．

〈新幹線〉

　新幹線の開発には高速で走ることを可能にするために空気抵抗を減らすことが重要である．空気抵抗が大きい場合には速度の問題だけでなく，走行中の騒音やトンネル内で圧縮された空気の圧縮波による騒音と空気振動も問題となる．これらの問題を軽減するために，生物の構造を参考にした新幹線の開発が行われてきた．

カワセミの嘴の構造；カワセミ（図 12.35）は水上から水中を眺め，魚などの獲物を見つけると，空中から時速100 km の速さで約 45 度の角度で水中に飛び込み捕える．カワセミが水に飛び込むときにはほとんど水しぶきが立たず音も立てない．これは嘴が鋭く流線型で，空気や水の抵抗を軽減しているためである．500 系新幹線の先端部分はカワセミの嘴に似せてつくられた．先端の変化部分を 15 m

図 12.35 鋭い嘴のカワセミ

とり流線型にし，車両断面を円形に近くしたことで，従来よりも 30％程度空気抵抗を減らし，15％程度消費電力を節約することに成功した．トンネル突入による騒音や振動も少なくなった．

500 系開発当時，トンネルでの大きな音の発生は，トンネル内に入った新幹線の体積分の空気が圧縮されて音となると考えられていたが，その後，新幹線によって分けられた空気がトンネル壁面にせき止められて圧縮されるためであることがわかった．現在では，音を発生させないような空気の分け方をする形状が計算され，カモノハシの嘴に似た形状になっている．

フクロウの羽根の構造；500 系新幹線ではフクロウの羽根を参考にした消音も行われている．フクロウは音を立てずに舞うことで知られた鳥類である．鳥類が羽ばたくと，空気と翼がぶつかり空気の流れに渦ができて音が発生する．音を立てて飛ぶカラスなどの翼の前側の縁にある風切り羽根 1 本をみると，先端が滑らかだが，フクロウの風切り羽根には小さなギザギザが多数ついている（図 12.36）．小さな

ギザギザは羽ばたいたときに羽根の周りに小さな空気の渦を発生し，大きな渦になるのを防いでいる．新幹線の電線から電気を取り入れるパンタグラフは時速 200 km 以上では風切り音が大きくなる．パンタグラフにフクロウの羽根と同様にギザギザをつけ，騒音を減らすことに成功している．

図 12.36 カラスの羽根（左）とフクロウの羽根（右）
［口絵参照］

〈機械〉

ミミズのぜん動運動；ミミズ（図 12.37）は約 150 の節からなる環形動物で，それぞれの節には体軸の縦方向の縦走筋と横方向に輪になる環状筋があり，縦走筋が収縮すると節が太く短くなり，環状筋が収縮すると長く細くなる．ミミズは頭側の節から順に太くしていく"ぜん動運動"により，接触面との摩擦を足がかりとして前進する．縦方向の移動となる

図 12.37 ミミズ

ため，狭いスペースでも進むことができ，接触面を傷付けずに垂直方向にも移動が可能である．ミミズの動きを参考に，月面掘削ロボットが開発されている．月では重力が低く，月表面から中心部へ掘り進むのが難しい．また，ドリル式の掘削機の場合には，回転で生じる反作用によっ

て真っ直ぐに掘り進むのが難しい．ミミズ型であれば，周り全体の摩擦を利用して進み，内腔部分で土壌の採取も可能となる．さらに，小型化して大腸検査などの内視鏡への応用も期待されている．

〈建築〉

シロアリの巣の構造；昼夜の気温差が大きいサバンナに生息するシロアリは，常に 30 °C に保たれるアリ塚をつくる．地下数十メートルまであるアリ塚の下には地下水があり，湿った土で内部が涼しくなり，上に向かって空気が流れる．したがって，アリ塚上部から繋がるトンネル状の穴に入った風が冷却され，換気も行える．アリ塚の構造を参考に，地下部に一度外気を取り入れて温度を変化させ，建物内を循環させて上部から排気するという通気性の良い建築物が建てられている．また，アリ塚を参考に建材の開発も行われている．土に石灰を混ぜて圧力を掛けて成型後，150 °C で蒸すことで，数 nm の孔を多く含む土の構造を維持したタイルができる．建築物の壁や床に使用すると，電力を用いずに温度や湿度が調整される．

ハニカム構造；ハチの巣（図 12.38）は軽くて丈夫にできている．六角形の筒が規則正しく並べられたハチの巣の構造をハニカム構造という．ハニカム構造は軽くて丈夫なだけでなく，音や衝撃を吸収し熱を遮断する作用ももつ．六角形の筒を並べた両側に板を接着し軽くしたパネルがさまざまなものに利用されている．屋内のドアや部屋のセパレーション，スピーカーの振動板やパラボラアンテナの反射板，旅客機の壁面や翼の高揚力装置，スペースシャトルの機体にまで用いられている．

図 12.38　ハチの巣

Check 12

Q1～3 に当てはまるものを次の ①～⑤ から選べ．
　　① 収れん現象　　② 収束進化　　③ 相同器官　　④ 適応放散　　⑤ 相似器官

Q1　見かけの形態やはたらきは異なるが，発生学的な起源が同じ器官を何というか？

Q2　見かけの形態やはたらきは似ているが，発生学的な起源が異なる器官を何というか？

Q3　別々な生物が環境に適応して似た形態や機能になっていく過程を何というか？

Q4～7 に当てはまるものを次の ①，② から選べ．
　　① 相同器官　　② 相似器官

Q4　ヒトの腕とイルカの胸びれの関係は，どちらか？

Q5　ヒトの腕とコウモリの翼の関係は，どちらか？

Q6　コウモリの翼と鳥の翼の関係は，どちらか？

Q7　コウモリの翼とチョウの翅の関係は，どちらか？

Q8，9 に当てはまるものを次の ①～⑤ から選べ．
　　① 収れん現象　　② 収束進化　　③ 相同器官　　④ 適応放散　　⑤ 相似器官

Q8　生物が，ある系統からさまざまな生活環境に適応して多様化することを何というか？

Q9　よく似た環境で似た生活をする動物の，形態や習性などが類似していくことを何というか？

Q10　孵化した雛が親鳥の後をついて歩く現象を何と呼ぶか？
　　① 条件反射　　② 概日リズム　　③ 刷込み　　④ 試行錯誤

Q11　Q10 は次のうちのどれにあたるか？
　　① 走性　　② 反射　　③ 本能行動　　④ 学習行動　　⑤ 知能行動

Q12，13 に当てはまるものを次の ①～⑤ から選べ．
　　① 変色　　② 擬態　　③ 変態　　④ 警戒色　　⑤ 七変化

Q12　獲物を得るためなどに何かに似た形をとることを何というか？

Q13　捕食者などの危害を加える生物に対して毒をもつことなどを示すための派手な体色を何というか？

Q14　眠りの種類のうち，身体は眠っているのに脳は働いているような浅い眠りは次のどちらか？
　　① レム睡眠　　② ノンレム睡眠

Q15　生物を真似ることで新たな製品が開発されているが，生物模倣と訳されるのはどれか？
　　① バイオレメディエーション　　② バイオテクノロジー　　③ バイオマス
　　④ バイオミメティクス　　⑤ バイオセンサー　　⑥ バイオニクス
　　⑦ バイオリアクター　　⑧ バイオリファイナリー

演習問題 12

1 文中の ア ～ エ に入る語は何か．下の選択肢から選べ．

同一の祖先から進化した異なる生物で，ある器官の形やはたらきが生活環境に応じて違ったものになったと考えられるのが，相同器官である．その例として，イヌの前脚と ア や イ の関係がある．これに対して，同じような生活習慣をもつ異なる生物で，生活習慣に適応して起源が異なる器官が似たような形やはたらきをもつようになったものを ウ という．その例として，コウモリの翼と エ の関係がある．

① トンボの翅　② ダチョウの脚　③ クジラの胸びれ
④ 相似器官　⑤ 類似器官　⑥ スズメの翼

・●● チャレンジ！●●・

生物のもつ特殊機能や産業に応用された生物機能を調べてみよう

・生物の特徴や機能を調べ，生物学を社会にどう活かせるか考える．
・生物の分類・学名の書き方・レポート作成の決まりを学び，自分で調べる力を身につける．
レポートでは，書籍を調べて各項目にあった形に自分なりに文章をまとめ直しましょう．

【分類】
界・門・綱・目・科・属・種 の7項目についての表と，形態がわかるような全体写真（出典または撮影場所）を示す．

【学名】
属名（大文字始まり）と種小名（小文字始まり）を，斜体（下線でも可）で示す．

【特徴】
形態的な特徴や生育（生息地など）に関する特徴などを書きましょう．

【ここがスゴイ！】
「スゴイ！」と思うことや「面白い！」と思うことを1点に絞り書く．

【解説】
「ここがスゴイ！」に書いた内容を解説する．特殊な"スゴイ"物質の説明や"スゴイ"機能や"スゴイ"形態をもつメカニズムを示し，「なるほど！」と思われるようにわかりやすく書く．

【専門分野との関連】
「解説」したメカニズムを活かして，社会での応用例を書きましょう．既存の利用法を調べてシステムを詳細に書くか，自分で具体的な製品を発想・創作して説明する．

【参考図書】
複数の図書を用い，参考図書に番号を付け，参考箇所（上付き番号）を示す．

● 解 答 例

第1部 生物とは何か

生物：ブラッザグエノン，ヤマガラ，クリオネ，ベニイチゴ，チンアナゴ，ハクサンフウロ

【Check 1】
Q1 ③独立栄養　Q2 ③系統樹　Q3 ①哺乳綱　Q4 ④霊長目　Q5 ④リンネ
Q6 ④ラテン語　Q7 *Homo sapiens*　Q8 ②真核細胞　Q9 ②真核細胞
Q10 ②脂質による二重層　Q11 ②葉緑体　Q12 ①リソソーム　Q13 ①中心体
Q14 ③リボソーム　Q15 ①リソソーム　Q16 ②中心体　Q17 ⑤粗面小胞体
Q18 ①ゴルジ体　Q19 ②ミトコンドリア　Q20 ④液胞　Q21 ④細胞壁

【演習問題 1】
1　①核小体　②核膜　③（粗面）小胞体　④ゴルジ体　⑤液胞　⑥細胞膜
　　⑦細胞壁　⑧細胞質基質　⑨リボソーム　⑩葉緑体　⑪リソソーム　⑫ミトコンドリア
2　(1) ア：原核細胞　イ：細菌類　ウ：真核細胞　エ：環状　オ：線状（棒状）
　　(2) カ：⑤小胞体　キ：⑧中心体　ク：⑨リボソーム　ケ：⑥ゴルジ体
　　　　コ：③ミトコンドリア
　　(3) サ：①⑤⑥⑦　シ：②③④
3　(1) ①C　②B　③D　④A　　(2) a○　b×　c○　d○

【Check 2】
Q1 ①塩素　Q2 ③70％　Q3 ③タンパク質　Q4 ①核酸（DNA）　Q5 ④炭水化物
Q6 ③タンパク質　Q7 ①核酸（DNA）　Q8 ⑤脂質　Q9 ③タンパク質
Q10 ④炭水化物　Q11 ②20種類　Q12 ③アミノ基　Q13 ②側鎖
Q14 ③ペプチド結合　Q15 ②アミロペクチン　Q16 ①セルロース　Q17 ⑤キチン
Q18 ④グリコーゲン　Q19 ③デンプン　Q20 ②中性脂肪
Q21 ③高くなる　Q22 ①低くなる

【演習問題 2】
1　ア：αヘリックス　　　イ：βシート　　　ウ：システイン
　　エ：ジスルフィド（S-S）結合　オ：サブユニット
2　ア：リボース　イ：グルコース　ウ：フルクトース　エ：ガラクトース
　　オ：β-1,4　カ：アミロース　キ：アミロペクチン
3　ア：飽和脂肪酸　イ：不飽和脂肪酸　ウ：固体　エ：高く　オ：液状　カ：低く

第2部 代謝

光合成を行う生物：シダ，ゼニゴケ，スギ

【Check 3】
Q1 ⑦変性　Q2 ②失活　Q3 ②触媒　Q4 ①補酵素　Q5 ②基質
Q6 ②基質特異性　Q7 ②光エネルギー　Q8 ①化学エネルギー　Q9 ①異化
Q10 ②同化　Q11 ③アデノシン三リン酸　Q12 ④水　Q13 ③二酸化炭素

215

Q14　②炭素　Q15　②ブドウ糖の量　Q16　③C₄植物　Q17　①CAM植物
Q18　③ブドウ糖

【演習問題3】
1　ア：変性　　イ：失活　　ウ：最適（至適）温度　　エ：基質特異性
2　ア：クロロフィル　　イ：水素　　ウ：チラコイド　　エ：ストロマ
　　オ：過程A, B, C　　カ：過程D
3
(1) 0〜3キロルクス
(2) 3キロルクス以上
(3) 3キロルクス以上

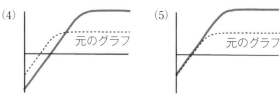

【Check 4】
Q1　②独立栄養生物　Q2　③従属栄養生物　Q3　③水　Q4　②ビタミンB群
Q5　④ビタミンD　Q6　⑤ビタミンK　Q7　①ビタミンA　Q8　④トリプシン
Q9　①リパーゼ　Q10　③アミラーゼ　Q11　②胆汁　Q12　⑤ペプシン　Q13　⑤38 mol
Q14　②クエン酸回路　Q15　③電子伝達系　Q16　②2 mol　Q17　③Ca^{2+}
Q18　②ミオシンフィラメント　Q19　②K^+　Q20　②0.9％

【演習問題4】
1　(1) ア：能動輸送　　イ：電位　　(2) 約40％（38 mol×7.3 kcal/mol÷686 kcal×100％）
2　(1) ア：ピルビン酸　　イ：2　　ウ：38　　(2) 過程I
3　(1) 条件A：放出した二酸化炭素量と吸収した酸素量の差　　条件B：吸収した酸素量
　　(2) 植物a：0.98（(403−8)÷403）　　植物b：0.71（(436−128)÷436）
　　(3) 植物a：炭水化物　　植物c：タンパク質

第3部　遺伝子と遺伝

大きくなったら：　①ピューマ　②ライオン　③マントヒヒ　④ヒバリ

【Check 5】
Q1　⑤遺伝子　Q2　⑤46本　Q3　②XとY　Q4　②デオキシリボ核酸　Q5　②ウラシル
Q6　③デオキシリボース　Q7　②半保存的　Q8　④DNA分子構造模型
Q9　②2本とも5′→3′　Q10　③DNAポリメラーゼ　Q11　①DNAリガーゼ
Q12　④3′-TTGCAT-5′　Q13　③転写　Q14　②翻訳　Q15　⑤セントラルドグマ
Q16　③5′-UUGCAU-3′　Q17　バリン　Q18　ロイシン

【演習問題5】
1　(1) ワトソン，クリック
　　(2) ア：体細胞分裂　　イ：減数分裂　　ウ：半保存　　エ：水素
　　(3) B：ヘリカーゼ　　D：DNAポリメラーゼ　　E：DNAリガーゼ
　　(4) 3′-AGCCTACGAA-5′
2　(1) ア：セントラルドグマ　　a：転写　　b：翻訳
　　(2) ① 5′-AUGCCUAACCAUUUCAUU-3′　　② 5′-GAAUCGUCCGGACUGGCC-3′
　　(3) ① メチオニン・プロリン・アスパラギン・ヒスチジン・フェニルアラニン・イソロイシン
　　　　② グルタミン酸・セリン・セリン・グリシン・ロイシン・アラニン

【Check 6】

Q1 ④体細胞分裂　　Q2 ②減数分裂　　Q3 ③A2本とB2本　　Q4 ②2倍　　Q5 ①前期
Q6 ④娘細胞

Q7　　前期　　　　　　　中期　　　　　　　後期　　　　　　　終期

Q8 ②2回　　Q9 ④二価染色体　　Q10 ④4個　　Q11 ⑤1/2倍　　Q12 ① 1　　Q13 ④4

Q14　第一分裂　　前期　　　　　　中期　　　　　　後期　　　　　　終期

第二分裂　　前期　　中期　　後期　　終期　　配偶子

Q15

Q16 ①無性生殖　　Q17 ①無性生殖　　Q18 ②有性生殖　　Q19 ②有性生殖
Q20 ①無性生殖

【演習問題6】

1　(1) 根端分裂組織　　(2) 酢酸　と　アルコール　　(3)　　(4)
　　(5) 0.4 pg

2
(1) A：第一分裂前期　　B：第一分裂中期　　C：第一分裂後期
　　D：第二分裂後期
(2) 花粉四分子　　(3) A, B

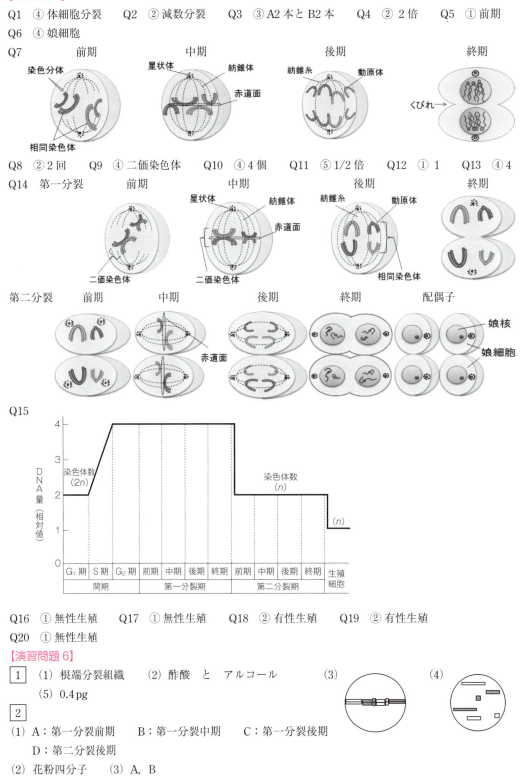

3
(1) ① 卵原細胞　② 一次卵母細胞　③ 二次卵母細胞　　(2) ③
(3) ・1回の減数分裂で精子は4個，卵は1個つくられる
　　・細胞質が，精子は均等，卵は不均等に分かれる

【Check 7】
Q1　③ メンデル　　Q2　② 対立遺伝子　　Q3　② 優性の法則　　Q4　③ 分離の法則
Q5　① 独立の法則　Q6　⑥ AA：Aa：aa＝1：2：1　　Q7　⑤ AA：Aa：aa＝0：1：1
Q8　②［A］：［a］＝3：1　Q9　③［A］：［a］＝1：1　Q10　② 不完全優性遺伝子
Q11　① 致死遺伝子　Q12　③ 複対立遺伝子　Q13　③ AB：Ab：aB：ab＝1：1：1：1
Q14　③［AB］：［Ab］：［aB］：［ab］＝9：3：3：1　Q15　① 性染色体　Q16　② 母親
Q17　③ 伴性遺伝　Q18　③ 保因者　Q19　④ 細胞質遺伝

【演習問題 7】
1　(1) 配偶子：AB：Ab：aB：ab＝1：1：1：1
　　　　交配後：[AB]：[Ab]：[aB]：[ab]＝3：3：1：1
　　(2) 配偶子：Ad：aD＝1：1
　　　　交配後：[AD]：[Ad]：[aD]：[ad]＝1：2：1：0
　　(3) 独立

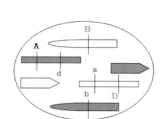

2
(1)　ア：A＋X　　イ：A＋Y　（ア，イは順不同）　　ウ：X
(2) 図の □ A　　■ a　　○ AA または Aa　　● aa　　(3) 2，7
(4) ⅰ) 男：0％　　女：0％
　　ⅱ) 男：50％　　女：0％

第4部　恒常性の維持と免疫

大人の骨の数：206個，心拍数：70回/分，
血液の量：体重の1/13（体重50kgの人で4.5リットル），
体全体の水分の占める量：体重の70％（体重50kgの人で35リットル），
失うと死んでしまう水分量：全水分量の20％（体重50kgの人で7リットル），
一日の尿の排出量：1800ml，
低くて死んでしまう体温：28℃，高くて死んでしまう体温：44℃

【Check 8】
Q1　④ 受容器（受容体）　Q2　② 効果器（作動体）　Q3　③ 水晶体　Q4　④ 視細胞
Q5　⑥ 毛様体　Q6　⑤ チン小帯　Q7　⑤ 中枢神経系　Q8　② 末梢神経系　Q9　①③④
Q10　② 大脳　Q11　⑤ 延髄　Q12　① 有髄神経　Q13　① 有髄神経
Q14　④ アセチルコリン　Q15　② シナプス　Q16　③⑤　Q17　② カルシウム
Q18　③ ホメオスタシス　Q19　② 内分泌腺　Q20　② 0.1％　Q21　③ チロキシン
Q22　④ バソプレシン　Q23　② 鉱質コルチコイド　Q24　① インスリン
Q25　⑤ 糖質コルチコイド

【演習問題 8】
1　(1) ア：ひとみ（瞳孔）　イ：こう彩　ウ：チン小帯　エ：ガラス体　オ：角膜

カ：水晶体　　キ：網膜　　ク：黄斑　　ケ：盲斑　　コ：視神経

(2) 毛様筋が収縮することで毛様体が前進し，チン小帯が緩み，弾力性のある水晶体が厚くなる．この厚みにより屈折率が増し，網膜上に像を結ぶ．

(3) 明るい所では副交感神経により瞳孔括約筋が収縮し瞳孔が小さく，暗い所では交感神経により瞳孔散大筋が収縮し瞳孔が大きくなる．

2　ア：ニューロン　　イ：樹状突起　　ウ：軸索　　エ：筋節（サルコメア）
　　オ：核　　カ：ATP　　キ：基質特異性

3 (1) 血糖量の増加は間脳視床下部で感知され，副交感神経が興奮し，すい臓のランゲルハンス島のβ細胞を刺激し，インスリンの分泌を促す．インスリンは肝臓や筋肉でブドウ糖をグリコーゲンへと変化させ，各組織でのブドウ糖の消費を促進し，血糖量を減少させる．また，すい臓で直接血糖を感知する．

(2) グルカゴン・アドレナリン・成長ホルモン・糖質コルチコイド

(3) 間脳視床下部で感知し，間脳に情報を伝え，脳下垂体後葉からバソプレシンを分泌する．バソプレシンは腎臓の集合管で水の再吸収を促進し，体液の水分量が増加し，浸透圧が低下する．

(4) 血液中のナトリウムイオンが減少すると，腎臓で感知され，副腎皮質から鉱質コルチコイドの分泌が促進される．鉱質コルチコイドは腎細管（細尿管）でのナトリウムイオンの再吸収を促進し，体液の浸透圧を上昇させる．

(5) 皮膚の毛細血管が拡張し，熱が体表から体外へと放出される．交感神経や副腎皮質刺激ホルモンの分泌促進により，発汗量が増大する．

(6) 低温の血液を間脳視床下部で感知し，交感神経を興奮させ皮膚の毛細血管を収縮し立毛筋を収縮させ，体表からの熱の放出を防ぐ．さらに交感神経は副腎髄質からアドレナリンを分泌させ，血糖量を増加させることで，熱を発生させる．

【Check 9】

Q1　④免疫　　Q2　④マクロファージ　　Q3　③ヘルパーT細胞　　Q4　②キラーT細胞
Q5　①B細胞　　Q6　①B細胞　　Q7　①インターロイキン　　Q8　②二次応答
Q9　②H鎖，④L鎖　　Q10　④可変部　　Q11　①アレルギー　　Q12　③アレルゲン
Q13　⑤アレルゲン　　Q14　④肥満細胞　　Q15　③アナフィラキシーショック
Q16　②ワクチン　　Q17　③血清療法　　Q18　①拒絶反応　　Q19　③HLA　　Q20　④凝集原
Q21　②B型，④O型

【演習問題9】

1 (1) ヘルパーT細胞，キラーT細胞
　 (2) ヘルパーT細胞，B細胞
　 (3) ヘルパーT細胞

2
(1) ①→⑥→⑧→②→③→⑤→④　　(2) 記憶細胞　　(3) 抗原提示　　(4) ①→⑥→⑧→②→⑦

3
(1) ①AB・Rh^+型　　②B・Rh^-型　　③O・Rh^-型　　④A・Rh^+型
(2) (e)
(3) Rh^-型の母親が，Rh^+型の子供を分娩するとRh因子が母親に移行し，Rh因子に対する抗体を作製するようになる．Rh^+型の子供を2度目に妊娠すると，この抗体を含む血しょうが胎児側へ移行し胎児の体内でRh因子をもつ血球と抗原抗体反応を起こし，溶血する．

第 5 部　生物の機能と生物多様性

① 温暖なオーストラリアに棲むペンギン：コガタペンギン
② 砂漠：フェネックギツネ：大きな耳・小さな体　など
　　　　　フタコブラクダ：脂肪のこぶ・広い足の裏・長いまつげ　など
　　北極：ベルーガ：背びれがない・厚い皮下脂肪　など
　　　　　ホッキョクグマ：透明で中空の毛・黒い皮膚・大きな体　など

【Check 10】
Q1　⑥ 個体群　　Q2　④ 生物群集　　Q3　① 生態系　　Q4　④ 順位制　　Q5　③ リーダー
Q6　① 縄張り　　Q7　② 群れ　　Q8　⑤ 社会性　　Q9　① 相利共生　　Q10　⑤ すみわけ
Q11　⑥ 寄生　　Q12　③ 競争　　Q13　② 片利共生　　Q14　⑦ 中立　　Q15　② 片利共生
Q16　④ 捕食-被食　　Q17　③ 競争　　Q18　⑤ すみわけ　　Q19　① 相利共生　　Q20　⑥ 寄生
Q21　⑤ 約 0.03%　　Q22　① 約 80%　　Q23　② 約 20%　　Q24　② タブノキ，④ 紅色硫黄細菌
Q25　① 根粒菌，④ 紅色硫黄細菌　　Q26　② 光エネルギー　　Q27　① 化学エネルギー
Q28　③ 二酸化炭素　　Q29　② 炭素

【演習問題 10】
[1]　捕食-被食：b, c　　相利共生：a, f　　競争：d, e
[2]
(1)　A：生産者　　B：一次消費者　　C：二次消費者　　D：分解者　　(2)　捕食
(3)　排出物・枯死体・遺体　　(4)　呼吸　　(5)　二酸化炭素　　(6)　燃焼　　(7)　③
[3]
(1)　空中放電（雷）　　(2)　②③　　(3)　アンモニウムイオンや硝酸イオン
(4)　タンパク質（アミノ酸）・核酸・クロロフィル　　(5)　脱窒素細菌

【Check 11】
Q1　③ 生態系の多様性　　Q2　① 種の多様性　　Q3　④ 遺伝子の多様性
Q4　環境の変化や病原性ウイルスなどの脅威にさらされた場合，全滅を免れる可能性が高くなり，種の保存において有利である．
Q5　⑤ 生物　　Q6　④ ベルクマンの法則　　Q7　② アレンの法則
Q8　大形になると体積当たりの表面積が小さくなり，放熱量が少なくなる
Q9　耳などの突出部には多くの血管があり，小さくなると熱を奪われにくくなる．
Q10　④ レッドリスト　　Q11　③ レッドデータブック　　Q12　① 帰化植物
Q13　② 特定外来生物　　Q14　① 焼き畑農業，④ 酸性雨
Q15　② 植生の移行，③ 台風の増発，④ 海面の上昇
Q16　② 森林の伐採，③ 化石燃料の燃焼　　Q17　① 赤外線
Q18　① 森林植物の枯死，④ 魚類の死滅，⑤ 健康被害
Q19　① 硫黄酸化物（SOx），③ 窒素酸化物（NOx）　　Q20　③ 紫外線　　Q21　② 南極

【演習問題 11】
[1]　(1)　ア：石油　イ：伐採（焼き畑農業）　ウ：フロン　エ：メタン　オ：赤外線
　　(2)　恐竜が歩き回っていた時代の動物の死骸から出来たもの
　　(3)　主に 3 億年も昔の大きなシダが，長い間高温高圧に晒されたもの

(4) 紫外線照射で外れた塩素原子が紫外線を吸収するはたらきをもつオゾンを破壊する．
(5) ・森林の生態系では植生が移行する
  ・海面の上昇を招き，海岸線付近で適応して生活する生物の生息地を奪う
  ・気温の上昇によって滞留エネルギーが大きくなり，ハリケーンや台風が増発する
(6) 建築資材としての商業伐採・熱帯林の焼き畑農業・大規模な森林火災・酸性雨など

2

(1) 生態系の多様性・種の多様性・遺伝子の多様性
(2) 大形になると体積当たりの表面積が小さくなり，放熱量が少なくなるため，動物は寒い地方に生息しているものほど大きくなる．
(3) 血管が体表に近い部分を通っているため，突出部が大きいと熱を奪われるので，寒い地方に生息する動物ほど突出部が小さい．
(4) ①ニホンザルが絶滅する可能性がある．→種の多様性への影響
  ②その土地に生息していたニホンジカと交配してしまう．→遺伝子の多様性への影響
  ③その土地に生息していたゲンジボタルと交配してしまう．または同じ遺伝子構造をもつ個体の数が増えてしまう．→遺伝子の多様性への影響
  ④生息していた植物の生息域を奪い，関連生物のバランスを崩す．
    →種の多様性への影響・生態系への影響
  ⑤生息していた植物の生息域を奪い，関連生物のバランスを崩す．
    →種の多様性への影響・生態系への影響
  ⑥ニホンイシガメなどの生息域を奪い，餌となる植物を食い荒らすことで関連生物のバランスを崩す．→種の多様性への影響・生態系への影響
  ⑦作物を食い荒らし，人家へ侵入するなどヒトへの被害も大きい．さらに雑食性で植物や小動物などを食べるため関連生物のバランスを崩す．
    →種の多様性への影響・生態系への影響

【Check 12】

Q1 ③相同器官　Q2 ⑤相似器官　Q3 ②収束進化　Q4 ①相同器官　Q5 ①相同器官
Q6 ①相同器官　Q7 ②相似器官　Q8 ④適応放散　Q9 ①収れん現象
Q10 ③刷込み　Q11 ④学習行動　Q12 ②擬態　Q13 ④警戒色
Q14 ②ノンレム睡眠　Q15 ④バイオミメティクス

【演習問題 12】

1

ア：③クジラの胸びれ　イ：⑥スズメの翼　ウ：④相似器官　エ：①トンボの翅

● 参考文献

鈴木孝仁 監修『視覚でとらえるフォトサイエンス　生物図録　新課程版』数研出版（2011）
長野 敬・牛木辰男 監修『サイエンスビュー　生物総合資料』実教出版（2009）
池北雅彦・榎並 勲・辻 勉著『生物を知るための生化学』丸善株式会社（1997）
坂本順司 著『柔らかい頭のための　生物化学』コロナ社（1998）
坂本尚昭 著『Shall We 遺伝学』講談社（2009）
林 寛 編著『わかりやすい生化学』三共出版（2005）
平澤栄次 著『はじめての生化学』化学同人（1998）
和田 勝 著『基礎から学ぶ　生物学・細胞生物学』羊土社（2006）
赤池 学 監修『かたち・しくみ・動き　自然に学ぶものづくり図鑑』PHP研究所（2011）
小峯龍男・富田京一 監修『しくみが見える図鑑』成美堂出版（2012）
石田秀輝 監修『奇跡のテクノロジーがいっぱい！すごい自然図鑑』PHP研究所（2011）
石田秀輝・下村政嗣 監修『自然にまなぶ！ネイチャー・テクノロジー』学研（2012）
栂 典雅　文・写真『白山 花ガイド』橋本確文堂（1996）
ローラ・グールド 著『三毛猫の遺伝学』翔泳社（1997）
仁川純一 著『ネコと遺伝学』コロナ社（2003）

● 索　引

【英字】

ATP, *44*
B 細胞, *147*
C_3 植物, *47*
C_4 植物, *47*
CAM 植物, *47*
COP10, *179*
DNA, *72*
DNA ポリメラーゼ, *74*
HLA 抗原, *153*
mRNA, *76*
Rh 因子, *155*
RNA, *72*
RNA ポリメラーゼ, *77*
rRNA, *76*
tRNA, *76*
X 染色体, *117*
Y 染色体, *117*
α ヘリックス, *27, 28*
β シート, *27, 28*
γ-グロブリン, *148*

【あ】

アクチンフィラメント, *133*
アセチルコリン, *131, 134*
アデノシン三リン酸, *44*
アドレナリン, *139, 141*
アナフィラキシーショック, *151*
アミノアシル tRNA, *78*
アミノ基, *23*
アミノ酸, *23*
アミノ末端, *27*
アミラーゼ, *56*
アルコール発酵, *57*
アレルゲン, *150*
アレロパシー, *168*
アレンの法則, *180*
アンチコドン, *76, 78*
異化, *44*
異数体, *84*

一次消費者, *170*
一次精母細胞, *96*
一次卵母細胞, *97*
遺伝, *70*
遺伝子, *71*
遺伝子型, *108*
インスリン, *138*
インターロイキン, *146, 147*
イントロン, *78*
インプリンティング, *202*
エキソン, *78*
液胞, *13*
エクソン, *78*
岡崎フラグメント, *75*
オゾン層, *190*
オゾンホール, *190*
オペロン, *82*
オルガネラ, *10*
温室効果ガス, *189*

【か】

開始コドン, *80*
解糖, *58*
解糖系, *59*
化学合成細菌, *49*
核, *11*
拡散, *63*
核酸, *21*
化石燃料, *189*
活動電位, *133*
花粉母細胞, *98*
鎌状赤血球貧血症, *83, 113*
カルボキシル基, *23*
カルボキシル末端, *27*
環境ホルモン, *141*
環境要因, *162*
かん体細胞, *128*
記憶細胞, *148*
帰化植物, *184*
基質特異性, *39*
寄生, *168*

擬態, 203
キチン, 31
拮抗阻害, 43
逆転写酵素, 81
キャップ構造, 78
凝集原, 154
凝集素, 154
共生, 167
競争, 166
キラー T 細胞, 146
筋原繊維, 133
食いわけ, 166
空中窒素固定細菌, 170
クエン酸回路, 59
グリコーゲン, 32
グルカゴン, 139
グルコース, 29
クロロフィル a, 45
警戒色, 205
形質, 70, 108
形成層, 88
系統樹, 4
血清療法, 152
ゲノム, 71
原核細胞, 8
嫌気呼吸, 57
原形質, 11
原形質分離, 64
減数分裂, 88, 93
限性遺伝, 117
検定交雑, 115
限定要因, 47
高エネルギーリン酸結合, 44
光化学オキシダント, 190
光化学スモッグ, 190
効果器, 126
交感神経, 131
好気呼吸, 58
後形質, 11
抗原提示, 146
光合成細菌, 49
抗生物質, 168
酵素, 38
構造発色, 209
抗体, 147
抗体産生細胞, 147
興奮の伝導, 133

個体群, 162
コドン, 79
ゴルジ体, 12
コルヒチン, 84

【さ】
最適 pH, 41
最適温度, 40
細胞（内）小器官, 10
細胞共生進化説, 8
細胞質基質, 12
細胞性免疫, 146
細胞壁, 13
細胞膜, 10, 12
作動体, 126
サブユニット, 27
酸性雨, 189
始原生殖細胞, 96
脂質, 21, 33
ジスルフィド（S-S）結合, 27, 28
自然免疫, 145
失活, 40
シナプス, 133
シナプス小胞, 133
社会性昆虫, 165
終止コドン, 80
従属栄養生物, 53
収束進化, 197
収れん現象, 203
受容器, 126
受容体, 126
順位制, 165
消化, 56
硝化作用, 50
常染色体, 117
消費者, 162
小胞体, 12
ショ糖, 30
自律神経系, 130
真核細胞, 8
神経単位, 131
浸透圧, 62
水素伝達系, 59
錐体細胞, 128
スクロース, 30
ストロマ, 45
スプライシング, 78

すみわけ, *166*
刷込み, *202*
精原細胞, *96*
生元素, *19*
精細胞, *97*
生産者, *162, 169*
精子, *97*
静止電位, *133*
性染色体, *117*
生態系, *163*
生体高分子, *20*
生体触媒, *38*
成長ホルモン, *139*
生物群集, *162*
生物多様性, *179*
生物濃縮, *191*
生物模倣, *206*
石炭, *189*
石油, *189*
セルロース, *31*
染色体, *71*
選択的透過性, *65*
全透性, *63*
セントラルドグマ, *75*
相似器官, *196*
相同器官, *196*
側鎖, *23, 24*

【た】

第一極体, *98*
体液性免疫, *147*
体細胞分裂, *88, 89*
代謝, *44*
第二極体, *98*
対立遺伝子, *107, 109*
他感作用, *168*
脱窒素細菌, *171*
単為生殖, *102*
炭酸同化, *45*
胆汁, *57*
炭水化物, *21, 28*
タンパク質, *21, 23*
窒素同化, *50*
中間雑種, *111*
中心体, *13*
中枢神経系, *130*
重複受精, *99*

跳躍伝導, *133*
チラコイド, *45*
チロキシン, *135, 141*
適応放散, *203*
適刺激, *126*
テロメア, *92*
電子伝達系, *59*
転写, *75, 77*
デンプン, *31*
同化, *44*
糖質, *28*
糖質コルチコイド, *139, 141*
糖尿病, *140*
特定外来生物, *185*
独立栄養生物, *53*
独立の法則, *114*
突然変異, *83*
トリプシン, *57*

【な】

内分泌腺, *134*
縄張り, *164*
二価染色体, *94*
二次応答, *148*
二次消費者, *170*
二次精母細胞, *96*
二次卵母細胞, *98*
二名法, *6*
乳酸発酵, *57*
乳糖, *31*
ニューロン, *131*
ヌクレオチド, *72*
脳下垂体, *135*
ノルアドレナリン, *131*

【は】

バイオテクノロジー, *173*
バイオミメティクス, *206*
倍数体, *84*
胚のう細胞, *99*
胚のう母細胞, *99*
麦芽糖, *30*
パフ, *77*
半透性, *63*
半保存的複製, *74*
光飽和点, *47*
ヒストンタンパク質, *9*

ビタミン, *54*
肥満細胞, *150*
表現型, *107*
フィードバック制御, *137*
副交感神経, *131*
複対立遺伝子, *112*
ブドウ糖, *29*
不飽和脂肪酸, *34*
プラズマ細胞, *147*
プラスミド, *9*
フレームシフト突然変異, *84*
プロモーター, *77*
分解者, *162*
分離の法則, *109*
ヘテロ接合体, *109*
ペプシン, *57*
ペプチダーゼ, *57*
ペプチド, *26*
ペプチド結合, *26*
ベルクマンの法則, *180*
ヘルパーT細胞, *146, 147*
片害作用, *168*
変性, *40*
ベンツ型擬態, *205*
保因者, *109, 118*
飽和脂肪酸, *34*
母細胞, *91*
補償点, *47*
ホメオスタシス, *134*
ホモ接合体, *109*
ポリA, *78*
ポリアデニル酸, *78*
ポリペプチド, *26*
翻訳, *75, 78*

【ま】

膜進化説, *8*
マクロファージ, *146, 147*

マスト細胞, *150*
末梢神経系, *130*
マルトース, *30*
ミオシンフィラメント, *133*
ミスセンス変異, *83*
ミトコンドリア, *12, 14, 59*
ミネラル, *54*
無機塩類, *54*
無髄神経, *131*
娘細胞, *91*
無性生殖, *100*
無胚乳種子, *99*
群れ, *164*
免疫, *144*

【や】

有髄神経, *131*
有性生殖, *100*
優性の法則, *108*
有胚乳種子, *100*
葉緑体, *13, 14*

【ら・わ】

ラクトース, *31*
卵原細胞, *97*
卵細胞, *98*
ランビエ絞輪, *132*
リソソーム, *13*
リパーゼ, *57*
リボソーム, *13*
リン脂質, *10*
ルシフェラーゼ, *61*
レッドデータブック, *181*
レッドリスト, *181*
連鎖, *115*
ロドプシン, *128*
ワクチン, *152*

Memorandum

Memorandum

Memorandum

Memorandum

Memorandum

【著者紹介】

堂本 光子 （どうもと みつこ）
略歴　金沢大学理学部生物学科 卒業
　　　富山化学工業株式会社 研究員，金沢大学遺伝子実験施設 研究推進員，
　　　大学受験予備校 生物講師を経て，
　　　現在 金沢工業大学基礎教育部実技教育課程
　　　兼 ゲノム生物工学研究所研究員，
　　　教授，博士（理学）
専門　分子生物学，遺伝子工学

大学生のための 考えて学ぶ 基礎生物学 Basic Biology for College Students	著　者　堂本 光子　　ⓒ 2015 発行者　南條 光章 発　行　共立出版株式会社 　　　　東京都文京区小日向 4-6-19 　　　　電話（03）3947-2511 番（代表） 　　　　郵便番号 112-0006 　　　　振替口座　00110-2-57035 　　　　URL　www.kyoritsu-pub.co.jp
2015 年 1 月 25 日　初版 1 刷発行 2024 年 5 月 1 日　初版 8 刷発行	印　刷　中央印刷株式会社 製　本　協栄製本
検印廃止 NDC 460 ISBN 978-4-320-05775-3	一般社団法人 　　　　　　自然科学書協会 　　　　　　会員 Printed in Japan

JCOPY ＜出版者著作権管理機構委託出版物＞
本書の無断複製は著作権法上での例外を除き禁じられています．複製される場合は，そのつど事前に，出版者著作権管理機構（ＴＥＬ：03-5244-5088，ＦＡＸ：03-5244-5089，e-mail：info@jcopy.or.jp）の許諾を得てください．

■生物学・生物科学関連書

www.kyoritsu-pub.co.jp　共立出版

バイオインフォマティクス事典　日本バイオインフォマティクス学会編集	生命の数理　巌佐 庸著
生態学事典　日本生態学会編集	大学生のための生態学入門　原 登志彦監修
進化学事典　日本進化学会編	景観生態学　日本景観生態学会編
ワイン用 葡萄品種大事典 1,368品種の完全ガイド 後藤奈美監訳	環境DNA 生態系の真の姿を読み解く　土居秀幸他編
日本産ミジンコ図鑑　田中正明他著	生物群集の理論 4つのルールで読み解く生物多様性 松岡俊将他訳
日本の海産プランクトン図鑑 第2版 岩国市立ミクロ生物館監修	植物バイオサイエンス　川満芳信他編著
現代菌類学大鑑　堀越孝雄他訳	森の根の生態学　平野恭弘他編
大学生のための考えて学ぶ基礎生物学　堂本光子著	木本植物の生理生態　小池孝良他編
適応と自然選択 近代進化論批評　辻 和希訳	落葉広葉樹図譜 机上版／フィールド版　斎藤新一郎著
SDGsに向けた生物生産学入門　三本木至宏監修	寄生虫進化生態学　片平浩孝他訳
理論生物学概論　望月敦史著	デイビス・クレブス・ウェスト行動生態学 原著第4版 野間口眞太郎他訳
生命科学の新しい潮流 理論生物学　望月敦史編	野生生物の生息適地と分布モデリング　久保田康裕監訳
生命科学 生命の星と人類の将来のために　津田基之著	生態学のための階層モデリング RとBUGSによる分布・個体数量・種の豊かさの統計解析 深谷肇一他監訳
生命・食・環境のサイエンス　江坂宗春監修	BUGSで学ぶ階層モデリング入門 個体群のベイズ解析 飯島勇人他訳
Pythonによるバイオインフォマティクス 原著第2版 樋口千洋監訳	生物数学入門 差分方程式・微分方程式の基礎からのアプローチ　竹内康博他監訳
数理生物学 個体群動態の数理モデリング入門　瀬野裕美著	生態学のためのベイズ法　野間口眞太郎訳
数理生物学講義 基礎編 数理モデル解析の初歩　瀬野裕美著	湖の科学　占部城太郎訳
数理生物学講義 展開編 数理モデル解析の講究　齋藤保久他著	湖沼近過去調査法 より良い湖沼環境と保全目標設定のために　占部城太郎編
数理生物学入門 生物社会のダイナミックスを探る　巌佐 庸著	生き物の進化ゲーム 進化生態学最前線：生物の不思議を解く 大改訂版 酒井聡樹他著
一般線形モデルによる生物科学のための現代統計学　野間口謙太郎他訳	これからの進化生態学 生態学と進化学の融合　江副日出夫他訳
分子系統学への統計的アプローチ 計算分子進化学 藤 博幸他訳	ゲノム進化学入門　斎藤成也著
システム生物学入門 生物回路の設計原理　倉田博之他訳	ニッチ構築 忘れられていた進化過程　佐倉 統他訳
細胞のシステム生物学　江口至洋著	アーキア生物学　日本Archaea研究会監修
遺伝子とタンパク質のバイオサイエンス　杉山政則編著	細菌の栄養科学 環境適応の戦略　石田昭夫他著
せめぎ合う遺伝子 利己的な遺伝因子の生物学　藤原晴彦監訳	基礎から学べる菌類生態学　大園享司著
タンパク質計算科学 基礎と創薬への応用　神谷成敏他著	菌類の生物学 分類・系統・生態・環境・利用　日本菌学会企画
神経インパルス物語 ガルヴァーニの火花からイオンチャネルの分子構造まで 酒井正樹他著	新・生細胞蛍光イメージング　原口徳子他編
生物学と医学のための物理学 原著第4版 曽我部正博監訳	SOFIX物質循環型農業 有機農業・減農薬・減化学肥料への指標　久保 幹著
細胞の物理生物学　笹井理生他訳	